普通高等教育"十二五"规划教材

全国高校应用人才培养规划教材·网络技术系列

网络安全管理技术项目化教程

主 编 丁喜纲

北京大学出版社
PEKING UNIVERSITY PRESS

内 容 简 介

本书以中小型企业网络安全管理为主要工作情境,采用项目/任务模式,将计算机网络安全管理相关知识综合到各项技能中。本书包括 10 个工作项目,分别是认识网络安全管理、Windows 桌面系统安全管理、Windows 服务器系统安全管理、网络物理基础设施安全管理、网络设备安全管理、安装与部署网络安全设备、保障数据传输安全、实现网络冗余和数据备份、无线局域网安全管理和使用网络安全管理工具。

本书主要面向网络安全管理技术的初学者,读者可以在阅读本书时同步进行实训,从而掌握网络安全管理方面的基础知识和实践技能。本书可以作为大中专院校相关课程的教材,也适合从事网络管理、维护等工作的技术人员以及网络技术爱好者参考使用。

图书在版编目(CIP)数据

网络安全管理技术项目化教程/丁喜纲主编. —北京:北京大学出版社,2012.11
(全国高校应用人才培养规划教材·网络技术系列)
ISBN 978-7-301-21479-4

Ⅰ. ①网… Ⅱ. ①丁… Ⅲ. ①计算机网络 – 安全技术 – 高等学校 – 教材 Ⅳ. ①TP393.08

中国版本图书馆 CIP 数据核字(2012)第 254861 号

书　　　名:网络安全管理技术项目化教程
著作责任者:丁喜纲　主编
策划编辑:吴坤娟
责任编辑:桂　春
标准书号:ISBN 978-7-301-21479-4/TP · 1256
出版发行:北京大学出版社
地　　　址:北京市海淀区成府路 205 号　100871
网　　　址:http://www.pup.cn　电子信箱:zyjy@pup.cn
电　　　话:邮购部 62752015　发行部 62750672　编辑部 62765126　出版部 62754962
印刷者:三河市博文印刷厂
经销者:新华书店
　　　　787 毫米×1092 毫米　16 开本　23.25 印张　580 千字
　　　　2012 年 11 月第 1 版　2012 年 11 月第 1 次印刷
定　　　价:44.00 元

前　言

随着计算机网络应用的不断普及，网络资源和网络应用服务日益丰富，计算机网络安全问题已经成为网络建设和发展中的热门话题。在网络管理过程中，必须采取相应措施，保证网络系统连续、可靠、正常地运行，网络服务不中断；并且应保护系统中的硬件、软件及数据，使其不因偶然的或者恶意的原因而遭到破坏、更改和泄露。因此，作为网络技术相关专业的学生和技术人员，必须掌握网络安全管理的知识，并具备真正的技术应用能力。

本书在编写时贯穿了"以职业活动为导向，以职业技能为核心"的理念，结合工程实际，反映岗位需求，以中小型企业网络安全管理为主要工作情境，采用项目/任务模式，将计算机网络安全管理相关知识综合到各项技能中。本书包括 10 个工作项目，分别是认识网络安全管理、Windows 桌面系统安全管理、Windows 服务器系统安全管理、网络物理基础设施安全管理、网络设备安全管理、安装与部署网络安全设备、保障数据传输安全、实现网络冗余和数据备份、无线局域网安全管理和使用网络安全管理工具。每个项目由需要读者亲自动手完成的工作任务组成，读者可以在阅读本书时同步进行实训，从而掌握网络安全管理方面的基础知识和实践技能。

本书主要特点如下。

（1）以工作过程为导向，采用项目/任务模式。本书以中小型企业网络安全管理为主要工作情境，采用项目/任务模式，力求使读者在做中学、在学中做，真正能够利用所学知识解决实际问题，形成职业能力。

（2）紧密结合教学实际。目前，市面上计算机网络的相关产品种类很多，管理与配置方法各不相同。考虑到读者的实际实验条件，本书主要选择了具有代表性并且被广泛使用的 Microsoft 和 Cisco 公司的产品为例，读者可以利用 VMware、Cisco Packet Tracer 等软件在一台计算机上完成本书的绝大部分工作任务。另外，本书每个项目后都附有习题，分为思考问答和技能操作，有利于读者思考并检查学习效果。

（3）参照职业标准。职业标准源自生产一线，源自工作过程，因此本书在编写时参照了《计算机网络管理员国家职业标准》及其他相关职业标准和企业认证中的要求，突出了职业特色和岗位特色。

（4）开放式的结构。网络安全管理涉及网络的各个方面，不同的网络环境采用的安全管理技术也不相同。本书在每个工作任务中增加了"技能拓展"模块，引导读者在掌握基本知识和技能的前提下，自主地了解与本次任务相关的其他技术和产品，培养自我学习能力，以适用职业发展的需要。

本书主要面向网络安全管理技术的初学者，可以作为大中专院校相关课程的教材，也适合从事网络管理、维护等工作的技术人员以及网络技术爱好者参考使用。

本书由丁喜纲主编，边金良、安述照参与了部分内容的编写工作。本书在编写过程中参考了国内外网络安全管理方面的著作和文献，并查阅了 Internet 上公布的很多相关资料，

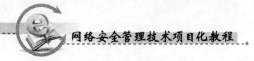网络安全管理技术项目化教程

由于 Internet 上的资料引用复杂，所以很难注明原出处，在此对所有作者致以衷心的感谢。

编者意在为读者奉献一本实用并具有特色的教材，但由于网络安全管理涉及的内容很多，技术发展日新月异，加之我们水平有限，书中难免有错误和不妥之处，敬请广大读者批评指正。

编　者
2012 年 9 月

目　　录

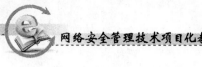

项目 1　认识网络安全管理

随着计算机网络应用的不断普及，网络资源和网络应用服务的日益丰富，计算机网络安全问题已经成为网络建设和发展中的热门话题。在网络管理过程中，必须采取相应措施，保证网络系统连续、可靠、正常的运行，网络服务不中断；并且应保护系统中的硬件、软件及数据，使其不因偶然的或者恶意的原因而遭到破坏、更改、泄露。本项目的主要目标是理解计算机网络面临的安全风险，认识网络的脆弱性；了解并体验常见的网络攻击手段；了解计算机网络的安全管理要求及采用的主要安全措施。

任务 1.1　认识网络的脆弱性

【任务目的】

（1）理解网络安全的基本要素；

（2）理解计算机网络面临的安全风险；

（3）认识目前典型网络结构的主要安全风险。

【工作环境与条件】

（1）校园网工程案例及相关文档；

（2）企业网工程案例及相关文档；

（3）能够接入 Internet 的 PC。

【相关知识】

1.1.1　网络安全的基本要素

计算机网络的安全性问题实际上包括两方面的内容：一是网络的系统安全；二是网络的信息安全。由于计算机网络最重要的资源是它向用户提供的服务及所拥有的信息，因而计算机网络的安全性可以定义为：保障网络服务的可用性和网络信息的完整性。前者要求网络向所有用户有选择地随时提供各自应得到的网络服务，后者则要求网络保证信息资源的保密性、完整性和可用性。可见，建立安全的局域网要解决的根本问题是如何在保证网络的连通性、可用性的同时对网络服务的种类、范围等进行适当的控制，以保障系统的可用性和信息的完整性不受影响。具体地说，网络安全应包含以下基本要素。

1. 可用性

由于计算机网络最基本的功能是为用户提供资源共享和数据通信服务，而用户对这些服务的需求是随机的、多方面（文字、语音、图像等）的，而且通常对服务的实时性有很高的要求。计算机网络必须能够保证所有用户的通信需要,也就是说一个授权用户无论何时提出访问要求,网络都必须是可用的,不能拒绝用户的要求。在网络环境下,拒绝服务、破坏网络和有关系统的正常运行等都属于对网络可用性的攻击。

2. 完整性

完整性是指网络信息在传输和存储的过程中应保证不被偶然或蓄意地篡改或伪造,保证授权用户得到的网络信息是真实的。如果网络信息被未经授权的实体修改或在传输过程中出现了错误,授权用户应该能够通过一定的手段迅速发现。

3. 可控性

可控性是指能够控制网络信息的内容和传播范围,保障系统依据授权提供服务,使系统在任何时候都不被非授权人使用。口令攻击、用户权限非法提升、IP 欺骗等都属于对网络可控性的攻击。

4. 保密性

保密性是指网络信息不被泄露给非授权用户、实体或过程,保证信息只为授权用户使用。网络的保密性主要通过防窃听、访问控制、数据加密等技术实现,是保证网络信息安全的重要手段。

5. 可审查性

可审查性是指在通信过程中,通信双方对自己发送或接收的消息的事实和内容不可否认。目前网络主要使用审计、监控、数字签名等安全技术和机制,使得攻击者、破坏者无法抵赖,并提供安全问题的分析依据。

1.1.2 网络面临的安全威胁

计算机网络是一个虚拟的世界,而其建设初衷是为了方便快捷地实现资源共享,因此网络安全的脆弱性是计算机网络与生俱来的致命弱点,可以说没有任何一个计算机网络是绝对安全的。计算机网络面临的安全威胁主要有以下几方面。

1. 网络结构缺陷

在现实应用中,大多数网络的结构设计和实现都存在着安全问题,即使是看似完美的安全体系结构,也可能会因为一个小小的缺陷或技术的升级而遭到攻击。另外,网络结构体系中的各个部件如果缺乏密切的合作,也容易导致整个系统被各个击破。

2. 网络软件和操作系统漏洞

网络软件不可能不存在缺陷和漏洞,这些缺陷和漏洞恰恰成为网络攻击的首选目标。另外,网络软件通常需要用户进行配置,用户配置的不完整和不正确都会造成安全隐患。

操作系统是网络软件的核心,其安全性直接影响整个网络的安全。然而无论哪一种操作系统,除存在漏洞外,其体系结构本身就是一种不安全因素。例如,由于操作系统的程序都可以用打补丁的方法升级和进行动态连接，对于这种方法，产品厂商可以使用，网络攻击者也可以使用，而这种动态连接正是计算机病毒产生的温床。另外，操作系统可以创建进程，而被创建的进程具有可以继续创建进程的权力，加之操作系统支持在网络上传输文件、加载程序，这就为在远程服务器上安装间谍软件提供了条件。目前网络操作系统提供的远程过程调用（RPC）服务也是网络攻击的主要通道。

3．网络协议缺陷

网络通信是需要协议支持的，目前普遍使用的协议是 TCP/IP 协议，而该协议在最初设计时并没有考虑安全问题，不能保证通信的安全。例如，IP 协议是一个不可靠无连接的协议，其数据包不需要认证，也没有建立对 IP 数据包中源地址的真实性进行鉴别和保密的机制，因此网络攻击者就容易采用 IP 欺骗的方式进行攻击，网络上传输的数据的真实性也就无法得到保证。

4．物理威胁

物理威胁是不可忽视的影响网络安全的因素，它可能来源于外界有意或无意的破坏，如地震、火灾、雷击等自然灾害以及电磁干扰、停电、偷盗等事故。计算机和大多数网络设备都属于比较脆弱的设备，不能承受重压或强烈的震动，更不能承受强力冲击，因此自然灾害对计算机网络的影响非常大，甚至是毁灭性的。计算机网络中的设备设施也会成为偷窃者的目标，而偷窃行为可能会造成网络中断，其造成的损失可能远远超过被偷设备本身的价值，因此必须采取严格的防范措施。

5．人为的疏忽

不管什么样的网络系统都离不开人的使用和管理。如果网络管理人员和用户的安全意识淡薄，缺少高素质的网络管理人员，网络安全配置不当，没有网络安全管理的技术规范，不进行安全监控和定期的安全检查，这些都会对网络安全构成威胁。

6．人为的恶意攻击

这是计算机网络面临的最大安全威胁，主要包括非法使用或破坏某一网络系统中的资源，以及非授权使得网络系统丧失部分或全部服务功能的行为。人为的恶意攻击通常具有以下特性。

● 智能性：进行恶意攻击的人员大都具有较高的文化程度和专业技能，在攻击前都会经过精心策划，操作的技术难度大、隐蔽性强。

● 严重性：人为的恶意攻击很可能会构成计算机犯罪，这往往会造成巨大的损失，也会给社会带来动荡。例如 2003 年美国一个专门为商店和银行处理信用卡交易的服务器系统遭到攻击，万事达、维萨等信用卡组织的约 800 万张信用卡资料被窃取，震惊全美。

● 多样性：随着网络技术的迅速发展，恶意攻击行为的攻击目标和攻击手段也不断发生变化。由于经济利益的诱惑，目前恶意攻击行为主要集中在电子商务、电子金融、网络上的商业间谍活动等领域。

【任务实施】

操作 1 分析某企业网络的安全隐患

为了拓展市场和提高工作效率，某企业需要构建一个计算机网络，其具体需求归纳如下：

- 该企业共有员工 80 人，分为财务部、人事部、销售部等部门；
- 企业内部需要使用 OA 办公系统，方便内部各部门之间的沟通；
- 企业的技术文档、财务报表、员工档案资料等内部文件能够安全地在网上传送，使相关用户能够进行相应操作，任何内容不能被外界了解；
- 企业的产品及其他信息要对外发布，网站需要不断更新，让外界能够及时了解更新动态，保证网页的浏览速度；
- 企业部员工能够在企业内部通过无线方式接入企业网络以满足办公需要；
- 企业员工在出差和下班后可以利用 Internet 远程接入企业网络，以满足办公需要。

根据上述需求，可以为该企业设计如图 1-1 所示的拓扑结构。然而要保证该网络的安全运行，真正保证用户需求可以实现，在进行网络设计和管理时还必须考虑以下安全隐患。

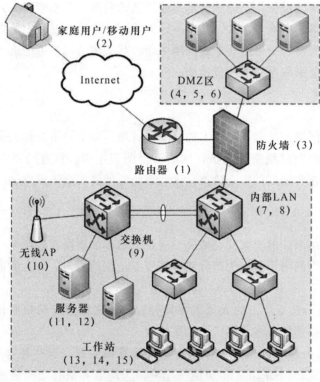

图 1-1 某企业网络拓扑结构及安全风险

（1）不充分的路由器访问控制。配置不当的路由器会使 IP、ICMP、NetBIOS 等信息泄露，从而导致非授权访问的发生。

（2）未实施安全措施且无人监管的远程访问，容易成为攻击者进入内部网络的入口。

（3）配置不当的防火墙或路由器会导致攻击者侵入某服务器后访问内部网络。

（4）操作系统、应用程序、运行的服务、用户和用户组、共享资源等信息不经意地泄露给攻击者。

（5）运行非必要服务的服务器可能会提供进入内部网络的通道。

（6）配置不当的 Internet 服务器，如 FTP 服务器匿名访问、Web 服务器的 CGI 脚本等。

（7）过度的信任关系提供了未授权访问重要数据的机会。

（8）没有制定和采用相应的安全策略、规程等。

（9）配置不当的交换机未能实现内部网络各部门的隔离和访问控制。

（10）无线信号更容易被窃听，任何无线网络范围内的无线设备都可以搜索到该网络。

（11）未及时打补丁的、过时的、采用默认配置的操作系统和软件。

（12）未配置或配置不当的文件与目录访问控制。

（13）安全级别低、易被破解的口令。

（14）过多的用户账户或测试账户，用户权限未设置或设置不当。

（15）过多的服务和不加认证的服务。

> ▶ 注 意
>
> 在本例中，我们主要从网络技术和配置管理的角度对该网络可能面临的安全风险进行了简单分析。由上述分析可知，网络安全并不是靠某些硬件保证的，网络中的每个部件和环节都可能成为安全隐患。

操作2　分析校园网的安全风险

参观所在学校的校园网，查阅校园网工程的相关文档，访问校园网的网络管理人员。使用相关绘图软件（如 Microsoft Office Visio Professional）绘制校园网拓扑结构图，并对校园网的安全需求和面临的安全风险进行简单的分析。

【技能拓展】

1. 了解网络安全领域的职业发展

随着网络应用的普及，企业越来越清醒地认识到网络安全的重要性。网络安全涉及整个企业并影响员工的日常活动，因此便有了广阔的就业空间。

网络安全领域的工作一般分为三种：安全管理、安全工程和安全监督。安全经理要建立企业的安全计划和政策，提供培训及与安全问题的实际执行者进行沟通。安全工程师负责设计、建立和测试安全方案，以满足需要。安全监督人员要维护安全措施，使其达到要求的安全等级，同时还要充当设备检修员。对于目前很多网络安全领域的工作人员来说，他们已不再单纯是技术人员，例如他们不仅要知道安装防火墙的方法，还必须了解并向企业解释必备此设备的原因，以及企业必须要制定政策、实行审计及不断加强其功能的原由。

如果想进入网络安全工作领域，所需的培训是由自己想担任的职位决定的。然而，所

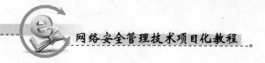

有的职位都有一些共同要求，例如需要具有强大的技术背景、不断学习的精神、权衡风险和成本的能力、优秀的沟通能力和高忠诚度。请走访从事网络安全的专业公司以及学校或其他企业的网络中心，了解与网络安全相关工作人员的岗位和配置情况，了解不同岗位工作人员的岗位职责及技能要求。根据自己的实际情况思考应如何具备从事网络安全相关工作的基本职业能力，并能够在这一领域实现职业发展。

2．了解网络安全领域的相关职业资格认证

类似于安全管理员职业资格认证的考试在网络安全领域越来越重要。职业资格认证可以帮助企业识别应聘者是否具有必要的技术和知识基础。另外，网络安全领域的从业者也需要不断学习专业知识以获得更高层次认证，从而实现职业发展。

目前网络安全领域的相关职业资格认证很多，如 CISSP（国际注册信息安全专家）、CIW（网络安全专家）认证等。请通过 Internet，了解网络安全领域主要职业资格认证的基本情况。

任务 1.2　体验网络攻击

【任务目的】

（1）理解常见的网络攻击手段；

（2）理解常见网络攻击的主要应对策略；

（3）了解典型网络攻击的攻击手段和防御方法。

【工作环境与条件】

（1）安装好 Windows Server 2003 或其他 Windows 操作系统的计算机；

（2）能够正常运行的网络环境（建议使用 VMware 等虚拟机软件）；

（3）典型网络攻击工具（X–Scan、SMB Cracker、冰河木马等）。

【相关知识】

1.2.1　网络攻击概述

网络攻击是指某人非法使用或破坏某一网络系统中的资源，以及非授权使得网络系统丧失部分或全部服务功能的行为。通常可以把网络攻击分为远程攻击、本地攻击和伪远程攻击。远程攻击一般是指攻击者通过 Internet 对目标主机发动的攻击，其主要利用网络协议或网络服务的漏洞达到攻击目的。本地攻击主要是指内部人员或通过某种手段已经入侵到本地网络的外部人员对本地网络发动的攻击。伪远程攻击指内部人员为了掩盖身份，从本地获取攻击目标的一些必要信息后，攻击过程从外部远程发起，造成外部入侵的现象。

1.2.2　常见网络攻击手段

目前常见的网络攻击手段有很多种，主要包括以下几种。

1．网络侦测

当攻击者试图渗透到某个特定网络时，需要事先尽可能多地了解与该网络相关的各种信息。网络侦测是指利用公开的信息和程序来了解有关目标网络情况的各种活动，具体方法包括 DNS 查询、Ping 扫射、端口扫描等。

- DNS 查询：了解特定域的信息，该域的地址分配情况。
- Ping 扫射：探测特定环境中的所有在线主机。
- 端口扫描：探测特定主机的已知端口，了解其运行的所有服务。

防范网络侦测可以采用以下对策。

- 利用边界路由器或防火墙阻止 ICMP echo 和 echo reply 以防范 Ping 扫射，但同时也会影响正常的网络诊断。
- 关闭闲置和有潜在危险的端口。
- 利用 IDS（入侵检测系统）等工具探测网络侦测行为。

2. 数据包嗅探器

数据包嗅探器实际上是一种将网卡设置成混杂模式的软件，在这种模式下，网卡将传递所有从物理网络收到的数据包。由于目前很多的网络应用程序和协议（如 Telnet、FTP、SNMP 等）是以明文方式发送数据包的，因此攻击者通过数据包嗅探器就可以借机捕获很多敏感信息，如用户账户名称和密码等。目前，数据包嗅探器有商用的，也有一些不错的共享软件，很多操作系统也自带嗅探器。大多数数据包嗅探器都能提供以下功能。

- 捕获整个数据包，或者捕获每个数据包的前 300 到 400 个字节。
- 选择要捕获的数据包类型，如 FTP、IP、ICMP 等。
- 限定要捕获的数据包的地址或地址范围，包括源地址和目的地址。
- 将二进制数据转换成可读文本。

为了减少数据包嗅探器带来的影响，可以采用以下对策。

- 使用交换机组建整个网络，此时攻击者只能获得流经其所连接端口的数据包。当然攻击者可能会非法访问交换机，通过配置端口镜像以便监视交换机上的其他端口；还可能采取 ARP 请求的方式来淹没交换机，把交换机变为集线器。
- 使用加强的用户身份认证方式，如一次性口令（One–Time Passwords，OTP）。
- 部署专门用于检测网络中是否使用了数据包嗅探器的软件和硬件。
- 数据加密是对付数据包嗅探器最有效的方法。如果通信信道经过加密，则数据包嗅探器所能抓到的只是密文而并不知道真正的内容。

> **注意**
>
> OTP 是一种双因素认证，它需要用户持有某个东西并知道某些信息，如令牌卡和 PIN（个人识别号）才能提请认证。令牌卡是一个硬件或软件设备，它能在特定时间间隔（通常是 60 秒）内生成新的随机口令。用户组合使用随机口令和 PIN，以创建该次认证所用的一次性口令。这样即使攻击者获知口令，但因为口令已过期，也就没有任何用处。

3. IP 地址欺骗

一般来说，只要攻击者冒充成网络内一台受信任的计算机而发起攻击，就构成了 IP

地址欺骗。通常，如果攻击者设法更改路由表以指向受欺骗的 IP 地址，那么攻击者就能够收到所有发往受欺骗 IP 地址的数据包，并能像受信任用户那样做出回应。IP 地址欺骗可以用来获得用户账户名称和密码等敏感信息，也能用在其他方面。

为了减少 IP 地址欺骗的威胁，可以采用以下对策。

- 恰当地配置访问控制，拒绝任何来自外部网络但源地址却属于内网的数据流量。
- 利用 RFC2827 过滤。RFC2827 提出在网络接入处设置入口过滤，这种过滤可以拒绝任何在特定端口上不具备所期望源地址的数据流量。通常 ISP（Internet 服务提供者）都实施此类过滤。
- 在网络中使用附加的认证方法（如加密认证等）。

4. 特权提升

在网络攻击中，攻击者通常会以一个处于非特权用户等级的合法身份获得对系统的访问，然后利用系统应用程序或服务中存在的已知漏洞来提升特权等级，直至获得系统管理员权限。一旦攻击者拥有了管理特权，就可以探测系统的其他弱点，发掘敏感信息，同时隐藏自身痕迹，以避开系统侦测。

要防止特权提升，可以采用以下对策。

- 关闭网络设备上不用的服务及应用，减少攻击者可能实现攻击的途径。
- 设置严格的密码策略。使用强密码并定期修改，确保所有访问路径都有密码保护。
- 定期核查用户账户，及时清除不再使用的用户账户。确保只将管理特权分配给受信任的管理员。
- 严格限制各种应用和资源访问的特权等级。很多操作系统（如 Windows）在默认情况下允许任何经过系统认证的用户全权访问文件和目录。而从保证安全的角度，默认情况下系统应拒绝任何访问，然后按实际需要设置允许的访问。
- 定期检查系统日志文件，跟踪系统异常事件，任何对系统文件的更改都应该仔细检查和确认。

5. 拒绝服务

DoS（Denial of Service，拒绝服务）的主要目标是使目标主机耗尽系统资源（带宽、内存、队列、CPU 等），从而阻止授权用户的正常访问（慢、不能连接、没有响应），最终导致目标主机死机。由于 DoS 攻击操作简单，通常只需要利用协议漏洞或携带被允许进入网络的正常流量，所以很难被完全消除。DoS 攻击包含多种攻击手段，如表 1-1 所示。

表 1-1　常见的 DoS 攻击

DoS 攻击名称	说　明
SYN Flood	使目标系统为 TCP 连接分配大量内存，从而使其他功能不能得到足够的内存。TCP 连接需进行三次握手，攻击时只进行其中的前两次（SYN）（SYN/ACK），不进行第三次握手（ACK），连接队列处于等待状态，大量这样的等待将占满全部队列空间，系统挂起。60 秒后系统将自动重新启动，但此时系统已崩溃
Ping of Death	IP 应用的分段使大包不得不重装配，从而导致系统崩溃 偏移量 + 段长度 >65535，系统崩溃，重新启动，内核转储等

DoS 攻击名称	说　明
Teardrop	分段攻击。利用了重装配错误，通过将各个分段重叠来使目标系统崩溃或挂起
Smurf	网络上广播通信量泛滥，从而导致网络堵塞。攻击者向广播地址发送大量欺骗性的ICMP ECHO 请求，这些包被放大，并发送到被欺骗的地址，大量的计算机向一台计算机回应 ECHO 包，目标系统将会崩溃
DDoS	分布式拒绝服务攻击。攻击者通过扫描、入侵在网络上发现代理系统并为其植入远程控制攻击软件，以策动多个不同系统同时发起攻击

要降低 DoS 攻击的威胁，一般可采用以下方法。

● 正确配置路由器和防火墙的防欺骗特性。若攻击者不能掩盖身份，就无法发动攻击。

● 正确配置路由器和防火墙的防 DoS 特性，如限制在特定时间内系统允许打开的连接数量。

6. 密码攻击

通常只要攻击者能获得用户密码，就能获得相应访问权限。要获得用户密码有很多种方法，如暴力攻击、木马程序、IP 地址欺骗和数据包嗅探器等。一般来说，密码攻击通常是指通过反复尝试获得用户账户及密码的行为。目前网络上的密码破解软件工具很多，如John the Ripper、L0phtCrack5 等，这类工具主要采用以下两种攻击手段。

● 字典攻击：计算所有字典中保存单词的密码散列值，然后与所有用户的密码散列值进行比较。这种方法速度快，可发现比较简单的密码。

● 暴力运算：这种方法是利用特别字符集，如数字、字母等，计算每种密码可能组合形式的散列值。如果密码就是由所选择字符集中的字符组成，那么利用这种方法肯定可以猜中，唯一问题是测试的次数和时间。

通常可以采用以下方法应对密码攻击。

● 禁止用户在多个系统使用相同的密码。

● 在登录失败后禁用用户账户，防止持续的密码猜测。

● 不使用简单的文本密码，选择 OTP 或加密密码。

● 限制用户只能使用强密码，目前很多系统都提供对强密码的支持。

● 强制用户定期更改密码。

7. 中间人攻击

中间人攻击是通过各种技术手段将攻击者控制的计算机虚拟放置在网络中两台正常通信的计算机之间，该计算机就被称为"中间人"，能够与正常通信的计算机建立活动连接并读取或修改其传递的信息，而正常通信的两台计算机却认为它们是在直接通信。通常这种"拦截数据—修改数据—发送数据"的过程被称为"会话劫持"。利用这种攻击，攻击者可以实现窃取信息、破坏数据、拒绝服务等目的。

要防止中间人攻击，可以采用以下对策。

- 对数据传输通道进行加密，使攻击者只能看到密文。
- 在小型网络中，可以利用静态 ARP 设置防止攻击者采用 ARP 欺骗等攻击手段。通过 ARP 欺骗，攻击者可将某 IP 地址映射为自身的 MAC 地址以拦截数据。
- 划分 VLAN 并限制 VLAN 成员间的会话，减小潜在攻击者能够参与会话的范围。
- 在局域网中使用扩展认证协议（Extensible Authentication Protocol，EAP），该协议提供了一种封装认证会话并使其对中间人隐藏的手段。

8. 应用层攻击

应用层攻击永远都不可能被彻底消除。目前应用层攻击的主要实施手段包括以下几种。
- 利用服务器系统和应用软件的已知漏洞，获得所需用户账户权限。
- 使用与协议或进程关联的端口，以渗透防御系统。
- 利用木马程序进行攻击。攻击者通过某种方式将木马程序驻留在目标系统，该程序能够捕获敏感信息，修改应用程序功能，实现对目标系统的远程控制。
- 利用蠕虫程序进行攻击。蠕虫和病毒类似，是能够自我复制并干扰正常运行的程序。
- 利用 HTML 规范、Web 浏览器功能和 HTTP（包括 Java applet 和 ActiveX Control 等）进行攻击。这类攻击可以在网络中传递有害程序并通过用户浏览器来加载。

通过以下方法可以降低应用层攻击带来的风险。
- 定期读取和分析操作系统及网络程序的日志文件。
- 及时测试并安装操作系统及应用程序的最新补丁。
- 通过安装 IDS 可以识别并记录攻击，并消减某些威胁。

9. 信任利用

信任利用是指利用网络中的某种信任关系而实施的攻击。例如在企业的外围网络连接（DMZ 区）中往往包含 FTP、Web、电子邮件等多台服务器，这些主机处于同一网段，而且彼此信任，因此如果一个系统被突破，就可能会导致其他系统也被突破。

一般来说，通过以下方法可以消减基于信任利用的攻击。
- 严格限制网络中的信任等级，如位于防火墙之外的系统绝不应该被防火墙内部的系统所信任。
- 采用适当的认证技术，如 OTP、数字证书、RADIUS 认证服务器等。

10. 端口重定向

在企业网络中，通常会采用防火墙等机制阻断外部网络与内部网络的直接连接。经验丰富的攻击者可以利用端口重定向技术绕开防火墙实施的策略，获得与内部主机的连接。

要防止端口重定向可以采用以下对策。
- 正确地使用信任模型。
- 基于主机的 IDS 有助于检测到攻击者并防止其安装端口重定向工具。

【任务实施】

操作 1　利用 X‑Scan 侦测目标主机

X‑Scan 是可以运行于 Windows 操作系统的漏洞扫描工具，它采用多线程方式对指定

IP 地址或地址段进行安全漏洞检测并支持插件功能。X – Scan v3.3 程序主界面如图 1 – 2 所示。

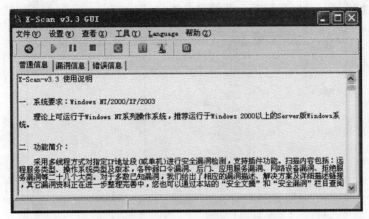

图 1 – 2   X – Scan v3.3 程序主界面

通过 X – Scan 可以对目标系统的远程服务类型、操作系统类型及版本、各种弱口令漏洞、后门、应用服务漏洞、网络设备漏洞、拒绝服务漏洞等进行扫描。若已知网络中某 Windows Server 2003 服务器的 IP 地址为 "192.168.7.253"，现要使用 X – Scan 侦测其是否存在系统用户的弱口令漏洞，则操作步骤如下。

（1）在 X – Scan v3.3 程序主界面中，依次选择 "设置" → "扫描参数" 命令，打开 "扫描参数" 窗口，如图 1 – 3 所示。

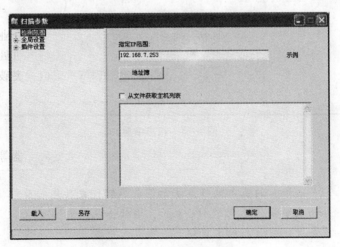

图 1 – 3   "扫描参数" 窗口

（2）在 "扫描参数" 窗口右侧窗格的 "指定 IP 范围" 文本框中输入目标系统的 IP 地址或 IP 地址段（具体格式可单击 "示例"）。

（3）在 "扫描参数" 窗口的左侧窗格中依次选择 "全局设置" → "扫描模块"，在扫描模块中选择 "NT – Server 弱口令"，如图 1 – 4 所示。单击 "确定" 按钮，返回程序主界面。

（4）在 X – Scan v3.3 程序主界面单击 "开始扫描" 按钮，X – Scan 将按照设置开始扫描。

（5）扫描完成后，X-Scan将给出扫描结果，如图1-5所示，可以在左侧窗格中依次展开各项扫描指标，也可以通过单击"漏洞信息"选项卡查看扫描结果的详细信息。由图可知，目标主机存在弱口令漏洞，其管理员账户"administrator"的密码为"123456"。

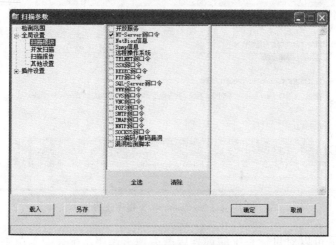

图1-4　选择扫描模块

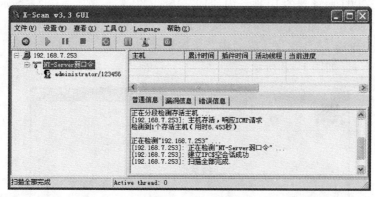

图1-5　扫描结果

注意

以上只给出了X-Scan的基本操作方法示例，该软件更具体的应用请参阅其帮助文件。由于X-Scan的很多操作是基于IPC＄的，因此如果目标系统关闭了IPC＄或设置了防火墙，就会导致X-Scan扫描不成功。

操作2　利用SMB Cracker破解主机账户密码

SMB Cracker是一款速度极快的基于Windows的命令行工具，使用该工具可以通过TCP 139端口的NetBIOS会话服务对给定的账户密码进行暴力破解。其基本使用方法为：

SMBCracker ＜IP＞　＜Username＞　＜Password file＞

- ＜IP＞：目标主机IP地址；
- ＜Username＞：待破解的用户账户；

- ＜Password file＞：字典文件。

若已知网络中某 Windows Server 2003 服务器的 IP 地址为"192.168.0.8"，该计算机管理员账户为"administrator"，现要使用 SMB Cracker 破解该账户密码，则操作步骤如下。

（1）制作字典文件。字典文件是能否实现密码破解的关键，可以根据对密码的猜测自行编写，也可以利用相关工具自动生成。如图 1-6 所示为用记事本程序打开的字典文件。

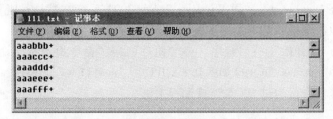

图 1-6 用记事本程序编写的字典文件

（2）将 SMBCracker.exe 文件和字典文件存放到同一目录。

（3）依次选择"开始"→"程序"→"附件"→"命令提示符"命令，打开命令行窗口，利用 DOS 命令进入 SMBCracker.exe 所在目录。

（4）输入命令"SMBCracker 192.168.0.8 administrator 111.txt"，如图 1-7 所示。

（5）SMB Cracker 将自动运行，如果成功破解用户账户密码，将出现如图 1-8 所示的画面。

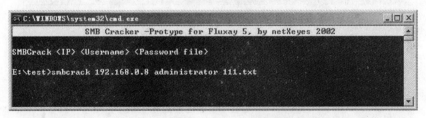

图 1-7 利用 SMB Cracker 破解账户密码

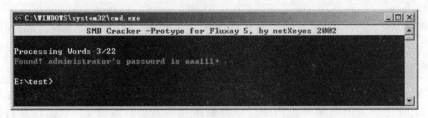

图 1-8 成功破解用户账户密码

> **注意**
>
> 请通过 Internet 搜索其他密码破解工具和字典生成工具，了解其基本使用方法和工作原理，思考应如何保护主机账户密码的安全。

操作3 利用 IPC $ 入侵远程主机

IPC $ 是 Windows 系统特有的管理功能，主要用来远程管理计算机。网络攻击者可以通过 IPC $ 连接远程主机，并通过 IPC $ 连接实现对远程主机的控制。若已知网络中某 Windows Server 2003 服务器的 IP 地址为"192.168.0.8"，该计算机管理员账户为"administrator"，密码为"aaa111 +"，而 Windows Server 2003 系统在默认情况下启用了 IPC $，则利用 IPC $ 入侵该主机的基本操作步骤如下。

（1）依次选择"开始"→"程序"→"附件"→"命令提示符"命令，打开命令行窗口，输入命令"net use \\ 192.168.0.8 \ IPC $ "aaa111 +" /user：administrator"，以"administrator"账户身份通过 IPC $ 连接远程主机。

> **注 意**
>
> net use 命令用于实现或者切断计算机与共享资源的连接。当不带选项使用本命令时，它会列出当前计算机与共享资源的连接。该命令的具体用法请查阅 Windows 系统的帮助文件。

（2）在命令行窗口中，输入命令"net use z：\\ 192.168.0.8 \ C $"，将目标主机的 C 盘映射为本地计算机的 Z 盘，如图 1 – 9 所示。

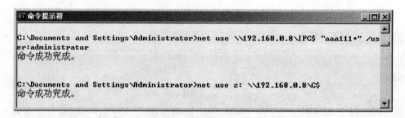

图 1 – 9　通过 IPC $ 连接远程主机

> **注 意**
>
> 在 Windows Server 2003 系统的默认设置中，管理员（Administrators、Backup Operators、Server Operators 组的成员）可以使用 C $、D $、E $ 等默认管理共享连接到指定驱动器的根目录，进行共享操作。

（3）此时在"我的电脑"窗口中可以看到新建的驱动器盘符 Z，双击该盘符即可访问目标主机的 C 盘，并完成相应的操作。

（4）依次选择"开始"→"程序"→"管理工具"→"计算机管理"命令，打开"计算机管理"控制台。在"计算机管理"控制台中依次选择"操作"→"连接到另一台计算机"命令，打开"选择计算机"窗口，如图 1 – 10 所示。在"选择计算机"窗口中输入目标主机的 IP 地址，单击"确定"按钮，此时利用"计算机管理"控制台就可以完成对目标主机的远程控制和管理，如图 1 – 11 所示。

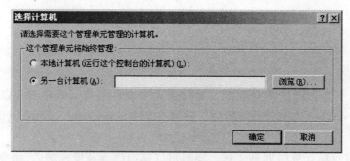

图1-10 "选择计算机"窗口

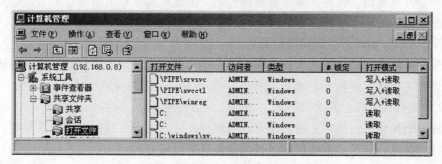

图1-11 利用"计算机管理"控制远程主机

注意

　　与"计算机管理"控制台类似，Windows系统的管理工具程序大都可以在通过IPC$连接远程主机后，实现对目标主机的远程控制。

　　（5）完成对远程主机的访问后，可在命令行窗口中输入命令"net use * /del"，断开与目标主机的连接，如图1-12所示。

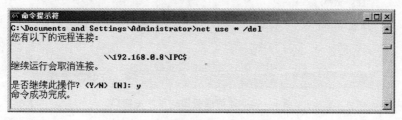

图1-12 断开与目标主机的连接

注意

　　网络攻击者不但可以利用IPC$实现对远程主机的访问，也可以在不知道管理员口令的情况下，通过与IPC$进行空连接，从而探测目标主机的一些关键信息。可以利用"计算机管理"控制台或命令"net share IPC$ /del"关闭IPC$。

操作 4　体验木马攻击

1. 认识冰河木马

冰河木马是一个国产的木马程序，通常由 3 个文件组成，其中 G – Client. exe 为客户端程序，G – Server. exe 为服务器端程序，还有一个 Readme. txt。冰河木马的具体功能包括以下几点。

- 自动跟踪目标计算机屏幕变化，同时可以模拟键盘及鼠标输入。
- 记录开机密码、各种共享资源密码及绝大多数在对话框中出现过的密码信息。
- 获取系统信息：包括计算机名、注册公司、当前用户、系统路径、操作系统版本、当前显示分辨率、物理及逻辑磁盘信息等。
- 限制系统功能：包括远程关机和重启、锁定鼠标、锁定系统热键及锁定注册表等。
- 远程文件操作：包括创建、上传、下载、复制、删除文件或目录，文件压缩，快速浏览文本文件，远程打开文件等。
- 注册表操作：包括对主键的浏览、增删、复制、重命名和对键值的读写等。
- 发送信息：以四种常用图标向被控端发送简短信息。
- 点对点通信：以聊天室形式同被控端进行在线交谈。

2. 配置服务器端程序

（1）双击服务器端程序 G – Server. exe，打开服务器端程序主窗口，如图 1 – 13 所示。

图 1 – 13　冰河服务器端程序主窗口

（2）依次选择"设置"→"配置服务器程序"命令，打开"服务器配置"对话框。该对话框包括"基本配置"、"自我保护"及"邮件通知"3 个选项卡，"基本配置"选项卡如图 1 – 14 所示。在"基本配置"选项卡中，可以设置以下内容。

- 安装路径：设置服务器端程序的安装路径，若选择"Windows"则服务器端程序将安装在"% systemroot% \ system"下。
- 文件名称：设置服务器端程序安装之后的文件名，通常会把服务器的名称设置为不容易被识破的名称。
- 进程名称：设置服务器端程序运行后的进程名称。
- 访问口令：客户端监控服务器时，需要使用的密码。

- 监听端口：默认为 7626，可以改成其他的端口。
- 自动删除安装文件：若选中，则在服务器端程序安装后会自动删除安装程序。
- 禁止自动拨号：若选中，则服务器端程序不会自动拨号。

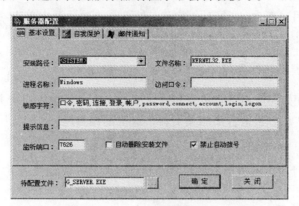

图 1-14　"基本配置"选项卡

（3）选择"自我保护"选项卡，如图 1-15 所示。在该选项卡中，可以设置以下内容。
- 是否写入注册表启动项，以便使冰河在开机时自动加载。
- 是否将冰河与文件类型相关联，以便被删除后在打开相关文件时自动恢复。

（4）选择"邮件通知"选项卡，如图 1-16 所示。在该选项卡中，可以设置以下内容。

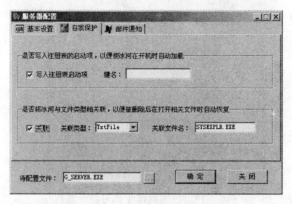

图 1-15　"自我保护"选项卡

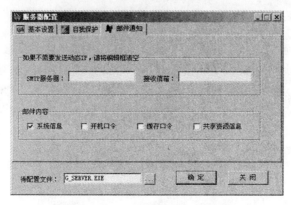

图 1-16　"邮件通知"选项卡

- SMTP 服务器：发送邮件通知的服务器。
- 接收信箱：接收邮件通知的信箱。
- 邮件内容：包括系统信息、开机口令、缓存口令及共享资源信息等。

（5）配置完成后，单击"确定"按钮，在弹出的对话框中单击"是"按钮，完成对服务器端程序的设置。

3. 将服务器端程序植入目标计算机

服务器端程序配置完成后，可以采用将其重命名、与其他程序合并等多种方法植入目标计算机。具体的实现方法请查阅相关资料，这里不再赘述。

▶ 注 意

利用 IPC $ 也可以将冰河服务器端程序植入目标计算机，请思考应如何实现。

4. 扫描可控计算机

在本地计算机双击客户端程序 G – Client. exe，打开客户端程序主窗口，单击"自动搜索"按钮，打开"搜索计算机"对话框。输入需要搜索的范围后，单击"开始搜索"按钮，即可对网络中的可控计算机进行扫描，如图 1 – 17 所示。

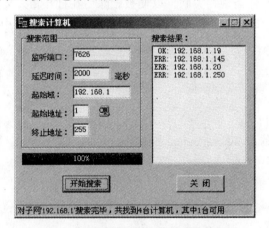

图 1 – 17　扫描网络中的可控计算机

5. 使用木马进行远程控制

在客户端程序主窗口，单击"添加主机"按钮，在弹出的对话框中，输入被控计算机的显示名称、主机地址、访问口令和监听端口，单击"确定"按钮，此时若连接成功，则在客户端窗口中会显示被控计算机的硬盘分区，如图 1 – 18 所示。此时就可以对该计算机进行远程控制了。由于冰河木马的各种远程控制操作非常简单，故这里不再赘述。

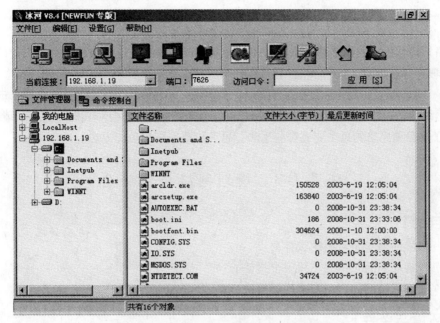

图 1-18 成功连接了被控计算机的客户端窗口

6. 清除冰河木马

目前绝大部分防病毒软件都可以识别和清除冰河木马，手动清除冰河木马的方法如下。

- 使用任务管理器，关闭冰河木马服务器端程序进程，默认情况下为"Kernel32. exe"。
- 删除硬盘中的可执行文件，默认情况下为"％systemroot％\sysytem\Kernel32. exe"。
- 删除产生木马的源文件。
- 删除注册表"HKEY_ LOCAL_ MACHINE \ Software \ Microsoft \ Windows \ Current Version \ Run"下的键值。
- 如果服务器端程序设置了与文件类型相关联，则还要修改注册表中相关文件类型的默认打开程序的设置。

【技能拓展】

1. 体验 DDoS 攻击

Autocrat（独裁者 DDoS 攻击器）是一款基于 TCP/IP 协议的 DDoS 攻击工具，它通过运用远程控制方式，可以轻松联合多台服务器进行 DDoS 攻击。Autocrat 由 4 个文件组成：Server. exe（服务器端，在被控服务器也就是"肉鸡"上运行）；Client. exe（控制端，用来操作 Autocrat）；Mswinsck. ocx（控制端所需的网络接口）；Richtx32. ocx（控制端所需的文本框控件）。请通过 Internet，了解 Autocrat 或其他 DDoS 攻击工具的使用方法和基本工作原理，思考防范 DDoS 攻击的方法。

2. 了解网络钓鱼

网络钓鱼作为一种网络诈骗手段，并没有太多技术含量，主要是利用网络用户的疏忽来实现诈骗。例如在 Internet 上曾经出现过伪装成"中国工商银行（http：//www.1cbc.com.cn)"、"中国农业银行（http：//www.965555.com)"的网站，用来进行钱财诈骗。据统计，在所有接触诈骗信息的用户中，有至少 5% 的人会对其做出响应。请通过 Internet，了解目前网络钓鱼主要有哪些手法，思考防范网络钓鱼的方法。

任务 1.3　规划网络整体安全

【任务目的】

（1）理解网络安全策略的设计要点；

（2）理解局域网采用的主要安全措施；

（3）理解局域网的典型安全问题解决方案。

【工作环境与条件】

（1）校园网工程案例及相关文档；

（2）企业网工程案例及相关文档；

（3）能够接入 Internet 的 PC。

【相关知识】

1.3.1　网络安全策略

网络安全策略是指在特定环境下，为达到一定级别的网络安全保护需求而必须遵守的若干规则和条例。实际上网络安全策略就是一份文件，该文件规定了应怎样使用和保护网络资源。通常网络安全策略应包含以下内容。

- 授权陈述和范围：规定网络安全策略覆盖的范围。
- 可接受使用策略：规定对访问网络基础设施所做的限制。
- 身份识别与认证策略：规定应采用何种技术、设备及其他措施，确保只有授权用户才能访问网络数据。
- Internet 访问策略：规定内部网络在访问 Internet 时需要考虑的安全问题。
- 内部网络访问策略：规定内部网络用户应如何使用内部网络资源。
- 远程访问策略：规定远程用户应该如何使用内部网络资源。
- 事件处理程序：规定对网络安全进行审计的流程以及处理网络安全事件的流程。

在制定网络安全策略时应遵循一定的原则和方法，虽然网络的具体应用环境可能不同，但一般都应遵循以下原则。

- 适应性原则：网络安全策略必须根据网络的实际应用环境制定。
- 木桶原则：即"木桶的最大容积取决于最短的一块木板"。网络系统非常复杂，攻击者一般会选择系统最薄弱的地方进行攻击。在设计网络安全策略时应首先防止最常用的攻击手段，提高整个系统"安全最低点"的安全性能。

● 动态性原则：网络安全策略应随着网络规模、技术等的变化而不断修改和升级。

● 系统性原则：在制定网络安全策略时，应全面考虑网络上各种设备、技术、用户、数据等情况，任何一点疏漏都会造成整个网络安全性的降低。

● 需求、成本、风险平衡分析原则：绝对安全的网络是不存在的，在设计网络安全策略时应从网络的实际需求出发，对网络面临的风险和规避风险所需的成本进行综合分析，在需求、成本和风险间寻求一个平衡点。

● 一致性原则：网络安全问题存在于整个网络生命周期，在网络系统设计、实施、测试、验收、运行等各个阶段，都要制定相应的安全策略。

● 最小授权原则：通常网络的服务越多，存在的安全隐患也会越多。在进行账户设置、服务设置、信任关系设置等操作时应以保证网络正常运行所需最低权限为限。

● 技术和管理相结合原则：网络安全的实现是一个复杂的系统工程，必须将各种安全技术与运行管理机制、人员技术培训与思想教育等相结合。

1.3.2 常用网络安全措施

网络安全涉及各个方面，在技术方面包括计算机技术、通信技术和安全技术；在安全基础理论方面包括数学、密码学等多个学科；除此之外，还包括管理和法律等方面。解决网络安全问题必须进行全面的考虑，包括采取安全的技术、加强安全检测与评估、构筑安全体系结构、加强安全管理、制定网络安全方面的法律和法规等。从技术上而言，目前网络主要采用的安全措施有以下几种。

1. 访问控制

对用户访问网络资源的权限进行严格的认证和控制。例如，进行用户身份认证，对密码进行加密、更新和鉴别，设置用户访问目录和文件的权限，控制网络设备配置的权限等。

2. 数据加密

加密是保护数据安全的重要手段。加密的作用是保障信息被截获后他人不能读懂其含义。

3. 数字签名

简单地说，所谓数字签名就是附加在数据单元上的一些数据，或是对数据单元所作的密码变换。这种数据或变换可以使接收者确认数据单元的来源和完整性并保护数据，防止数据在传输过程中被伪造、篡改和否认。

4. 数据备份

数据备份是容灾的基础，是指为防止系统出现操作失误或系统故障导致数据丢失，而将全部或部分数据集合从应用主机的磁盘或磁盘阵列复制到其他存储介质的过程。

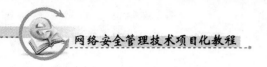

5. 病毒防御

网络中的计算机需要共享信息和文件，这为计算机病毒的传播带来了可乘之机，因此必须构建安全的病毒防御方案，有效控制病毒的传播和爆发。

6. 系统漏洞检测与安全评估

系统漏洞检测与安全评估系统可以探测网络上每台主机乃至网络设备的各种漏洞，从系统内部扫描安全隐患，对系统提供的网络应用和服务及相关协议进行分析和检测。

7. 部署防火墙

防火墙系统决定了哪些内部服务可以被外界访问，外界的哪些用户可以访问内部的哪些服务，哪些外部服务可以被内部用户访问等。要使一个防火墙有效，所有来自和去往 Internet 的信息都必须经过防火墙，接受防火墙的检查。防火墙只允许授权的数据通过，并且防火墙本身也必须能够免于渗透。

8. 部署 IDS

IDS（Intrusion Detection Systems，入侵检测系统）会依照一定的安全策略，对网络、系统的运行状况进行监视，尽可能发现各种攻击企图、攻击行为或者攻击结果，以保证网络系统资源的机密性、完整性和可用性。不同于防火墙，IDS 是一个监听设备，没有跨接在任何链路上，无须网络流量流经它便可以工作。

9. 部署 IPS

IPS（Intrusion Prevention System，入侵防御系统）突破了传统 IDS 只能检测不能防御入侵的局限性，提供了完整的入侵防护方案。实时检测与主动防御是 IPS 的核心设计理念，也是其区别于防火墙和 IDS 的立足之本。IPS 能够使用多种检测手段，并使用硬件加速技术进行深层数据包分析处理，能高效、准确地检测和防御已知、未知的攻击，并可实施丢弃数据包、终止会话、修改防火墙策略、实时生成警报和日志记录等多种响应方式。

10. 部署 VPN

VPN（Virtual Private Network，虚拟专用网络）是通过公用网络（如 Internet）建立的一个临时的、专用的、安全的连接，使用该连接可以对数据进行几倍加密以达到安全传输信息的目的。VPN 是对企业内部网的扩展，可以帮助远程用户、分支机构、商业伙伴及供应商同企业内部网建立可靠的安全连接，保证数据的安全传输。

11. 部署 UTM

UTM（Unified Threat Management，统一威胁管理）是指由硬件、软件和网络技术组成的具有专门用途的设备，主要提供一项或多项安全功能，同时将多种安全特性集成于一个硬件设备里，形成标准的统一威胁管理平台。UTM 设备应具备的基本功能包括网络防火墙、网络入侵检测和防御以及网关防病毒等。

1.3.3 典型网络安全问题的解决方案

要建立一个安全的网络,必须从多方面入手。全面的网络安全问题的解决方案,应包括网络边界安全、远程安全访问、内网安全和服务器区域安全。由于在网络建设的不同阶段对网络安全的关注点不同,因此在网络建设过程中,可以逐步加入相应的网络安全要素,从而构建一个完善的网络安全环境。图1-19给出了一种典型的企业网安全问题解决方案。

另外,很多安全设备的功能是多样的。例如绝大部分的网络防火墙系统,除具有防御网络层攻击的主要功能外,还可以提供VPN、路由、上网行为管理等功能。因此,在选用网络安全方案和设备时,需要根据用户的主要应用并结合安全设备的特点来考虑设备的选择。表1-2给出了部分网络安全设备的选择应用方案。

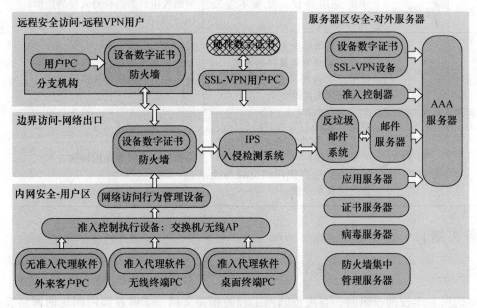

图1-19 一种典型的企业网安全问题解决方案

表1-2 部分网络安全设备的选择应用方案

	解决方案	主要功能	应对解决用户关注的问题
网络 边界安全	防火墙	访问控制; 网络层防护、Dos/DDos攻击等; 路由功能; VPN功能; 基本带宽管理	Dos、DDos攻击行为; 网络攻击、入侵行为的防御; 带宽不足,关键业务带宽问题; 双线路出口问题
	UTM	防火墙的基本功能; 集成网络防病毒、入侵检测、 防病毒、Web过滤; 基本的P2P控制; 当开启多种功能时,需要考虑 性能问题	FTP/Mail/Web病毒; 基本的P2P应用占用带宽; 带宽不足,关键业务速度缓慢; QQ、MSN等软件影响正常工作; 双线路出口问题

	解决方案	主要功能	应对解决用户关注的问题
内网安全	准入控制方案	网络接口级别的控制方案； 全面防范病毒、蠕虫等威胁； 确定接入网络的设备的安全性	网络后门、蠕虫及病毒； 接入内网设备的安全性
	网络访问行为控制	允许网络用户访问外网的安全网站，屏蔽不安全的网站； 安全监控用户的网络访问行为； 防范内网用户对带宽的滥用	P2P 软件占用带宽； 不良网站内嵌的病毒； 网络访问行为追逆； 带宽不足，关键业务速度缓慢； QQ、MSN 等软件影响正常工作
服务器区域安全	入侵检测防御	防御 Dos、DDos 等攻击行为； 分析应用协议，发现不安全因素	Dos、DDos 攻击行为； 网络攻击行为，针对入侵的防御； QQ、MSN 等软件影响正常工作
远程安全接入	IPsec VPN	使用公共网络作为连接线路； 适合局域网到局域网的连接； 对在公共网络传输的数据采用加密方式来保障安全	专线连接费用高； 分布在不同地区的局域网连接
	SSL VPN	不需要安装 VPN 客户端软件； 适合远程移动用户和总部内网的安全连接； 实现远程用户使用浏览器与企业内网安全连接	移动用户访问企业内网服务器

【任务实施】

操作 1　分析校园网工程案例

参观所在学校的校园网，查阅校园网工程的相关文档，了解校园网制定的网络安全策略和采用的主要安全措施，了解校园网所采用的主要网络安全设施的基本功能、特点以及部署和使用情况。

操作 2　分析企业网工程案例

参观已经完成或正在进行的企业网工程项目，查阅该网络工程的相关文档，了解该网络制定的网络安全策略和采用的主要安全措施，了解该网络所采用的主要网络安全设施的基本功能、特点以及部署和使用情况。

【技能拓展】

1. 了解 TCSEC（橙皮书）

随着网络和信息安全问题的日益突出，世界各国为了解决计算机系统及产品的安全评估问题，纷纷制定并实施了一系列安全标准。TCSEC（Trusted Computer System Evaluation

Criteria，可信计算机系统评价准则）是计算机系统安全评估的第一个正式标准，由美国国防部制定。TCSEC 根据计算机系统所采用的安全策略以及所具备的安全功能将其分为 4 类 7 个安全级别，如表 1－3 所示，其中高级别包含低级别的要求。

　　请通过 Internet，查阅 TCSEC 的详细描述，了解该标准的主要内容。

　　请通过 Internet，查阅国际其他安全标准，如 ISO/IEC 17799、联合公共准则（CC）、信息技术安全评定标准（ITSEC）等，了解这些标准的主要内容。

表 1－3　TCSEC 的安全级别划分

安全性能	类别	名称	基本特征
高 ↑ 低	A	验证安全保护级	包括一个严格的设计、控制和验证过程
	B3	安全域保护级	通过安装硬件的办法来加强安全域，要求用户通过一条可信任途径连接到系统上
	B2	结构安全保护级	系统中所有对象增加标签，并为设备（如工作站、终端、磁盘驱动器等）分配安全级别
	B1	标记安全保护级	增加安全策略模型、数据标记（安全和属性）、托管访问控制
	C2	受控访问保护级	区分用户，增加了系统审计、访问保护和跟踪记录等特性。Windows NT 系统属于该级别
	C1	选择性安全保护级	对硬件采取简单的安全措施，用户有登录认证和访问权限控制，但不能控制已登录用户的访问级别
	D	最低安全保护级	未加任何实际安全措施，系统软硬件都容易被攻击。无密码保护的计算机系统、Windows 9x 系统属该级别

2. 了解《计算机信息系统安全保护等级划分准则》

　　我国国家标准《计算机信息系统安全保护等级划分准则（GB 17859—1999）》由中华人民共和国公安部主持制定，国家技术标准局发布，于 2001 年 1 月 1 日起正式实施。该标准适用计算机信息系统安全保护技术能力等级的划分，规定了计算机系统安全保护能力的五个等级，即用户自主保护级、系统审计保护级、安全标记保护级、结构化保护级、访问验证保护级。计算机信息系统安全保护能力随着安全保护等级的增高而逐渐增强。

　　请查阅《计算机信息系统安全保护等级划分准则（GB 17859—1999）》的具体条文，了解该标准的主要内容。

　　请通过 Internet，查阅我国制定的其他信息安全标准，如《信息技术安全性评估准则（GB/T 18336—2001）》等，了解这些标准的主要内容。

习　题　1

1. 思考与问答

（1）什么是网络安全？目前网络主要面临哪些安全威胁？

（2）简述常见的网络攻击手段。

（3）什么是 DoS 攻击？DoS 攻击主要包含哪些攻击手段？

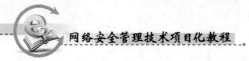

（4）什么是数据包嗅探器？要减少其对网络带来的影响，可以采用哪些对策？

（5）什么是网络安全策略？通常网络安全策略应包含哪些内容？

（6）从技术上说，目前网络主要采用了哪些安全措施？

2．技能操作

（1）网络系统安全分析。

【内容及操作要求】

某公司构建了一个计算机网络，该网络包含 120 台计算机，接入 Internet 并提供各种服务，以拓展市场和提高工作效率。在一次由各部门领导参加的关于削减预算的会议中，有一位领导建议由于最近三周内公司计算机都没有被病毒侵入，所以应至少减少 40% 的网络安全方面的预算。请你以公司网络管理员的身份分析此问题，写出一份一页纸的提纲，并准备 15 分钟的发言，说明保障公司网络安全的重要性。

【准备工作】

能够接入 Internet 的 PC。

【考核时限】

120 min。

（2）实现木马攻击。

【内容及操作要求】

通过 Internet 或其他方式下载一个木马程序，利用 IPC $ 或其他隐蔽方式向目标系统植入木马并实现对目标系统的远程控制。对该木马的植入和攻击方式进行分析，写出防范该木马所应采取的安全措施和清除该木马的方法。

【准备工作】

安装 Windows XP Professional 或 Windows Server 2003 企业版的计算机；能够正常运行的局域网。

【考核时限】

60min。

项目 2　Windows 桌面系统安全管理

在一般的网络应用环境中，用户需要通过每台终端计算机实现对网络的访问和资源共享，因此保证每台终端计算机的安全是实现用户安全访问的基础。操作系统是计算机硬件和软件连接的平台，是网络和主机安全的根本屏障。在网络管理过程中，必须保证桌面系统的安全，防止敏感信息的泄露，使用户可以安全地访问网络和共享资源。本项目的主要目标是熟悉 Windows 桌面系统常用的安全设置方法，能够利用 Windows 系统自带的工具加固桌面系统，保证终端计算机的访问安全。

任务 2.1　设置系统安全访问权限

【任务目的】
(1) 掌握用户账户的安全设置方法；
(2) 理解 NTFS 权限与 NTFS 权限应用规则；
(3) 能够利用 NTFS 权限实现文件夹和文件的访问安全；
(4) 能够利用共享权限和 NTFS 权限保证共享文件夹的访问安全。

【工作环境与条件】
(1) 安装好 Windows XP Professional 或其他 Windows 操作系统的计算机；
(2) 能够正常运行的网络环境（也可使用 VMware 等虚拟机软件）。

【相关知识】

2.1.1　Windows 系统的安全访问组件

Windows 系统的安全包括 6 个主要的安全元素：Audit（审计）；Administration（管理）；Encryption（加密）；Access Control（访问控制）；User Authentication（用户认证）；Corporate Security Policy（公共安全策略）。为了保证系统的安全访问，Windows 安全子系统包含以下关键组件。

1. 安全标识符（Security Identifiers）

安全标识符就是平常所说的 SID，当在 Windows 系统中创建了一个用户或组的时候，系统会分配给该用户或组一个唯一的 SID。SID 永远都是唯一的，由计算机名、当前时间、当前用户态线程的 CPU 耗费时间的总和这三个参数保证其唯一性。

2. 访问令牌（Access Tokens）

当用户通过系统验证后，登录进程会给用户一个访问令牌，该令牌相当于用户访问系统资源的票证。当用户试图访问系统资源时，需将访问令牌提供给 Windows 系统，系统检

查用户试图访问对象的访问控制列表，如果用户被允许访问该对象，系统将会分配给用户适当的访问权限。

3．安全描述符（Security Descriptors）

为了实现自身的安全特性，Windows 系统用对象表现所有的资源，包括文件、文件夹、打印机、I/O 设备、进程、内存等。Windows 系统中的任何对象的属性都有安全描述符这部分，以保存对象的安全配置。

4．访问控制列表（Access Control Lists）

访问控制列表有任意访问控制列表和系统访问控制列表两种类型。任意访问控制列表包含了用户和组的列表，以及其对相应的对象是允许访问还是拒绝访问。每一个用户或组在任意访问控制列表中都有特殊的权限。而系统访问控制列表是为审核服务的，包含了对象被访问的时间。

5．访问控制项（Access Control Entries）

访问控制项包含了用户或组的 SID 以及对象的权限。访问控制项有两种：允许访问和拒绝访问。拒绝访问的级别高于允许访问。

2.1.2　Windows 系统的用户权利

用户权利适用于用户对整个系统范围内的对象和任务的操作，通常用来授权用户执行某些系统任务。当用户登录到一个具有某种权利的账户时，该用户就可以执行与该权利相关的任务。在独立计算机或作为工作组成员的计算机上，用户账户存储在本地计算机的 SAM 中，这种用户账户称为本地用户账户。本地用户账户只能登录到本地计算机。

1．本地用户账户的类型

作为工作组成员的计算机或独立计算机上有两种类型的可用用户账户：计算机管理员账户和受限制账户，在计算机上没有账户的用户可以使用来宾账户。

（1）计算机管理员账户

计算机管理员账户是专门为可以对计算机进行全系统更改、安装程序和访问计算机上所有文件的用户而设置的。在系统安装期间将自动创建名为"Administrator"的计算机管理员账户。计算机管理员账户具有以下特征：

- 可以创建和删除计算机上的用户账户；
- 可以更改其他用户账户的账户名、密码和账户类型；
- 无法将自己的账户类型更改为受限制账户类型，除非在该计算机上有其他的计算机管理员账户，这样可以确保计算机上总是至少有一个计算机管理员账户。

（2）受限制账户

如果需要禁止某些用户更改大多数计算机设置和删除重要文件，则需要为其设置受限制账户。受限制账户具有以下特征：

- 无法安装软件或硬件，但可以访问已经安装在计算机上的程序；

- 可以创建、更改或删除本账户的密码；
- 无法更改其账户名或者账户类型；
- 对于使用受限制账户的用户，某些程序可能无法正确工作。

（3）来宾账户

来宾账户主要用于那些在计算机上没有用户账户的用户。系统安装时会自动创建名为"Guest"的来宾账户，并将其设置为禁用。来宾账户具有以下特征：

- 无法安装软件或硬件，但可以访问已经安装在计算机上的程序；
- 无法更改来宾账户类型。

2．本地组账户

组账户通常简称为组，一般指同类用户账户的集合。一个用户账户可以同时加入多个组，当用户账户加入一个组以后，该用户会继承该组所拥有的权利和权限。因此使用组账户可以简化网络的管理工作。在独立计算机或作为工作组成员的计算机上创建的组都是本地组，使用本地组可以实现对本地计算机资源的访问控制。在 Windows 系统安装过程中会自动创建一些本地组账户，这些组账户称为内置组，不同的内置组会有不同的权利和权限。表 2-1 列出了 Windows 系统的部分内置组。

表 2-1　Windows 系统的部分内置组

组　名	描述信息
Administrators	具有完全控制权限，并且可以向其他用户分配用户权利和访问控制权限
Backup Operators	加入该组的成员可以备份和还原服务器上的所有文件
Guests	拥有一个在登录时创建的临时配置文件，在注销时该配置文件将被删除
Network Configuration Operators	可以更改 TCP/IP 设置并更新和发布 TCP/IP 地址
Power Users	具有创建用户账户和组账户的权利，可以在 Power Users 组、Users 组和 Guests 组中添加或删除用户，但是不能管理 Administrators 组成员； 可以创建和管理共享资源
Print Operators	可以管理打印机
Users	可以执行一些常见任务，例如运行应用程序、使用本地和网络打印机以及锁定服务器； 不能共享目录或创建本地打印机

2.1.3　Windows 系统的用户权限

用户权限适用于对特定对象，如目录和文件（只适用于 NTFS 卷）的操作，包括指定允许哪些用户可以使用这些对象，以及如何使用这些对象（如把某个目录的访问权限授予指定的用户）。用户权限分为文件权限和文件夹权限，每一个权限级别都确定了一个执行特定任务的能力。

1．标准 NTFS 文件权限的类型

- 读取：该权限可以读取文件内的数据、查看文件的属性、查看文件的所有者、查

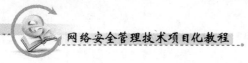

看文件的权限等。

- 写入：该权限可以更改或覆盖文件的内容、改变文件的属性、查看文件的所有者、查看文件的权限等。除了"写入"权限之外，用户至少还必须拥有"读取"的权限，才可以修改文件内容或覆盖文件。
- 读取和运行：该权限除了拥有"读取"的所有权限外，还具有运行应用程序的权限。
- 修改：该权限除了拥有"读取"、"写入"与"读取和运行"的所有权限外，还可以删除文件。
- 完全控制：该权限拥有所有 NTFS 文件的权限，也就是除了拥有前述的所有权限之外，还拥有"更改权限"与"取得所有权"的权限。

2. 标准 NTFS 文件夹权限的类型

- 读取：该权限可以查看文件夹内的文件名称与子文件夹名称、查看文件夹的属性、查看文件夹的所有者、查看文件夹的权限等。
- 写入：该权限可以在文件夹内添加文件与文件夹、改变文件夹的属性、查看文件夹的所有者、查看文件夹的权限等。
- 列出文件夹目录：该权限除了拥有"读取"的所有权限之外，还具有"遍历子文件夹"的权限，也就是可以进入子文件夹。
- 读取和运行：该权限拥有与"列出文件夹目录"几乎完全相同的权限，只是在权限的继承方面有所不同。"列出文件夹目录"的权限仅由文件夹继承，而"读取和运行"由文件夹与文件同时继承。
- 修改：该权限除了拥有前面的所有权限外，还可以删除子文件夹。
- 完全控制：该权限拥有所有 NTFS 文件夹的权限，也就是除了拥有前述的所有权限之外，还拥有"更改权限"与"取得所有权"的权限。

3. 用户的有效 NTFS 权限

如果用户同时属于多个组，而每个组分别对某个资源拥有不同的访问权限，则此时用户的有效权限将遵循以下规则。

（1）权限累加性

用户对某个资源的有效权限是其所有权限来源的总和。例如，若用户 A 属于 Managers 组，而某文件的 NTFS 权限分别为用户 A 具有"写入"权限、组 Managers 具有"读取及运行"权限，则用户 A 的有效权限为这两个权限的和，也就是"写入＋读取及运行"。

（2）"拒绝"权限会覆盖其他权限

虽然用户对某个资源的有效权限是其所有权限来源的总和，但是只要其中有一个权限被设为拒绝访问，则用户将无法访问该资源。例如，若用户 A 属于 Managers 组，而某文件的 NTFS 权限分别为用户 A 具有"读取"权限、组 Managers 为"拒绝访问"权限，则用户 A 的有效权限为"拒绝访问"，也就是无权访问该资源。

（3）文件权限会覆盖文件夹的权限

如果针对某个文件夹设置了 NTFS 权限，同时也对该文件夹内的文件设置了 NTFS 权

限，则以文件的权限设置为优先。以 C：\ Test \ readme. txt 为例，若用户 A 对此文件拥有
"更改"权限，那么即使用户对文件夹 C：\ Test 只有"读取"的权限，他还是可以更改
readme. txt 文件的内容。

4．NTFS 权限的继承

在默认情况下，当用户设置文件夹的权限后，位于该文件夹下的子文件夹与文件会自
动继承该文件夹的权限。

5．文件复制或移动后 NTFS 权限的变化

NTFS 卷中的文件或文件夹在复制或移动后，其 NTFS 权限的变化将遵循以下规则：
- 复制文件和文件夹时，继承目的文件夹的权限设置；
- 在同一 NTFS 卷移动文件或文件夹时，权限不变；
- 在不同 NTFS 卷移动文件或文件夹时，继承目的文件夹的权限设置。

2.1.4　Windows 系统的共享权限

共享权限只适用于共享文件夹，只在用户通过网络访问共享文件夹时生效。如果文件
夹不是共享的，那么在网络上就不会有用户看到它，也就不能访问。

1．共享权限的类型

表 2－2 列出了共享权限的类型与其所具备的访问能力，系统默认设置为所有用户具
有"读取"权限。

表 2－2　共享权限的类型与其所具备的访问能力

共享权限	具备的访问能力
读取（默认权限，被分配给 Everyone 组）	<ul><li>查看该共享文件夹内的文件名称、子文件夹名称</li><li>查看文件内的数据，运行程序</li><li>遍历子文件夹</li></ul>
更改（包括读取权限）	<ul><li>向该共享文件夹内添加文件、子文件夹</li><li>修改文件内的数据</li><li>删除文件与子文件夹</li></ul>
完全控制（包括更改权限）	<ul><li>修改权限（只适用于 NTFS 卷的文件或文件夹）</li><li>取得所有权（只适用于 NTFS 卷的文件或文件夹）</li></ul>

2．用户的有效权限

如果用户同时属于多个组，而每个组分别对某个共享资源拥有不同的权限，此时用户
的有效权限将遵循以下规则。

（1）权限具有累加性

用户对某个共享文件夹的有效权限是其所有共享权限来源的总和。

（2）"拒绝"权限会覆盖其他权限

虽然用户对某个共享文件夹的有效权限是其所有权限来源的总和，但是只要其中有一个权限被设为拒绝访问，则用户最后的权限将是拒绝访问。

【任务实施】

操作1 用户账户安全设置

1. 用户基本权利分配

用户基本权利的分配可通过内置用户组实现。一般来说，如果用户需要对计算机进行大多数的操作，建议给其 Users 权利；如果用户需要经常进行系统配置，可以考虑给其 Power Users 权利；而对于那些只是偶尔使用的用户，应给其 Guests 权利。对于新建的用户，在默认情况下将加入 Users 组中，如果要让其只具有 Guests 组的权利，则操作步骤如下。

（1）右击"我的电脑"图标，在弹出的快捷菜单中，选择"管理"命令，打开"计算机管理"控制台。

（2）在"计算机管理"控制台的左侧窗格中，依次选择"本地用户和组"→"用户"。在右侧窗格中，双击要设置的用户，将显示"user 属性"对话框。

（3）在"user 属性"对话框中，单击"隶属于"选项卡，如图 2-1 所示。可以看到该用户默认属于 Users 组，若要让其只具有 Guests 组的权利，应先选中 Users 组，单击"删除"按钮将该组删除。然后单击"添加"按钮，打开"选择组"对话框，如图 2-2 所示。在"输入对象名称来选择"文本框中输入"Guests"。如果不希望手动输入组名称，也可以单击"高级"按钮，再单击"立即查找"按钮，在"搜索结果"列表中选择要加入的组。

图 2-1 "隶属于"选项卡

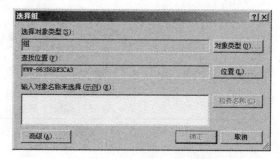

图 2-2 "选择组"对话框

2. 用户权利指派

如果要单独设置某用户的一些具体权利，则可以通过用户权利指派进行设置。例如对于属于 Guests 组的用户，没有修改系统时间的权利，如果要让 Guests 组的某用户具有该权利，则操作步骤如下。

（1）依次打开"控制面板"→"管理工具"，双击"本地安全策略"图标，打开"本地安全设置"窗口。在"本地安全设置"窗口的左侧窗格中，依次选择"本地策略"→"用户权利指派"，如图2-3所示。

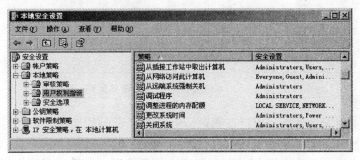

图2-3 本地安全设置中的用户权利指派

（2）在右侧窗格中双击"更改系统时间"策略，打开"更改系统时间 属性"对话框，如图2-4所示。在"更改系统时间 属性"对话框中，单击"添加用户或组"按钮，将相应用户添加到列表框中。

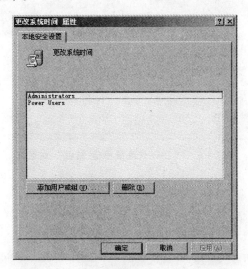

图2-4 "修改系统时间 属性"对话框

（3）依次选择"开始"→"运行"命令，在"运行"对话框中，输入"gpupdate"刷新本计算机的本地安全策略（或者重启计算机），使策略设置生效。

3. 保证用户账户密码安全

安全的用户账户密码是保证系统安全的基础。在Windows系统的本地安全策略中提供了若干密码策略，通过设置这些策略可以强制用户使用安全的密码，防止密码攻击。在"本地安全设置"窗口的左侧窗格中，依次选择"账户策略"→"密码策略"，此时可以在右侧窗格中看到多项与用户密码有关的策略，如图2-5所示。设置密码策略的步骤非常简单，例如如果要将用户密码长度设置为不能小于8个字符，则操作步骤如下。

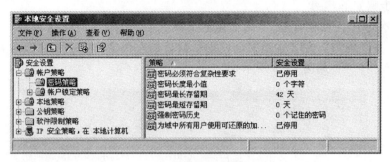

图 2-5　本地安全设置中的密码策略

（1）在"本地安全策略"窗口右侧窗格中双击"密码长度最小值"策略，打开"密码长度最小值 属性"对话框，如图 2-6 所示。

（2）在"密码长度最小值 属性"对话框中设置密码必须至少是 8 个字符，单击"确定"按钮，完成策略设置。

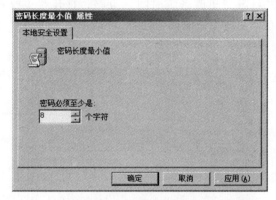

图 2-6　"密码长度最小值 属性"对话框

在"本地安全策略"窗口左侧窗格中依次选择"账户策略"→"账户锁定策略"，此时在右侧窗格中可以看到多项与账户锁定有关的策略，如图 2-7 所示。账户锁定策略是指当非法用户输入的错误密码次数达到设定值的时候，系统将自动锁定该账户。

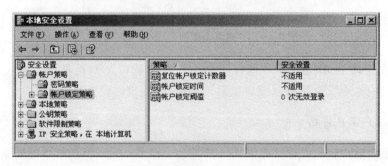

图 2-7　本地安全设置中的账户锁定策略

账户锁定策略的设置步骤与设置密码策略相同，这里不再赘述。通常在 Windows 系统中可设置如表 2-3 所示的账户策略。

表 2 - 3　Windows 系统账户策略推荐设置

功　　能	推荐设置	优　点
密码符合复杂性	启用	用户设置复杂密码防止被轻易破解
密码长度最小值	6～8 个字符	使得设置的密码不易被猜出
密码最长期限	30～90 天	强迫用户定期更换密码，使系统更安全
强制密码历史（口令唯一性）	5 个口令	防止用户总使用同一密码
最短密码期限（寿命）	3 天	防止用户立即将密码改为原有的值
锁定时间	50 分钟	强迫用户等待，防止密码被破解
账户锁定阈值	5 次失败登录	
复位账户锁定计数器	50 分钟	

4. 常用安全设置技巧

为了保证 Windows 系统用户账户的安全，通常可以采用以下技巧。

（1）一般应禁用 Guest 账户，为了保险起见，最好为其加一个复杂的密码。

（2）限制不必要的用户，经常检查系统的用户，删除已经不再使用的用户。

（3）将系统自动创建的"Administrator"计算机管理员用户改名。

（4）创建陷阱用户，即新建一个名为"Administrator"的本地用户，将其权利设置成最低，并加上一个超过 10 位的复杂密码。

（5）通常应使用普通用户（User 组成员）登录系统处理日常事物。如果需要以计算机管理员身份登录，可在以普通用户身份登录的同时，通过使用"运行方式"启动带有管理员权利的程序来执行特定管理性任务。如以普通用户身份登录系统后，若想对系统进行管理，则可以依次打开"控制面板"→"管理工具"，右击"计算机管理"图标，在弹出的快捷菜单中，选择"运行方式"命令，打开"运行身份"对话框，如图 2 - 8 所示。选中"下列用户"单选框，输入用户名和密码后就可以用另一用户身份打开"计算机管理"控制台。

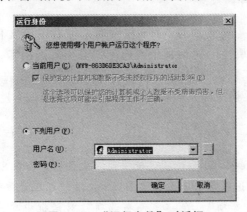

图 2 - 8　"运行身份"对话框

（6）不让系统显示上次登录的用户名。在默认情况下，Windows 系统会显示上次登录的用户名，这使得攻击者很容易进行口令猜测。可以在"本地安全设置"窗口左侧窗格中依次选择"本地策略"→"安全选项"，在右侧窗格中双击"交互式登录：不显示上次的用户名"策略，将该策略设为启用。

Windows XP Professional 系统默认会使用欢迎屏幕进行登录，欢迎屏幕会列出系统可登录的用户名。为了保证安全，应在"控制面板"中打开"用户账户"窗口，在"用户账户"窗口中单击"更改用户登录或注销的方式"链接，在"选择登录和注销选项"中不选择"使用欢迎屏幕"即可。

操作 2 设置 NTFS 权限

对于新的 NTFS 卷，系统会自动设置其默认的权限，其中部分权限会被卷中的文件夹、子文件夹或文件继承。用户可以更改这些默认设置。只有 Administrators 组内的成员、文件/文件夹的所有者，具备完全控制权限的用户才有权为文件或文件夹设置 NTFS 权限。

1. 获得 NTFS 文件系统

如果要把使用 FAT 或 FAT32 文件系统的卷转换为 NTFS 卷，通常可以采用以下方法。

（1）对卷进行格式化

具体操作步骤为：在"我的电脑"中，右击卷，在弹出的快捷菜单中选择"格式化"命令。打开"格式化卷"对话框，在"文件系统"列表框中选择"NTFS"，单击"开始"按钮，即可获得 NTFS 卷。

（2）利用"convert"命令

若要在不丢失卷上原有文件的前提下进行转换，可依次选择"开始"→"程序"→"附件"→"命令提示符"命令，打开"命令提示符"窗口，在该窗口中输入"convert e：/fs：ntfs"命令（e：为要转换的卷的驱动器号）即可完成文件系统的转换。

2. 指派文件夹或文件的权限

要给用户指派文件夹或文件的 NTFS 权限时，可右击该文件夹或文件（如文件夹 e：\ test），在打开的"属性"对话框中，选择"安全"选项卡，如图 2-9 所示。由图可知，该文件夹已经有了默认的权限设置，而且这些权限右方的"允许"或"拒绝"复选框是灰色的，说明这是该文件夹从其父文件夹（也就是 e：\ ）继承来的权限。

在 Windows XP Professional 系统默认使用简单文件共享，在文件和文件夹的"属性"对话框中没有"安全"选项卡。若要设置 NTFS 权限，可在资源管理器的菜单栏依次选择"工具"→"文件夹选项"，在"文件夹选项"对话框中单击"查看"选项卡，在"高级设置"中，不选择"使用简单文件共享"即可。

要更改权限只需选中相应权限右方的"允许"或"拒绝"复选框即可。不过，虽然可以更改从父文件夹所继承的权限，例如添加权限，或者通过选中"拒绝"复选框删除权限，但不能直接将灰色的对钩删除。

如果要指派其他的用户权限，可在"安全"选项卡中，单击"添加"按钮，打开"选择用户、计算机或组"对话框，选择要指派 NTFS 权限的用户或组。完成后，单击"确定"按钮。此时在文件夹的"安全"选项卡中已经添加了该用户，如图 2 – 10 所示，由图可知该用户的权限已不再有灰色的复选框，其所有权限设置都是可以直接修改的。

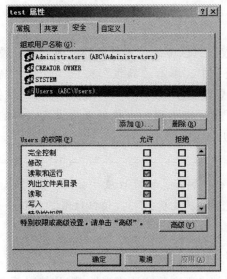

图 2 – 9　"安全"选项卡

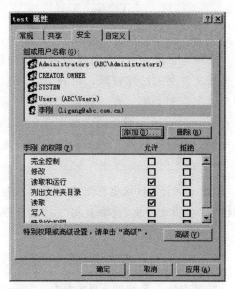

图 2 – 10　添加了用户的"安全"选项卡

3．不继承父文件夹的权限

如果不想继承父文件夹的权限，可在文件或文件夹的"安全"选项卡中，单击"高级"按钮，打开"高级安全设置"对话框，如图 2 – 11 所示。取消对"允许父项的继承权限传播到该对象和所有子对象。包括那些在此明确定义的项目（A）"复选框的选择，此时会打开"安全"对话框，单击"删除"按钮即可将继承来的权限删除。

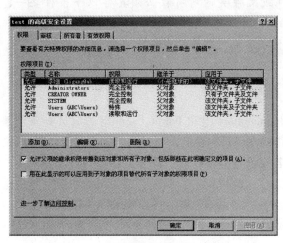

图 2 – 11　"高级安全设置"对话框

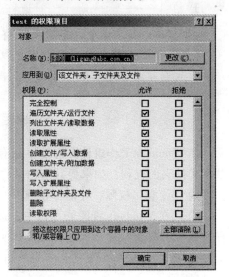

图 2 – 12　"权限项目"对话框

> **注意**
>
> 如果选中"高级安全设置"对话框中的"用在此显示的可以应用到子对象的项目替代所有子对象的权限项目（P)"复选框，则文件夹内所有子对象的权限将被文件夹权限替代。

4．指派特殊权限

用户可以利用 NTFS 特殊权限更精确地指派权限，以便满足更具体的权限需求。设置文件或文件夹的特殊权限，可在其"安全"选项卡中，单击"高级"按钮，打开"高级安全设置"对话框。在"权限项目"列表框选中要设置权限的用户，单击"编辑"按钮，打开"权限项目"对话框，如图 2-12 所示。可在"应用到"下拉列表中设置权限的应用范围，可在"权限"列表框中更精确地设置用户权限。

> **注意**
>
> 标准 NTFS 权限实际上是这些特殊权限的组合。例如，标准权限"读取"就是特殊权限"列出文件夹/读取数据"、"读取属性"、"读取扩展属性"、"读取权限"的组合。

5．查看与更改文件与文件夹所有权

在 Windows 系统的 NTFS 卷中，每个文件与文件夹都有其"所有者"。默认情况下，创建文件或文件夹的用户，就是该文件或文件夹的所有者，具有更改其权限的能力。要查看文件或文件夹的所有权，可在其"安全"选项卡中，单击"高级"按钮，打开"高级安全设置"对话框，选中"所有者"选项卡，此时可看到文件或文件夹的所有者。如果要更改文件或文件夹的所有权，可单击"其他用户或组"按钮，将相应的用户添加到"将所有者更改为"列表框中，选中该用户后，单击"确定"按钮，即可完成对文件或文件夹所有权的修改。

> **注意**
>
> 在 Windows 系统中，用户要获得文件或文件夹的所有权必须具备以下条件之一：①对文件或文件夹具有"取得所有权"的特殊权限；②Administrators 组的成员；③在"用户权利指派"选项中，具备"取得文件或其他对象的所有权"权利的用户。

操作3　设置共享权限

在 Windows 工作组计算机上，只有 Administrators 组和 Power Users 组的成员具备创建共享文件夹的权利；如果要共享的文件夹驻留在 NTFS 卷上，那么用户必须至少拥有该文件夹的"读取"权限，才能够创建共享。若要设置共享权限，则操作步骤如下。

（1）在 Windows 资源管理器中，选中共享文件夹，右击鼠标，在弹出的快捷菜单中选择"共享和安全"命令，打开该文件夹属性中的"共享"选项卡，如图 2-13 所示。

（2）在"共享"选项卡中，单击"权限"按钮，打开文件夹的权限对话框，如图 2-14 所示。

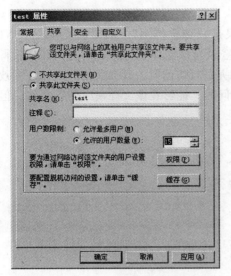

图 2-13　"共享"选项卡

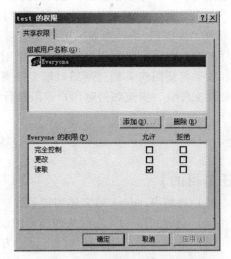

图 2-14　文件夹的权限对话框

（3）文件夹的默认共享权限为用户组"everyone"具有"读取"权限。可以在"权限"对话框中通过单击"添加"和"删除"按钮增加或减少用户或组，选中某账户后即可为其设置共享权限。设置权限后，单击"确定"按钮，返回"共享"选项卡。

【技能拓展】

1. 理解本地用户的远程登录

如果用户已经在某台计算机上登录，然后要通过网络登录到工作组网络中的另外一台计算机，此时系统会自动利用该用户在登录本地计算机时所输入的名称与密码对另一台计算机进行连接。如果另一台计算机内有相同名称的用户账户，则：

- 如果密码也相同，则将自动利用该用户账户成功地连接到另一台计算机；
- 如果密码不相同，则会要求重新输入用户账户名称与密码。

如果在另一台计算机内没有相同名称的用户账户，则：

- 如果目标计算机内的 Guest 账户已启用，则会自动让该用户利用 Guest 账户登录；
- 如果目标计算机内的 Guest 账户被停用，则会要求重新输入用户账户名称与密码。

请思考在访问共享文件夹时，为什么有时候需要输入用户账户名称和密码，有时候不需要输入；并思考应如何保证访问共享文件夹的快捷和安全。

▶ 注 意

可在被访问计算机上打开"计算机管理"控制台，在左侧窗格中依次选择"共享文件夹"→"会话"，查看客户机是使用什么用户访问共享文件夹的。

2. 对共享文件夹进行 NTFS 权限设置

如果共享文件夹在 NTFS 卷内，则还可以针对共享文件夹或其子文件夹和文件设置 NTFS 权限，以便进一步增强安全性。用户通过网络访问共享文件夹的有效权限，应是共

享权限与 NTFS 权限两者之中最严格的设置。

如果设置用户 A 对某共享文件夹的共享权限是"完全控制",而对该文件夹的 NTFS 权限为"读取",请思考如果用户 A 直接从本地登录对该文件夹进行访问时,其会获得什么样的有效权限?如果用户 A 通过网络对该文件夹进行访问时,其会获得什么样的有效权限?如果希望用户 B 通过网络对该文件夹进行访问时,能够在该文件夹内创建文件,但不能创建文件夹,则应如何对用户权限进行设置?

任务 2.2 使用文件加密系统

【任务目的】

(1) 理解 Windows 的文件加密系统;
(2) 掌握利用 EFS 进行文件加密的设置方法;
(3) 掌握加密文件授权访问的设置方法。

【工作环境与条件】

(1) 安装好 Windows XP Professional 或其他 Windows 操作系统的计算机;
(2) 能够正常运行的网络环境 (也可使用 VMware 等虚拟机软件)。

【相关知识】

2.2.1 加密与解密

加密是指通过特定算法和密钥,将明文 (初始普通文本) 转换为密文 (密码文本);解密是加密的相反过程,是使用密钥将密文恢复至明文,如图 2 – 15 所示。加密解密算法其实就是一种数学函数,用来完成加密和解密运算。密钥由数字、字符组成,可以实现对明文的加密或对密文的解密。加密的安全性取决于加密算法的强度和密钥的保密性。加密的用途是保障隐私,避免资料外泄给第三方,即使对方取得该信息,也不能阅读已加密的资料。

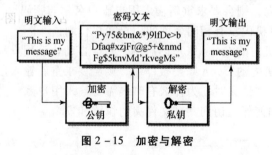

图 2 – 15　加密与解密

2.2.2 加密文件系统 (EFS)

Windows 系统利用加密文件系统 (Encrypting File System,EFS) 提供文件加密的功能。文件夹或文件经过加密后,只有当初加密的用户或者经过授权的用户能够读取,因此可以增强文件的安全性。

只有 NTFS 卷内的文件、文件夹才可以进行 EFS 加密,FAT 与 FAT32 卷没有该功能。如果将加密文件复制或移动到非 NTFS 卷内,则该文件将会被解密。另外,文件加密系统和 NTFS 卷的文件压缩不能同时设置。如果要对已经压缩的文件加密，则该文件会自动解压缩。如果要对已加密的文件压缩，则该文件会自动解密。

授权用户或应用程序在读取加密文件时，系统会将文件由磁盘读出，自动解密后提供给用户或应用程序使用，而存储在磁盘内的文件仍然处于加密的状态。当授权用户或应用程序要将文件写入磁盘时，系统也会将其自动加密后再写入磁盘。也就是说，对用户来讲实际的加密和解密过程是完全透明的，用户并不需要参与这个过程。

【任务实施】

操作 1　利用 EFS 进行文件加密

1. 对文件夹进行加密

如果要对 NTFS 卷上的某文件夹进行加密，其基本操作步骤如下。

（1）右击该文件夹，在弹出的菜单中选择"属性"命令，打开其属性对话框，单击"高级"按钮，打开"高级属性"对话框，如图 2－16 所示。

（2）在"高级属性"对话框中，选中"加密内容以便保护数据"复选框，单击"确定"按钮，返回文件夹属性对话框。

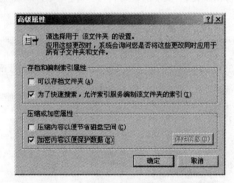

图 2－16　"高级属性"对话框

（3）单击"应用"按钮，打开"确认属性更改"对话框，如图 2－17 所示。如果选择"仅将更改应用于该文件夹"，则以后在该文件夹内所添加的文件、子文件夹与子文件夹内的文件都会自动加密，但是并不会影响到该文件夹内现有的文件与文件夹。如果选择"将更改应用于该文件夹、子文件夹和文件"，则不但以后在该文件夹内添加的文件、子文件夹与子文件夹内的文件都会自动加密，同时该文件夹内的现有文件、子文件夹与子文件夹内的现有文件也会被加密。单击"确定"按钮，完成对文件夹的加密。

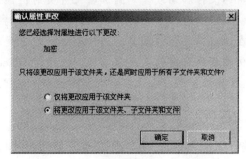

图 2－17　"确认属性更改"对话框

> **注意**
>
> 在默认情况下，加密文件夹或文件在资源管理器中会用绿色字体表示。如果不希望使用彩色字体，可以在资源管理器的菜单栏依次选择"工具"→"文件夹选项"，在"文件夹选项"对话框中单击"查看"选项卡，在"高级设置"中，不选择"用彩色显示加密或压缩的 NTFS 文件"即可。

2. 对文件进行加密

如果要对 NTFS 卷上的某文件进行加密，其基本操作步骤如下。

（1）右击该文件，在弹出的快捷菜单中选择"属性"命令，打开其属性对话框，单击"高级"按钮，打开"高级属性"对话框。

（2）在"高级属性"对话框中，选中"加密内容以便保护数据"复选框，单击"确定"按钮，返回文件属性对话框。

（3）单击"应用"按钮，打开"加密警告"对话框，如图 2-18 所示。可以选择"只加密该文件"，或者"加密文件及其父文件夹"，单击"确定"按钮，完成对文件的加密。

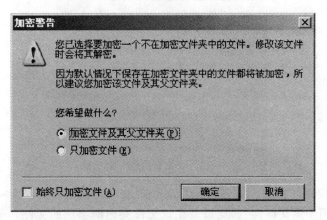

图 2-18 "加密警告"对话框

> **注意**
>
> 当用户将一个未加密的文件移动或复制到加密文件夹时，该文件会自动加密。将一个加密的文件移动或复制到非加密文件夹时，该文件仍然会保持其加密状态。利用 EFS 加密的文件，只有存储在磁盘内才会被加密，通过网络发送时是不加密的。如果希望在通过网络发送时，文件仍然保持加密的安全状态，则应通过 IPSec 或 WebDev 方式加密。

操作2 授权其他用户访问加密文件

在对文件或文件夹进行加密后，默认情况下只有加密用户才可以对其进行访问，如果要授权其他的用户也能够访问，可以采用以下方式。

1. 直接添加授权用户

具体操作步骤为：打开已经加密的文件或文件夹的属性对话框，单击"高级"按钮，打开"高级属性"对话框。单击"详细信息"按钮，打开加密详细信息对话框，单击"添加"按钮，选择要授权的用户即可。

> **注意**
>
> 只有具备 EFS 证书的用户才可以被授权。通常如果用户在执行一次加密操作后，就会被自动赋予一个 EFS 证书。

2. 导出和导入密钥

通常使用 EFS 加密的文件，在重装系统后是无法访问的，因此必须要事先导出密钥。可以通过把导出的密钥授予其他用户，使其可以访问该加密文件。导出密钥的操作步骤如下。

（1）依次选择"开始"→"运行"命令，在弹出的"运行"窗口中，输入"mmc"，单击"确定"按钮，打开"控制台1"窗口。

（2）在"控制台1"窗口中，依次选择"文件"→"添加/删除管理单元"命令，打开"添加/删除管理单元"对话框。

（3）在"添加/删除管理单元"对话框中，单击"添加"按钮，打开"添加独立管理单元"对话框，如图 2-19 所示。在可用的独立管理单元中选择"证书"，单击"添加"按钮，打开"证书管理单元"对话框，如图 2-20 所示。

图 2-19 "添加独立管理单元"对话框

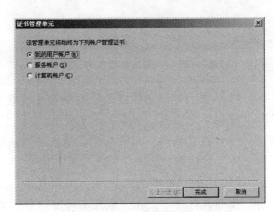

图 2-20 "证书管理单元"对话框

（4）在"证书管理单元"对话框中，选择"我的用户账户"，单击"完成"按钮。关闭其他对话框后，可以看到在"控制台1"窗口中已经添加了"证书"管理单元。在左侧窗格中依次选择"个人"→"证书"，在右侧窗格中可以看到 EFS 证书，如图 2-21 所示。

图 2-21　"证书"管理单元

（5）选择 EFS 证书，在控制台窗口的菜单栏依次选择"操作"→"所有任务"→"导出"，打开"欢迎使用证书导出向导"对话框。

（6）在"欢迎使用证书导出向导"对话框中，单击"下一步"按钮，打开"导出私钥"对话框，如图 2-22 所示。

（7）在"导出私钥"对话框中，选择"是，导出私钥"单选框，单击"下一步"按钮，打开"导出文件格式"对话框，如图 2-23 所示。

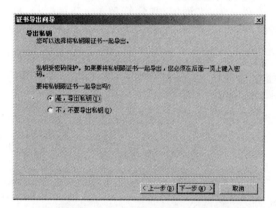

图 2-22　"导出私钥"对话框

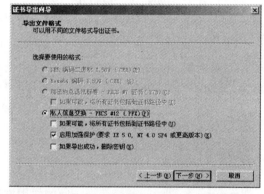

图 2-23　"导出文件格式"对话框

（8）在"导出文件格式"对话框中，选择要使用的格式，单击"下一步"按钮，打开"密码"对话框，如图 2-24 所示。

（9）在"密码"对话框中，输入并确认密码，单击"下一步"按钮，打开"要导出的文件"对话框，如图 2-25 所示。

（10）在"要导出的文件"对话框中，指定导出文件的路径和文件名，单击"下一步"按钮，打开"正在完成证书导出向导"对话框，单击"完成"按钮，导出密钥。

如果要把导出的密钥授予其他用户，可以在以授权用户身份登录系统后，打开图 2-21所示的控制台，在左侧窗格中依次选择"个人"→"证书"，在菜单栏依次选择"操作"→"所有任务"→"导入"，打开"欢迎使用证书导入向导"对话框。根据向导，选择要导入的密钥文件，输入密码后，即可完成密钥的导入，此时用户就可以对加密文件进行访问了。

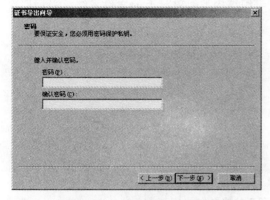

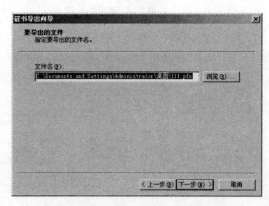

图 2 – 24　"密码"对话框
图 2 – 25　"要导出的文件"对话框

【技能拓展】

1. 使用 Cipher. exe 程序进行加密

在 Windows 系统中，用户还可以利用 Cipher. exe 程序对文件或文件夹进行加密。请查阅 Windows 系统的"帮助和支持"，了解 Cipher. exe 程序的使用方法。

2. 使用其他文件或文件夹加密工具

请通过 Internet，查找几款能够实现文件夹加密的工具软件，了解其主要功能和使用方法，并应用这些工具对本地计算机的文件或文件夹进行保护。

任务2.3　维护注册表安全

【任务目的】

（1）理解注册表的作用和结构；
（2）熟悉保障注册表安全访问的常用方法；
（3）能够利用注册表对系统进行安全设置。

【工作环境与条件】

（1）安装好 Windows XP Professional 或其他 Windows 操作系统的计算机；
（2）能够正常运行的网络环境（也可使用 VMware 等虚拟机软件）。

【相关知识】

注册表（Registry）是一个二进制数据库，它保存着 Windows 系统正常运转所需的大部分信息。Windows 系统每次启动时，会根据系统关机时创建的一系列文件创建注册表，注册表一旦载入内存，就会被一直维护着。注册表实际上是一个系统参数的关系数据库，用于存储系统和应用程序的设置信息，如果注册表遭到破坏，有可能造成系统的崩溃。

2.3.1　注册表的结构

因为注册表非常庞大，而且必须能够快速访问以避免降低系统性能，所以 Windows 系

统注册表中的信息是以二进制格式保存的，其组织结构类似磁盘上的文件系统，采用层次结构，如图 2 - 26 所示。

图 2 - 26　注册表的结构

注册表共分为 4 层，分别如下。

● 配置单元：注册表有 5 个系统定义的配置单元，它们名称的第一部分是 HKEY_ 。

● 项：分为用户定义的项和系统定义的项。没有特殊的命名约定，它们以配置单元的子目录形式存在。项和子项没有附带数据，只负责组织对数据的访问。

● 子项：分为用户定义的子项和系统定义的子项。这些子项没有特殊的命名约定，它们是作为用户定义或者系统定义的项的子目录形式存在的。

● 数值：这些元素位于结构链的末端，就像是文件系统中的文件一样。它们包含着系统及其应用程序执行时使用的实际数据。它们可分为小而有效的几种数据类型。

2.3.2　注册表的配置单元

1. HKEY_ LOCAL_ MACHINE

HKLM 是包含操作系统及硬件相关信息（例如计算机总线类型，系统可用内存，当前装载了哪些设备驱动程序以及启动控制数据等）的配置单元。实际上，HKLM 保存着注册表中的大部分信息。

2. HKEY_ CURRENT_ USE

HKCU 配置单元包含着当前登录到由这个注册表服务的计算机的用户的配置文件。其子项包含着环境变量、个人程序组、桌面设置、网络连接、打印机和应用程序首选项。这些信息是 HKEY_ USERS 配置单元当前登录用户的 Security ID 子项的映射。

> **注意**
>
> 环境变量在 Windows 系统中被用来允许脚本、注册表条目，以及其他应用程序使用通配符来代替可能会发生改变的重要的系统信息。

3. HKEY_ CLASSES_ ROOT

HKCR 配置单元包含的子项列出了当前已在系统注册的所有 COM 服务器和与应用程序相关联的所有文件扩展名。这些信息是 HKEY_ LOCAL_ MACHINE \ SOFTWARE \ Classes 子项的映射。

4. HKEY_ USERS

HKU 配置单元包含的子项含有当前系统所有的用户配置文件。其中总有一个子项被映射为 HKEY_ CURRENT_ USER（通过用户的 SID 值）。

5. HKEY_ CURRENT_ CONFIG

HKCC 配置单元包含的子项列出了当前会话的所有硬件配置信息，允许选择在某个指定会话中支持哪些驱动程序。它是 HKEY_ LOCAL_ MACHINE \ SYSTEM \ CurrentControl-Set 子项的映射。

【任务实施】

操作 1　设置注册表用户访问权限

在 Windows 系统中，访问注册表最直接的方法是直接运行注册表编辑器，基本操作步骤为：依次选择"开始"→"运行"，在"运行"对话框中输入"regedit"或"regedt32"命令，单击"确定"按钮，即可打开注册表编辑器。

在 Windows 系统中，允许为注册表的配置单元、项和子项设置用户访问权限，其基本操作步骤为：在注册表编辑器中选中要设置访问权限的配置单元、项或子项，依次选择菜单栏中的"编辑"→"权限"命令，打开权限设置对话框，如图 2 – 27 所示。在该对话框中，可以为相应的用户和组指派访问权限。

- 如果要授予用户读取所选项内容的权限，但不保存任何更改，应选中"读取"下的"允许"复选框。
- 如果要授予用户打开、编辑和获得所选项所有权的权限，应选中"完全控制"下的"允许"复选框。
- 如果要授予用户对所选项的特殊权限，可单击"高级"按钮，在高级安全设置对话框中进行设置。
- 如果要给子项指派权限，并希望其父项的可继承权限能够应用于子项，可在高级安全设置对话框选中"允许将来自父系的可继承权限传播给该对象"复选框。

> **注　意**
>
> 注册表配置单元、项和子项的用户访问权限设置方法与文件、文件夹的 NTFS 权限设置基本相同，可参照设置，这里不再赘述。

操作 2　导出和导入注册表

注册表中保存了 Windows 系统的基本配置信息，因此在对注册表进行操作前应对注册表做好备份。利用注册表编辑器的导出和导入功能可以完成对注册表的备份和还原。

1. 导出注册表

利用注册表编辑器可以导出注册表的全部内容，也可以导出注册表中的配置单元、项

和子项。具体操作步骤为：选中要导出的配置单元、项或子项，依次选择菜单栏中的"文件"→"导出"命令，打开"导出注册表文件"对话框，如图 2 – 28 所示。选择保存路径，输入所保存注册表文件的名称，再选择导出范围后，单击"保存"按钮即可完成导出操作。

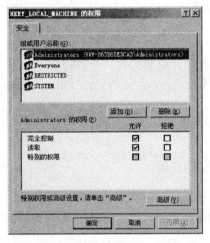

图 2 – 27　权限设置对话框

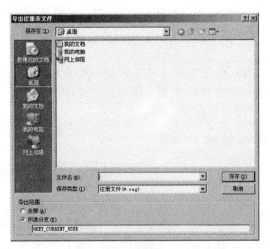

图 2 – 28　"导出注册表文件"对话框

2. 导入注册表

在注册表出现错误时，可以将原来导出的注册表进行导入操作以恢复注册表。具体操作步骤为：在注册表编辑器中，依次选择菜单栏中的"文件"→"导入"命令，打开"导入注册表文件"对话框，找到原来导出的注册表文件后，单击"打开"按钮，即可完成注册表的导入操作。

操作 3　利用注册表进行系统安全设置

由于 Windows 系统和应用程序的主要配置信息都是保存在注册表中的，因此可以直接利用注册表实现系统的安全设置。

1. 清除驱动器默认共享

在 Windows 系统中，管理员用户可以使用 C $ 、D $ 、E $ 等默认管理共享远程连接到指定驱动器的根目录，进行共享操作。这为网络攻击提供了条件，因此有必要将其清除。通过注册表清除驱动器默认共享的操作步骤为：在注册表编辑器的左侧窗格依次展开"HKEY_ LOCAL_ MACHINE \ SYSTEM \ CurrentControlSet \ Services \ lanmanserver \ parameters"注册表项，在右侧窗格中双击"AutoShareServer"，在打开的"编辑 DWORD 值"对话框中，将其数值数据改为"0"即可。

2. 禁止建立空连接

网络攻击者可以在不知道管理员口令的情况下，通过与 IPC $ 进行空连接，从而探测目标主机的一些关键信息。通过注册表禁止建立空连接的操作步骤为：在注册表编辑器的左侧窗格依次展开"HKEY_ LOCAL_ MACHINE \ SYSTEM \ CurrentControlSet \ Control \ Lsa"注册表项，在右侧窗格中双击"restrictanonymous"，在打开的"编辑 DWORD 值"对话框中，将其数值数据改为"1"即可。

3. 禁止光盘自动运行

在默认情况下，系统会自动运行光盘的应用程序，如果该程序有危害性，就会威胁系统的安全。通过注册表禁止光盘自动运行的操作步骤为：在注册表编辑器的左侧窗格依次展开"HKEY_ LOCAL_ MACHINE \ SYSTEM \ CurrentControlSet \ Services \ Cdrom"注册表项，在右侧窗格中双击"AutoRun"，在打开的"编辑 DWORD 值"对话框中，将其数值数据改为"0"即可。

4. 禁止木马病毒程序的自动运行

很多木马和病毒程序都会随系统的启动而启动，其主要原因是这些程序能够对注册表中的 RUN 子项进行加载而实现自启动。可以通过修改注册表的访问权限，限制程序对RUN 子项的加载，具体操作步骤为：在注册表编辑器的左侧窗格依次展开"HKEY_ LO-CAL_ MACHINE \ SOFTWARE \ Microsoft \ Windows \ CurrentVersion \ Run"注册表项，依次选择菜单栏的"编辑"→"权限"命令，打开权限设置对话框。单击"添加"按钮，添加用户组"Everyone"，将改组的"读取"和"完全控制"权限设置为拒绝，单击"确定"按钮，完成设置。

【技能拓展】

1. 深入理解注册表

由于注册表非常庞大并涉及系统和应用程序的各个方面，因此本次任务只给出了利用注册表实现系统安全设置的典型示例。请查阅相关资料，进一步了解注册表各配置单元、项、子项和数值的含义，深入理解注册表的作用和利用注册表实现系统安全设置的方法。

2. 使用注册表维护工具

在注册表编辑器中修改注册表，操作风险比较大，也不方便，只有在对注册表非常熟悉的情况下才能进行操作，而且当系统长时间使用后，其注册表中会产生很多垃圾，这会使系统的启动速度、运行速度变得非常缓慢，这时就需要对注册表进行清理。

目前有很多注册表维护工具，如 Windows 优化大师，360 安全卫士等软件都提供了注册表维护功能。Microsoft 公司的 RegClean 是一款比较优秀的注册表维护工具软件，其使用简单方便、不易出错。请通过 Internet，下载并安装 RegClean，掌握该软件的使用方法。

任务2.4　使用本地安全策略和组策略

【任务目的】

（1）能够利用本地安全策略维护系统安全；

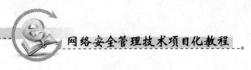

（2）能够利用组策略维护系统安全。

【工作环境与条件】

（1）安装好 Windows XP Professional 或其他 Windows 操作系统的计算机；

（2）能够正常运行的网络环境（也可使用 VMware 等虚拟机软件）。

【相关知识】

随着 Windows 系统功能越来越丰富，注册表里的配置项目也越来越多，这些配置分布在注册表的各个角落，如果是手工配置，是非常困难和繁杂的。组策略则将系统重要的配置功能汇集成各种配置模块，以 Windows 系统中的一个 MMC 管理单元的形式存在，可以帮助管理员针对整个计算机或是特定用户来设置多种配置，从而达到方便管理系统的目的。

组策略主要提供了以下功能。

- 账户策略的设定：例如设定用户密码的长度、密码使用期限、账户锁定等。
- 本地策略的设定：例如设定审核策略、用户权利指派、设定安全选项等。
- 脚本的设定：例如设定登录/注销、启动/关机脚本。
- 用户工作环境的设定：例如隐藏用户桌面上的图标、在"开始"菜单中添加或删除某些功能等。
- 软件的安装与删除：用户登录或系统启动时，自动安装应用软件、自动修复应用软件或自动删除应用软件。
- 限制软件的运行：通过各种不同软件限制规则，限制用户只能运行某些软件。
- 文件夹转移：例如改变"我的文档"、"收藏夹"等的存储位置。
- 其他系统设定：例如让计算机自动信任指定的 CA（Certificate Authority，认证机构）。

组策略中包含"计算机配置"和"用户配置"两部分。

➤ 计算机配置：当计算机启动时，系统会根据"计算机配置"的内容来配置计算机的环境。也就是说如果针对域 abc.com 配置了组策略，那么该组策略中的"计算机配置"会被应用到此域内的所有计算机。

➤ 用户配置：当用户登录时，系统会根据"用户配置"的内容来配置用户的工作环境。也就是说如果针对域 abc.com 配置了组策略，那么该组策略中的"用户配置"会被应用到此域内的所有用户。

【任务实施】

操作 1　设置本地安全策略

本地安全策略包括账户策略、本地策略、公钥策略、软件限制策略和 IP 安全策略，其中账户策略和本地策略的操作在前面已经做过介绍，本次任务主要完成软件限制策略和 IP 安全策略的设置。

1. 设置软件限制策略

利用软件限制策略，管理员可以方便地限制用户能够使用的软件。例如如果不想用户使用 Internet Explorer，则操作步骤如下。

（1）依次打开"控制面板"→"管理工具"，双击"本地安全策略"图标，打开"本地安全设置"窗口。在"本地安全设置"窗口的左侧窗格中，依次选择"软件限制策略"→"安全级别"，如图 2-29 所示。由图可知，系统默认的安全级别是所有软件都是"不受限的"，只要用户对要运行的软件拥有访问权限，就可以运行该软件。

（2）在"本地安全设置"窗口的左侧窗格中，选中"软件限制策略"中的"其他规则"，依次选择菜单栏中的"操作"→"新路径规则"命令，打开"新路径规则"对话框，单击"浏览"按钮，设定限制用户访问的软件可执行文件的路径，设置安全级别为"不允许的"，如图 2-30 所示。单击"确定"按钮，完成设置。

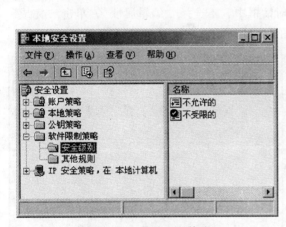

图 2-29 软件限制策略

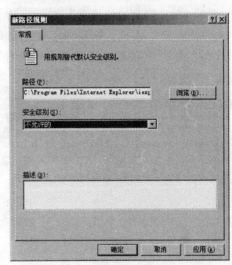

图 2-30 "新路径规则"对话框

此时如果运行被限制的软件，则会出现如图 2-31 所示的提示框。若要重新允许用户运行该软件，则将所创建的路径规则删除即可。

图 2-31 禁止运行受限软件提示框

注意

在对软件进行限制时，除通过路径规则外，还可以通过证书规则、散列（哈希）规则和 Internet 区域规则实现。在设定路径规则时，除设定文件路径外，也可以通过注册表路径来识别软件。具体设置方法请查阅相关资料，限于篇幅，这里不再赘述。

2．设置 IP 安全策略

IP 安全策略是对通信进行分析的策略，它将通信内容与设定好的规则进行比较，从而

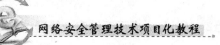

判断是否允许该通信进行。很多网络扫描攻击工具会通过 TCP 139 端口尝试获取账户名称和密码，可以通过 IP 安全策略关闭 TCP 139 端口，具体操作步骤如下。

（1）在"本地安全设置"窗口的左侧窗格中，选中"IP 安全策略，在本地计算机"，依次选择菜单栏中的"操作"→"创建 IP 安全策略"命令，打开"欢迎使用 IP 安全策略向导"对话框。

（2）在"欢迎使用 IP 安全策略向导"对话框中，单击"下一步"按钮，打开"IP 安全策略名称"对话框，如图 2-32 所示。

（3）在"IP 安全策略名称"对话框中，输入名称和描述后，单击"下一步"按钮，打开"安全通信请求"对话框，如图 2-33 所示。

（4）在"安全通信请求"对话框中，取消对"激活默认响应规则"复选框的选择，单击"下一步"按钮，打开"正在完成 IP 安全策略向导"对话框。

（5）在"正在完成 IP 安全策略向导"对话框中，不选择"编辑属性"，单击"完成"按钮，就创建了一个新的 IP 安全策略，如图 2-34 所示。

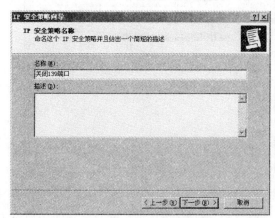

图 2-32　"IP 安全策略名称"对话框

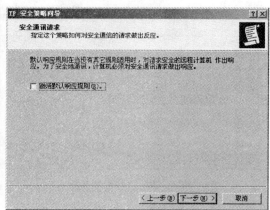

图 2-33　"安全通信请求"对话框

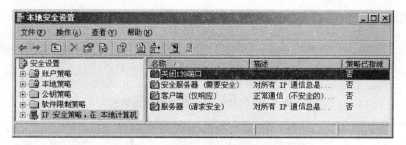

图 2-34　创建的新 IP 安全策略

（6）双击该 IP 安全策略，打开其属性对话框，如图 2-35 所示。

（7）在 IP 安全策略属性对话框中，不选择"使用'添加向导'"复选框，单击"添加"按钮，打开"新规则 属性"对话框，如图 2-36 所示。

图 2 - 35　IP 安全策略属性对话框

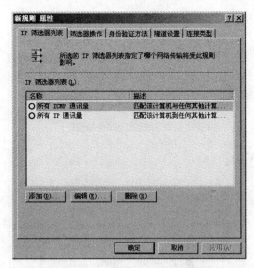

图 2 - 36　"新规则 属性"对话框

（8）在"新规则 属性"对话框中，单击"添加"按钮，打开"IP 筛选器列表"对话框，如图 2 - 37 所示。

（9）在"IP 筛选器列表"对话框中，不选择"使用添加向导"复选框，单击"添加"按钮，打开"筛选器属性"对话框。

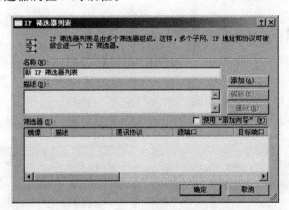

图 2 - 37　"IP 筛选器列表"对话框

（10）在"筛选器属性"对话框的"寻址"选项卡中，可以对源地址和目的地址进行设置。由于要限制对本机 TCP139 端口的访问，所以在源地址中选择"任何 IP 地址"，在目标地址中选择"我的 IP 地址"，如图 2 - 38 所示。

（11）打开"筛选器 属性"对话框的"协议"选项卡，在"选择协议类型"下拉列表中选择"TCP"，在"设置 IP 协议端口"中选择"从任意端口"和"到此端口"单选框，在"到此端口"下的文本框中输入"139"，如图 2 - 39 所示。单击"确定"按钮，返回"IP 筛选器列表"对话框，可以看到在"筛选器"列表框中添加了一个屏蔽目的端口 TCP139 的筛选器。

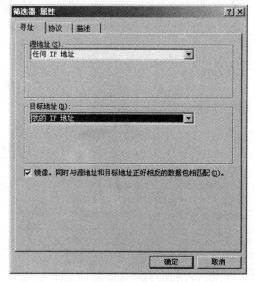

图 2 – 38   "寻址"选项卡

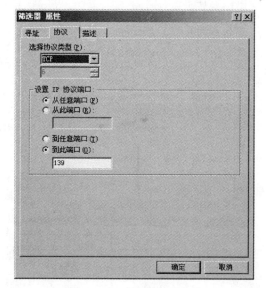

图 2 – 39   "协议"选项卡

（12）单击"确定"按钮，返回"新规则 属性"对话框，可以看到在"IP 筛选器列表"选项卡中已经添加了"新 IP 筛选器列表"，选中其左边的圆圈，表示已经激活。单击"筛选器操作"选项卡，如图 2 – 40 所示。

（13）在"筛选器操作"选项卡中，不选择"使用'添加向导'"复选框，单击"添加"按钮，打开"新筛选器操作 属性"对话框。

（14）在"新筛选器操作 属性"对话框中，选择"阻止"单选框，如图 2 – 41 所示。单击"确定"按钮，返回"筛选器操作"选项卡，可以看到在"筛选器操作"增加了"新筛选器操作"，选中其左边的圆圈。单击"应用"按钮，返回 IP 安全策略属性对话框，可以看到在"IP 安全规则"中，增加了相应的规则。

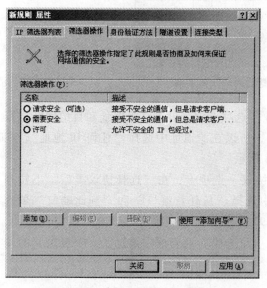

图 2 – 40   "筛选器操作"选项卡

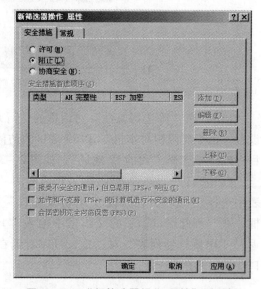

图 2 – 41   "新筛选器操作 属性"对话框

（15）单击"应用"按钮，关闭 IP 安全策略属性对话框。在"本地安全设置"控制台的右侧窗格中，右击所创建的 IP 安全策略，在弹出的快捷菜单中，选择"指派"命令。

（16）重新启动计算机，使策略生效。

注意

　　IP 筛选器可以针对协议类型、发送端口和接收端口、发送端和接收端的 IP 地址对 IP 数据包进行筛选，可以通过设定筛选器操作来决定系统对筛选出的数据包的操作。由此可见，设置 IP 安全策略实际上可以起到系统防火墙的功能。请思考如何通过 IP 安全策略限制用户对某些特定主机的访问。

操作2　设置组策略

1. 启动组策略

可以通过以下两种方式启动组策略。

（1）在"运行"窗口中，输入"mmc"，打开"控制台1"窗口，在"控制台1"窗口中，依次选择"文件"→"添加/删除管理单元"命令，单击"添加"按钮，在"添加独立管理单元"对话框中选择"组策略对象编辑器"。

（2）在"运行"窗口中，输入"gpedit. msc"命令，可以直接打开"组策略"窗口，如图 2 - 42 所示。在左侧窗格中依次选择"本地计算机策略"→"计算机配置"→"Windows 设置"→"安全设置"，可以看到这一部分实际上就是本地安全策略的内容，也就是说在组策略中可以完成本地安全策略里的全部设置。

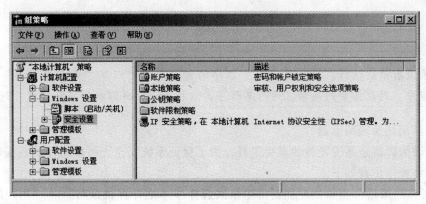

图 2 - 42　"组策略"窗口

2. 组策略典型设置示例

（1）禁止运行指定程序

利用组策略可以禁止用户运行指定的应用程序，以提供系统的安全性。基本操作步骤如下。

① 在"组策略"窗口的左侧窗格中依次选择"本地计算机策略"→"用户配置"→

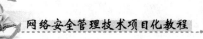

"管理模板" → "系统"。在右侧窗格中双击"不要运行指定的 Windows 应用程序"策略，打开"不要运行指定的 Windows 应用程序 属性"对话框，如图 2-43 所示。

② 在"不要运行指定的 Windows 应用程序 属性"对话框中，选中"已启用"单选框，单击"显示"按钮，打开"显示内容"对话框。

③ 在"显示内容"对话框中，单击"添加"按钮，打开"添加项目"对话框。

④ 在"添加项目"对话框中添加要阻止的应用程序可执行文件的名称，如 QQ. exe。单击"确定"按钮，关闭对话框，完成设置。此时当用户试图运行包含在不允许运行程序列表中的应用程序时，系统会提示警告信息。

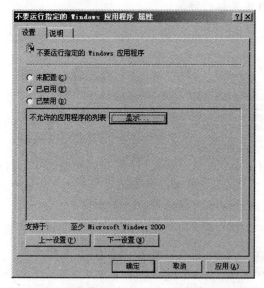

图 2-43　"不要运行指定的 Windows 应用程序 属性"对话框

注 意

如果没有禁止运行"命令提示符"程序的话，用户可以从"命令提示符"运行被禁止的程序。因此若要彻底禁止运行某程序，应将 cmd. exe 添加到不允许运行列表中。

（2）禁用注册表编辑器

注册表编辑器是系统设置的重要工具，为了保证系统安全，可以将注册表编辑器予以禁用。具体操作步骤如下。

① 在"组策略"窗口的左侧窗格中依次选择"本地计算机策略" → "用户配置" → "管理模板" → "系统"。在右侧窗格中双击"阻止访问注册表编辑工具"策略，打开"阻止访问注册表编辑工具 属性"对话框。

② 在"阻止访问注册表编辑工具 属性"对话框中，选中"已启用"单选框，在"禁用后台运行 regedit?"中选择"是"，单击"应用"按钮，完成设置。此策略启用后，用户试图启动注册表编辑器时，系统会禁止这类操作并弹出警告消息。

> **注意**
>
> 　由于大部分软件需要向注册表添加信息，因此启用该策略后，有可能会导致一些软件不能正常使用。

3．禁止用户修改桌面

如果要防止用户保存对桌面进行的更改，操作步骤为：在"组策略"窗口的左侧窗格中依次选择"本地计算机策略"→"用户配置"→"管理模板"→"桌面"。在右侧窗格中双击"退出时不保存设置"策略，将其属性设为"已启用"，单击"应用"按钮，完成设置。

4．防止用户访问所选驱动器

若要防止用户使用"我的电脑"访问所选驱动器的内容，操作步骤为：在"组策略"窗口的左侧窗格中依次选择"本地计算机策略"→"用户配置"→"管理模板"→"Windows 组件"→"Windows 资源管理器"。在右侧窗格中双击"防止从我的电脑访问驱动器"策略，将其属性设为"已启用"，并在下拉列表中选择一个驱动器或几个驱动器，单击"应用"按钮，完成设置。

如果启用此设置，用户可以浏览"我的电脑"或 Windows 资源管理器中所选驱动器的目录结构，但是无法打开文件夹或访问其中的内容，也无法使用"运行"对话框或"映射网络驱动器"对话框来查看这些驱动器上的目录。

> **注意**
>
> 　此项设置可以和"隐藏我的电脑中的这些指定的驱动器"配合使用。

【技能拓展】

组策略的内容很多，涉及 Windows 系统的各个方面，很多策略与系统的底层工作原理相关。另外组策略并不只应用于本地计算机，它是域模式网络中实现用户和计算机安全管理设置的重要工具。请查阅 Windows 系统帮助文件和相关资料，详细了解组策略中的各项策略，深入理解组策略在网络中的应用。

任务2.5　系统漏洞检测与补丁安装

【任务目的】

（1）能够利用相关工具进行系统漏洞检测；
（2）掌握关闭不必要的服务和端口的方法；
（3）掌握补丁程序的安装方法。

【工作环境与条件】

（1）安装好 Windows XP Professional 或其他 Windows 操作系统的计算机；
（2）能够正常运行的网络环境（也可使用 VMware 等虚拟机软件）。

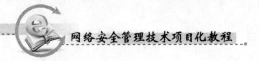

【相关知识】

2.5.1 系统漏洞

系统漏洞是指操作系统或应用软件在逻辑设计上的缺陷或在编写时产生的错误，这些缺陷或错误可以被网络攻击者利用。在不同种类的设备中，在同种设备的不同版本中，在由不同设备构成的不同系统中，以及同种系统在不同的设置条件下，都会存在不同的系统漏洞。

系统漏洞与时间紧密相关。操作系统或应用软件从发布的那一天起，随着用户的深入使用，系统中存在的漏洞会被不断暴露出来，这些被发现的漏洞也会不断被系统供应商发布的补丁程序修补，或在以后发布的新版系统中得以纠正。而新版系统在纠正了旧版本中原有漏洞的同时，也会引入一些新的漏洞。以下列举了在 Windows XP Professional 系统中存在的几个典型系统漏洞。

1. 切换功能漏洞

Windows XP Professional 系统提供的快速用户切换功能存在漏洞。当用户选择"开始"→"注销"→"切换用户"启动快速用户切换功能，在传统登录方法下重试登录用户名时，系统会误认为存在暴力破解的密码攻击，从而锁定全部非管理员账户。

> **注意**
>
> 可以在控制面板中，更改用户登录或注销的方式，禁用用户快速切换功能。

2. 快捷键漏洞

Windows XP Professional 系统支持使用快捷键打开程序，进行相应操作。如果系统没有设置屏幕保护程序和密码，则当用户暂时离开系统时，系统会在处于静止状态一段时间后进行自动注销，不过这种"注销"是一种假注销，所有后台程序都还在运行，此时其他人虽然不能进入系统桌面，但却可以使用快捷键完成目标操作。

> **注意**
>
> 该漏洞被利用的几率不高。用户可以在离开系统时，按下 Windows 键 + L 键，锁定系统，或者打开屏幕保护程序并设置密码，以保证安全。

3. 服务拒绝漏洞

Windows XP 系统支持 PPTP 点对点协议，该协议是作为远程访问服务实现的虚拟专用网技术，由于在控制用于建立、维护和断开 PPTP 连接的代码段中存在未经检查的缓存，从而导致系统在实现 PPTP 连接时存在漏洞。通过向一台存在该漏洞的系统发送不正确的 PPTP 控制数据，攻击者可损坏核心内存并导致系统失效，中断所有系统中正在运行的进程。

4. Windows Media Player 漏洞

Windows Media Player 漏洞主要产生两个问题：一是信息泄露漏洞，它给攻击者提供了一种可在用户系统上运行代码的方法；二是脚本执行漏洞，当用户选择播放一个特殊的媒体文件，接着又浏览一个特殊构建的网页后，攻击者就可利用该漏洞运行脚本。由于该漏洞有特别的时序要求，因此利用该漏洞进行攻击相对比较困难，其严重级别也就比较低。

2.5.2　补丁程序

补丁程序是指针对操作系统和应用程序在使用过程中出现的问题而发布的解决问题的小程序。补丁程序一般由软件的原作者编写，通常可以到其网站下载。

按照对象可以把补丁程序分为系统补丁和软件补丁。系统补丁是针对操作系统的补丁程序，软件补丁是针对应用软件的补丁程序。

按照安装方式可以把补丁程序分为自动更新的补丁和手动更新的补丁。自动更新的补丁只需要在系统连接网络后，即可自动安装。手动更新的补丁则需要先到相关网站下载后，再由用户自行在本机安装。

按照重要性可以把补丁程序分为高危漏洞补丁、功能更新补丁和不推荐补丁。高危漏洞补丁是用户必须安装的补丁程序，否则会危及系统安全。功能更新补丁是用户可以选择安装的补丁程序。不推荐补丁是用户在安装前需要认真考虑是否需要的补丁程序。

【任务实施】

操作1　系统漏洞检测

目前有很多专用软件可以对系统中的软、硬件漏洞进行检查，下面以 Microsoft 公司提供的系统漏洞检测工具 MBSA（Microsoft Baseline Security Analyzer）为例，完成系统漏洞的检测工作。MBSA 是一款简单易用的工具，可以帮助中小型企业根据 Microsoft 公司的安全建议确定其安全状态，并根据状态提供具体的修正指导。

1. 安装 MBSA

MBSA 是一款免费的工具软件，可以到 Microsoft 公司的官方网站直接下载。MBSA 的安装步骤与 Microsoft 公司的其他应用软件产品基本相同，这里不再赘述。

2. 使用 MBSA 检测系统漏洞

利用 MBSA 可以对一台计算机进行系统漏洞检测，也可以对一组计算机进行系统漏洞检测。对一台计算机进行系统漏洞检测的基本操作步骤如下。

（1）依次选择"开始"→"程序"→Microsoft Baseline Security Analyzer 命令，打开 MBSA 主界面，如图 2-44 所示。

（2）在 MBSA 主界面中，单击 Scan a computer 链接，打开 Which computer do you want to scan? 窗口，如图 2-45 所示。

（3）在 Which computer do you want to scan? 窗口中设定扫描对象，可在 Computer

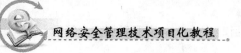

name 文本框中输入计算机的名称，格式为"工作组名 \ 计算机名"（默认为当前计算机的名称）；也可以在 IP address 文本框中输入计算机的 IP 地址（只能输入与本机同一网段的 IP 地址）。

（4）在 Which computer do you want to scan？窗口中设定安全报告的名称格式。MBSA 提供两种默认的名称格式："％D％ － ％C％（％T％）"［域名－计算机名（日期时间）］和"％D％ － ％IP％（％T％）"［域名－IP 地址（日期时间）］。用户可以在 Security report name 文本框自行定义安全报告的名称格式。

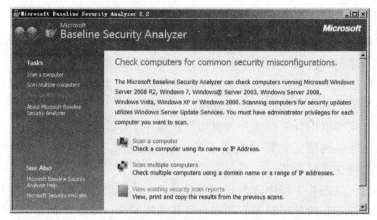

图 2 -44　MBSA 主界面

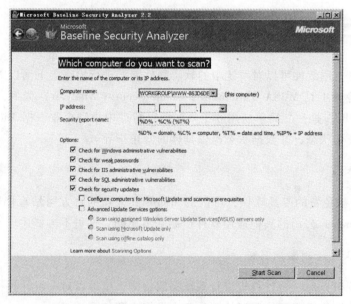

图 2 -45　Which computer do you want to scan？窗口

（5）在 Which computer do you want to scan？窗口中设定要检测的项目。MBSA 允许用户自主选择检测项目，只要用户选中 Options 中某项目的复选框，MBSA 就将对该项目进行检测。用户可以自主选择的项目包括：

- Check for Windows administrative vulnerabilities（检查 Windows 的漏洞）；

- Check for weak passwords（检查弱口令）；
- Check for IIS administrative vulnerabilities（检查IIS的漏洞）；
- Check for SQL administrative vulnerabilities（检查SQL Server的漏洞）。

（6）在Which computer do you want to scan？窗口中设定安全漏洞清单的下载途径。MBSA的基本工作方式是以一份包含了所有已发现漏洞详细信息的清单为蓝本，与对计算机的扫描结果进行对比，以发现漏洞并生成安全报告。可以在Check for security updates中对下载途径进行设定，默认情况下MBSA将通过Internet下载最新的安全漏洞清单。

（7）设定完毕后，在Which computer do you want to scan？窗口单击Start Scan按钮，对计算机进行扫描，扫描结束后将得到安全报告，如图2-46所示。可以根据该报告对系统漏洞进行修复。

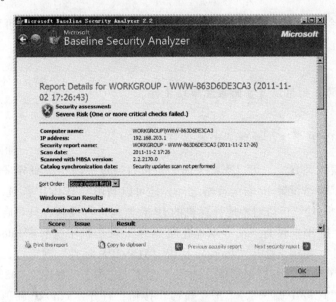

图2-46　MBSA安全报告

注　意

　　利用MBSA对一组计算机进行系统漏洞检测的操作步骤与检测一台计算机基本相同，限于篇幅这里不再赘述。

操作2　关闭不必要的服务和端口

在Windows系统运行过程中，会启动很多网络服务，这些服务会使用系统分配的默认端口。这些开启的服务和端口会成为网络攻击的目标，为了保证系统安全，有必要关闭不必要的服务和端口。

1．查看端口的使用情况

在Windows系统中，可以使用netstat命令查看端口的使用情况。基本操作方法如下。

（1）在"命令提示符"窗口中输入"netstat - a - n"命令，可以看到系统正在开放的端口及其状态，如图2-47所示。

```
C:\命令提示符                                                    _ □ ×
C:\Documents and Settings\Administrator>netstat -a -n

Active Connections

Proto  Local Address          Foreign Address        State
TCP    0.0.0.0:135            0.0.0.0:0              LISTENING
TCP    0.0.0.0:445            0.0.0.0:0              LISTENING
TCP    0.0.0.0:912            0.0.0.0:0              LISTENING
TCP    0.0.0.0:6001           0.0.0.0:0              LISTENING
TCP    127.0.0.1:1031         0.0.0.0:0              LISTENING
TCP    192.168.0.101:139      0.0.0.0:0              LISTENING
TCP    192.168.203.1:139      0.0.0.0:0              LISTENING
UDP    0.0.0.0:445            *:*
UDP    0.0.0.0:1045           *:*
UDP    0.0.0.0:1900           *:*
UDP    0.0.0.0:3600           *:*
```

图 2-47　"netstat - a - n" 命令

（2）在"命令提示符"窗口中输入"netstat - a - n - b"命令，可以看到系统端口的状态以及每个连接是由哪些程序创建的。

> **注 意**
>
> netstat 命令的详细用法请查阅系统帮助文件。

2. 利用"TCP/IP 筛选"功能关闭端口

关闭端口有很多种方法，可以直接关闭，也可以通过关闭相应服务来实现。如果要直接关闭端口，除了通过设置 IP 安全策略之外，还可以利用"TCP/IP 筛选"功能实现。

"TCP/IP 筛选"功能可以对本地计算机的 IP 数据包进行控制，只开启系统基本网络通信所需要的端口。操作步骤为：在"本地连接属性"对话框中选择"Internet 协议（TCP/IP)"，单击"属性"按钮，打开"Internet 协议（TCP/IP）属性"对话框；单击"高级"按钮，打开"高级 TCP/IP 设置"对话框，选择"选项"选项卡，如图 2-48 所示；在"可选的设置"中选择"TCP/IP 筛选"，单击"属性"按钮，打开"TCP/IP 筛选"对话框；在该对话框中选中"启用 TCP/IP 筛选"复选框，输入允许开启的端口即可，如图 2-49 所示。

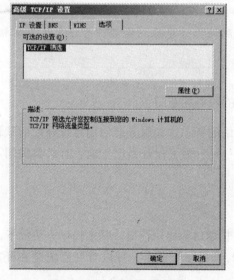

图 2-48　"选项"选项卡

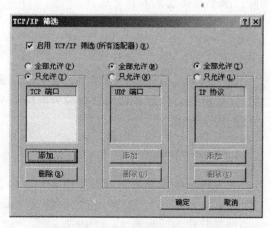

图 2-49　"TCP/IP 筛选"对话框

3. 关闭服务

在 Windows 系统中，并非所有默认开启的服务都是系统所必需的，关闭服务后，其对应的端口也会被关闭。关闭服务的操作步骤为：依次选择"开始"→"程序"→"管理工具"→"服务"命令，打开"服务"窗口，如图 2-50 所示；在"服务"窗口中，可以看到系统提供的服务及状态，要停止某一服务，只需选中该服务，单击窗口上方的"停止"按钮即可。例如 UDP123 端口会被蠕虫程序用来入侵系统，如果要关闭该端口，只要将该端口对应的服务"Windows Time"停止即可。

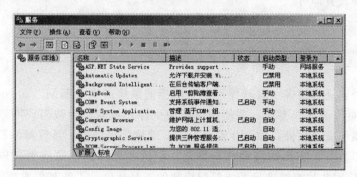

图 2-50 "服务"窗口

4. 关闭共享端口

共享端口主要包括 TCP135、139 和 445 端口，这些端口主要用来实现 Windows 的共享功能，但也是网络攻击的主要目标。要关闭这些端口还可以使用以下方法。

（1）在控制面板中，双击"系统"图标，打开"系统属性"对话框，选择"硬件"选项卡。在"硬件"选项卡中，单击"设备管理器"按钮，打开"设备管理器"窗口，如图 2-51 所示。在菜单栏依次选择"查看"→"显示隐藏的设备"选项。

（2）在"设备管理器"窗口中，选中"非即插即用驱动程序"→"NetBios over Tcpip"选项，在菜单栏依次选择"操作"→"属性"命令，打开其属性对话框，如图2-52所示。

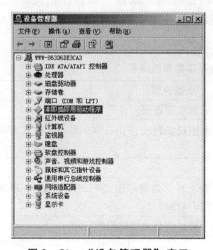

图 2-51 "设备管理器"窗口

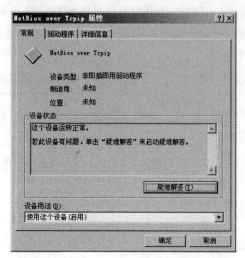

图 2-52 "NetBios over Tcpip 属性"对话框

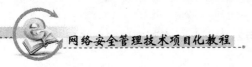

（3）在属性对话框中，将该设备用法设为停用，重新启动计算机后共享端口将关闭，当然此时计算机的共享功能也将无法使用。

操作 3　设置系统自动更新

由于 Windows 系统本身具有自动更新功能，因此只要该功能被启用并且系统连接到了 Internet，就可以即时下载 Microsoft 公司提供的补丁程序，以修补系统漏洞。设置系统自动更新的操作步骤为：在控制面板中，双击"自动更新"图标，打开"自动更新"对话框，按需要进行选择设置即可。

【技能拓展】

1．使用其他系统漏洞检测工具

除 MBSA 外，还有很多工具软件可以分析当前系统的安全漏洞，如 Namp、X - Scan、Fluxy 等，但这些工具比较专业，在使用过程中也存在风险，会被当成网络攻击工具。另外一些常用的系统安全软件，如 360 安全卫士、瑞星等也提供了系统漏洞扫描的功能，并可以通过自动下载补丁程序对漏洞进行修复，但这些软件的检测能力比较有限。请通过 Internet 查找并使用几款能够进行系统漏洞检测的工具软件，了解其主要功能和使用方法。

2．了解 WSUS

Windows Server Update Services（WSUS）是 Microsoft 公司提供的一种免费软件，利用该软件可以构建 WSUS 服务器，实现 Windows、Office、SQL Server、Exchange Server 等产品更新程序的集中管理和分发功能。请查阅相关资料，了解 WSUS 的功能和安装方法。

3．了解 Windows 系统可以禁用的服务

为了保证安全，在 Windows 系统中可以将某些服务停止并禁用，表 2 - 4 中列出了部分可以禁用的服务。当然，不同版本的 Windows 系统及在网络中扮演不同角色的 Windows 系统，其需要禁用的服务各不相同，请查看 Windows 系统的"服务"窗口和相关资料，理解各项服务的基本功能，思考在不同的环境中，哪些服务是必须禁用的，哪些是可以禁用的。

表 2 - 4　Windows 系统中部分可以禁用的服务

服务名称	功能说明
Alerter	通知选定的用户和计算机有关系统管理警报
Application Layer Gateway Service	为 ICS 和系统防火墙提供第三方协议插件支持，若 ICS 和系统防火墙未启用，则可禁止该服务
Automatic Updatas	自动更新补丁程序
Background Intelligent Transfer Service	利用空闲的网络带宽在后台传输文件。若被停用，Windows Update 和 MSN Explorer 等将无法自动下载程序和其他信息
Computer Browser	维护网络上计算机的更新列表，并将该列表提供给指定程序

续表

服务名称	功能说明
Help and Support	启用在此计算机上运行帮助和支持中心
Messenger	传输客户端和服务器之间的 NET SEND 和警报器服务消息
NetMeeting Remote Desktop Sharing	允许经过授权的用户用 NetMeeting 远程访问计算机
Print Spooler	管理所有本地和网络打印队列及控制所有打印工作
Remote Registry	使远程用户能修改此计算机上的注册表设置
Task Scheduler	使用户能在此计算机上配置和计划自动任务
TCP/IP NetBIOS Helper	提供 TCP/IP 服务上的 NetBIOS 和网络上客户端的 NetBIOS 名称解析的支持，从而使用户能够共享文件、打印和登录到网络
Telnet	允许远程用户登录到此计算机并运行程序
Workstation	创建和维护到远程服务的客户端网络连接

任务2.6　设置系统防火墙

【任务目的】

（1）理解防火墙的功能和类型；

（2）掌握 Windows 系统内置防火墙的启动和设置方法。

【工作环境与条件】

（1）安装好 Windows XP Professional 或其他 Windows 操作系统的计算机；

（2）能够正常运行的网络环境（也可使用 VMware 等虚拟机软件）。

【相关知识】

2.6.1　防火墙的功能

防火墙作为一种网络安全技术，最初被定义为一个实施某些安全策略保护一个安全区域（局域网），用以防止来自一个风险区域（Internet 或有一定风险的网络）的攻击的装置。随着网络技术的发展，人们逐渐意识到网络风险不仅来自于网络外部，还有可能来自于网络内部，并且在技术上也有可能有更多的实施方式，所以现在通常将防火墙定义为"在两个网络之间实施安全策略要求的访问控制系统"。一般来说，防火墙可以实现以下功能。

● 能防止非法用户进入内部网络，禁止安全性低的服务进出网络，抗击各方面的攻击。

● 能够利用 NAT（网络地址变换）技术，实现私有地址与共有地址的转换，隐藏内部网络的各种细节，提高内部网络的安全性。

● 能够通过仅允许"认可的"和符合规则的请求通过的方式来强化安全策略，实现计划的确认和授权。

● 可以将所有经过其的流量记录下来，以方便监视网络安全性，并产生日志和报警。

- 由于内部和外部网络的所有通信都必须通过防火墙，所以防火墙是审计和记录 Internet 使用费用的一个最佳地点，也是网络中的安全检查点。
- 防火墙通常应允许 Internet 访问内部 WWW 和 FTP 等提供公共服务的服务器，而禁止外部对内部网络上的其他系统或服务的访问。

虽然防火墙能够在很大程度上阻止非法入侵，但它也有一些防范不到的地方，如：

- 不能防范不经过防火墙的攻击；
- 不能非常有效地防止感染了病毒的软件和文件的传输；
- 不能防御数据驱动式攻击，当有些表面无害的数据被邮寄或复制到主机上并被执行而发起攻击时，就会发生数据驱动攻击。

2.6.2 防火墙的实现技术

1. 包过滤型防火墙

数据包过滤技术是在网络层对数据包进行分析、选择，选择的依据是系统内设置的过滤逻辑，称为访问控制表。通过检查数据流中每一个数据包的源地址、目的地址、所用端口号、协议状态等因素，或它们的组合来确定是否允许该数据包通过。数据包检查是对 IP 层的首部和传输层的首部进行过滤，一般要检查下面几项：

- 源 IP 地址；
- 目的 IP 地址；
- TCP/UDP 源端口；
- TCP/UDP 目的端口；
- 协议类型（TCP 包、UDP 包、ICMP 包）；
- TCP 报头中的 ACK 位；
- ICMP 消息类型。

图 2-53 给出了一种包过滤型防火墙的工作机制。

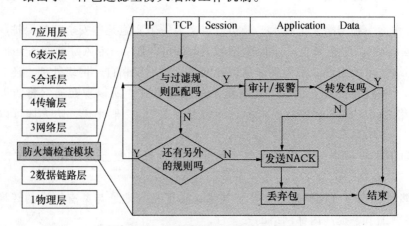

图 2-53 包过滤型防火墙的工作机制

例如，FTP 使用 TCP 的 20 和 21 端口。如果包过滤型防火墙要禁止所有的数据包只允许特殊的数据包通过，则可设置防火墙规则如表 2-5 所示。

表 2－5　包过滤型防火墙规则示例

规则号	功　能	源 IP 地址	目标 IP 地址	源端口	目标端口	协　议
1	Allow	192.168.1.0	*	*	*	TCP
2	Allow	*	192.168.1.0	20	*	TCP

第一条规则是允许源地址在 192.168.1.0 网段内，而其源端口和目的端口为任意的主机进行 TCP 的会话。第二条规则是允许端口为 20 的任何远程 IP 地址都可以连接到192.168.1.0 的任意端口上。

2. 应用层代理防火墙

应用层代理防火墙技术是在网络的应用层实现协议过滤和转发功能。它针对特定的网络应用服务协议使用指定的数据过滤逻辑，并在过滤的同时，对数据包进行必要的分析、记录和统计，形成报告。这种防火墙能很容易运用适当的策略区分一些应用程序命令，像HTTP 中的 "put" 和 "get" 等。应用层代理防火墙打破了传统的客户机/服务器模式，每个客户机/服务器的通信需要两个连接：一个是从客户端到防火墙；另一个是从防火墙到服务器。这样就将内部和外部系统隔离开来，从系统外部对防火墙内部系统进行探测将变得非常困难。

应用层代理防火墙能够理解应用层的协议，进行一些复杂的访问控制，但其最大缺点是每一种协议都需要相应的代理软件，使用时工作量大，当用户对内外网络网关的吞吐量要求比较高时，应用层代理防火墙就会成为内外网络之间的瓶颈。

2.6.3　Windows 系统防火墙

Windows 系统防火墙可以限制从其他计算机发送到本地计算机的信息，使用户可以更好地控制计算机上的数据，并针对那些未经邀请而尝试连接到本地计算机的用户或程序提供了一条防线。

Windows 系统防火墙通过阻止未授权用户通过网络或 Internet 访问来帮助和保护计算机。当 Internet 或网络上的某人尝试连接到本地计算机时，这种尝试被称为未经允许的请求。当本地计算机收到未经允许的请求时，Windows 系统防火墙会阻止该连接。如果用户所运行的程序需要从 Internet 或网络接收信息，那么防火墙会询问用户阻止连接还是取消阻止（允许）连接。如果用户选择取消阻止连接，则 Windows 系统防火墙将创建一个"例外"，这样当该程序日后需要接收信息时，防火墙将允许该连接。由此可见，默认情况下 Windows 系统防火墙只阻截所有传入的未经允许的流量，对主动请求传出的流量不作理会，而第三方防火墙一般会对两个方向的访问进行监控和审核，这一点是它们之间最大的区别。

【任务实施】

操作 1　启用系统防火墙

在 Windows 系统中，启用其自带防火墙的操作步骤为：在"网络连接"窗口中，用鼠标右击要启用防火墙的网络连接，在弹出的快捷菜单中选择"属性"命令；在"网络连

接属性"对话框中单击"高级"选项卡,如图 2 – 54 所示;单击"设置"按钮,打开"Windows 防火墙"对话框,如图 2 – 55 所示;若要启用 Windows 系统防火墙,选中"启用"单选框,若要禁用 Windows 系统防火墙,选中"关闭"单选框。

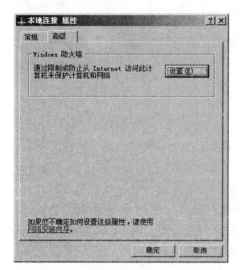

图 2 – 54   "本地连接属性高级"选项卡

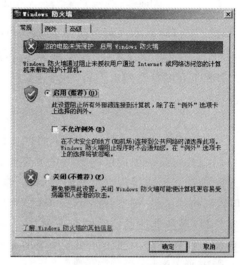

图 2 – 55   "Windows 防火墙"对话框

在开启 Windows 系统防火墙后,访问网络时经常可以看到类似于图 2 – 56 所示的画面。由图可知,Windows 系统防火墙对本地计算机向外的访问请求是不做任何处理的,就好像没有防火墙一样,用户登录到 QQ 游戏平台,实际上已经完成了对外的访问;而当需要将游戏信息下载到本地计算机时(即有外部访问请求),防火墙会弹出"Windows 安全警报"对话框,阻止未授权用户通过网络或 Internet 访问本地计算机。

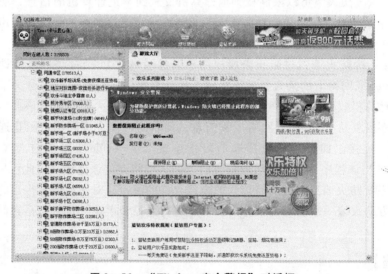

图 2 – 56   "Windows 安全警报"对话框

Windows 系统防火墙开启后,可以在网络中的另一台计算机上对本地计算机执行 ping 命令,如果出现"Request timed out"则表示防火墙已经生效。当然也可以通过网络扫描工具对本地计算机进行扫描,默认情况下应没有被打开的端口。

操作2　设置系统防火墙允许 ping 命令运行

在 Windows 系统防火墙的默认设置中是不允许 ping 命令运行的。如果要让 Windows 防火墙允许 ping 命令运行，操作步骤为：在"Windows 防火墙"对话框中单击"高级"选项卡，如图 2-57 所示；在"ICMP"中单击"设置"按钮，打开如图 2-58 所示的"ICMP 设置"对话框，选中"允许传入回显请求"复选框，单击"确定"按钮，此时 Windows 防火墙将允许 ping 命令运行。

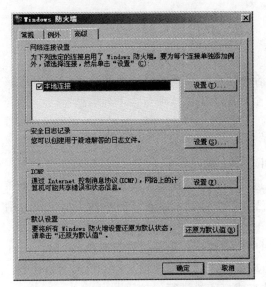

图 2-57　"Windows 防火墙"高级选项卡

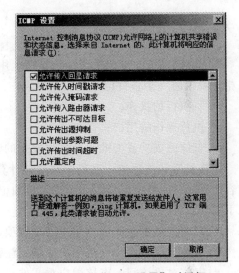

图 2-58　"ICMP 设置"对话框

操作3　设置系统防火墙允许应用程序运行

默认情况下 Windows 系统防火墙将阻止某些应用程序的正常运行，如果要设置 Windows 防火墙允许程序运行，则操作步骤为：在"Windows 防火墙"对话框中单击"例外"选项卡；在"例外"选项卡中，列出了 Windows 防火墙允许进行传入网络连接的程序和服务；单击"添加程序"按钮，打开"添加程序"对话框，在程序列表中，选择允许运行的程序，单击"确定"按钮，将其填加到"例外"选项卡中，该程序就可以正常运行了。

【技能拓展】

除启用系统防火墙外，在 Windows 桌面系统中也可以安装其他个人防火墙产品，如 360 安全卫士、瑞星个人防火墙等。请通过 Internet 下载并安装常见的个人防火墙产品，了解这些产品的主要功能和基本使用方法。

任务2.7　使用安全审计和性能监控

【任务目的】

（1）能够利用审核策略对系统进行安全审计；

（2）能够使用事件查看器查看系统日志；

（3）熟悉 Windows 任务管理器的使用方法；

（4）熟悉 Windows 性能监视器的使用方法。

【工作环境与条件】

（1）安装好 Windows XP Professional 或其他 Windows 操作系统的计算机；

（2）能够正常运行的网络环境（也可使用 VMware 等虚拟机软件）。

【相关知识】

2.7.1　Windows 系统的审核

Windows 系统的审核是跟踪计算机上用户活动和系统活动的过程。用户可以通过审核来指定系统将一个事件记录到安全日志中。安全日志中的审核项包含下列信息：

- 所执行的操作；
- 执行操作的用户；
- 事件的成功或失败以及事件发生的时间。

审核是默认关闭的，在确定对哪些计算机进行审核后，还必须规划每台计算机的审核内容，Windows 系统在每台计算机上单独记录已审核事件。可以审核的事件类型主要包括以下几项。

- 审核策略更改：审核用户安全选项、用户权限或审核策略所做的更改。
- 审核登录事件：审核用户登录或注销，或者用户建立或取消与计算机的网络连接。
- 审核对象访问：审核用户对文件、文件夹或打印机进行的访问。
- 审核进程追踪：审核事件的详细跟踪信息，该信息通常只对那些需要跟踪程序执行详细资料的编程人员有用。
- 审核目录服务访问：审核用户对 Active Directory 对象的访问。
- 审核特权使用：审核用户对用户权利改变所做的每一个事件，如更改系统时间等，但不包括与登录和注销相关的权利。
- 审核系统事件：审核对系统安全或安全日志有影响的事件，如重新启动计算机。
- 审核账户登录事件：审核在本地计算机上发生的登录或注销事件。
- 审核账户管理：审核计算机上的账户管理事件，如创建、更改或删除用户或组；用户账户被重命名、禁用或启用；设置或更改用户密码等。

在确定了要审核的事件类型后，就必须确定是审核成功事件、失败事件，还是两者都审核。跟踪成功事件可了解 Windows 系统用户或服务对特定文件、打印机或其他对象的访问频率，该信息可用于资源规划。跟踪失败事件可及早发现潜在的安全隐患，例如，如果注意到某个用户多次登录失败，那么就可能有未授权用户在尝试进入系统。

在进行审核时需考虑下列原则。

- 确定是否需要跟踪系统资源的使用趋势：如果需要，就要计划将事件日志存档，以查看经过一段时间后系统资源使用情况的变化趋势，并可在系统资源成为瓶颈前预先对其增长进行规划。
- 经常查看安全日志：应当制定时间表，定期查看安全日志，只有通过定期分析安全日志，才能发现问题并予以解决。

● 定义有用的、便于管理的审核策略：始终审核敏感、机密数据；只审核那些可提供有关网络环境重要信息的事件。这样可以最大限度降低系统资源的使用，并可使重要信息易于管理。

2.7.2　Windows事件日志文件

当 Windows 系统出现运行错误、用户登录/注销的行为或者应用程序发出错误信息等情况时，会将这些事件记录到"事件日志文件"中。管理员可以利用"事件查看器"检查这些日志，以便做进一步的处理。在 Windows 系统中主要包括以下事件日志文件。

● 系统日志：Windows 系统会主动将系统所产生的错误（例如网卡故障）、警告（例如硬盘快没有可用空间了）与系统信息（例如某个系统服务已启动）等信息记录到系统日志内。

● 安全日志：该日志会记录利用"审核策略"所设置的事件。例如，某个用户是否曾经读取过某个文件等。

● 应用程序日志：应用程序会将其所产生的错误、警告或信息等事件记录到该日志内。例如，如果某数据库程序有误时，它可以将该错误记录到应用程序日志内。

● 目录服务日志：该日志仅存在于域控制器内，会记录由活动目录所发出的诊断或错误信息。

除此之外，某些服务（例如 DNS 服务）会有自己的独立的事件日志文件。

【任务实施】

操作1　设置审核策略

默认情况下审核是关闭的，要进行审核必须设置审核策略。操作步骤为：打开"本地安全设置"窗口；在左侧窗格中依次选择"本地策略"→"审核策略"；在右侧窗格中，双击要审核的事件类型如"审核登录事件"，打开该策略的属性对话框；在策略对话框中，选择要审核的操作，单击"应用"按钮，启用该策略，如图 2-59 所示。

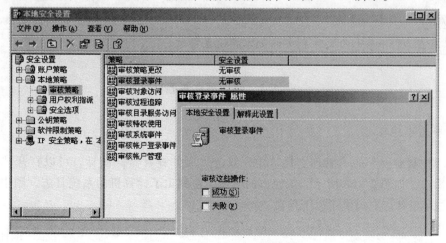

图 2-59　设置审核策略

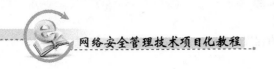

<h3 align="center">操作 2　设置审核对象</h3>

如果要审核用户对文件、文件夹进行的访问，除启用"审核对象访问"策略外，还需要对文件和文件夹进行设置。操作步骤如下。

（1）在"本地安全设置"窗口"审核策略"中，对"审核对象访问"策略进行设置。

（2）在资源管理器中，右击要审核的文件或文件夹，在弹出的快捷菜单中选择"属性"命令，打开其属性对话框。

（3）在属性对话框的"安全"选项卡中，单击"高级"按钮，打开高级安全设置对话框，选择"审核"选项卡，如图 2 - 60 所示。

（4）在"审核"选项卡中，单击"添加"按钮，打开"选择用户和组"对话框，输入要审核的用户或组，单击"确定"按钮，打开审核项目对话框，如图 2 - 61 所示。

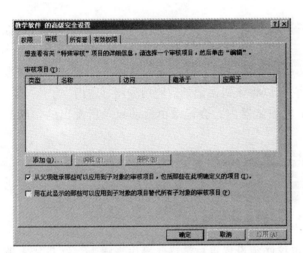

图 2 - 60　"审核"选项卡

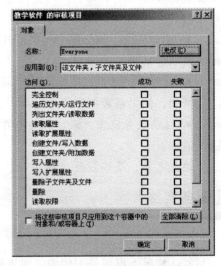

图 2 - 61　审核项目对话框

（5）在审核项目对话框中，选择要审核的用户操作和审核范围，单击"确定"按钮，完成设置。

注意

只有在 NTFS 卷上的文件和文件夹才能设置审核。

<h3 align="center">操作 3　使用事件查看器</h3>

1．查看事件日志

在"控制面板"的"管理工具"中，双击"事件查看器"图标，可以打开"事件查看器"窗口，如图 2 - 62 所示。该窗口的右侧窗格列出了计算机的系统日志，图中每一行代表了一个事件。它提供了以下信息。

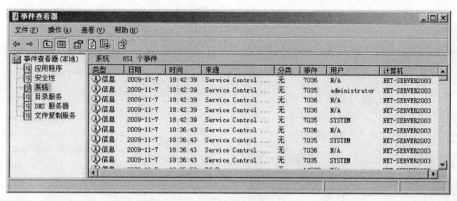

图2-62　"事件查看器"窗口

- 类型：此事件的类型，例如错误、警告、信息等。
- 日期与时间：此事件被记录的日期与时间。
- 来源：记录此事件的程序名称。
- 分类：产生此事件的程序可能会将其信息分类，并显示在此处。
- 事件：每个事件都会被赋予唯一的号码。
- 用户：此事件是由哪个用户所制造出来的。
- 计算机：发生此事件的计算机名称。

在每个事件之前都有一个代表事件类型的图标，现将这些图标说明如下。

- 信息：描述应用程序、驱动程序或服务的成功操作。
- 警告：表示目前不严重，但是未来可能会造成系统无法正常工作的问题，例如，硬盘容量所剩不多时，就会被记录为"警告"类型的事件。
- 错误：表示比较严重，已经造成数据丢失或功能故障的事件，例如网卡故障、计算机名与其他计算机相同、IP地址与其他计算机相同、某系统服务无法正常启动等。
- 成功审核：表示所审核的事件为成功的安全访问事件。
- 失败审核：表示所审核的事件为失败的安全访问事件。

由审核而产生的事件日志存放在安全性日志中。如果要查看事件的详细内容，可直接双击该事件，打开"事件 属性"对话框，如图2-63所示。

2. 查找事件

当首次启动事件查看器时，它自动显示所选日志中的所有事件，若要限制所显示的日志事件，可在"事件查看器"窗口中，依次选择"查看"→"筛选"命令，打开该日志的属性对话框的"筛选"选项卡，如图2-64所示。在该对话框中，可指定需要显示的事件类型和其他事件标准，从而将事件列表缩小到易于管理的大小。

另外也可在"事件查看器"窗口中，依次选择"查看"→"查找"命令，打开"查找"对话框。在该对话框中，可设定相应的条件，查找特定事件。

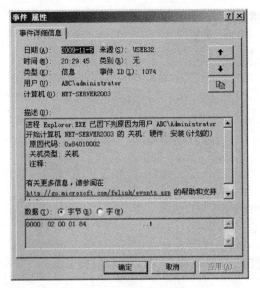

图 2-63 "事件 属性"对话框

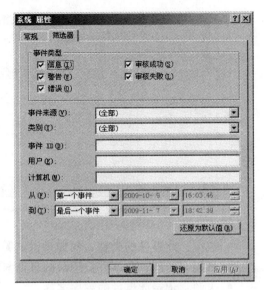

图 2-64 "筛选"选项卡

3. 日志文件的设置

管理员可以针对每个日志文件更改其设置。如要设置日志文件的文件大小，可以在"事件查看器"窗口中，选中该日志文件，右击鼠标，在弹出的快捷菜单中选择"属性"命令，打开该日志文件的"属性"对话框，在该对话框中可以指定日志文件大小上限，单击"清除日志"按钮可以将该日志文件内的所有日志都清除。

操作 4　使用任务管理器

任务管理器提供计算机性能信息及运行在计算机上的程序和进程信息。使用任务管理器可快速查看正在运行的程序的状态、关闭没有响应的程序并查看包含计算机性能关键指示器的动态显示窗口（包括当前 CPU 和内存使用的曲线图）。

若要打开任务管理器，可右击 Windows 系统任务栏的空白处，在弹出的菜单中选择任务管理器，也可通过按下 Ctrl + Alt + Del 键直接打开。

1. 设置"应用程序"选项卡

任务管理器的"应用程序"选项卡显示当前运行程序的状态，通过该选项卡可启动新程序（通过单击"新任务"）、关闭程序（通过从列表中选择一项任务并单击"结束任务"）或切换到另一个程序（通过从列表中选择一项任务并单击"切换至"）。

2. 设置"进程"选项卡

任务管理器的"进程"选项卡显示当前运行进程的信息，包括当前进程使用 CPU 和内存的情况，如图 2-65 所示。可以通过单击栏标题对进程列表进行排序；也可以在"查看"菜单中单击"选择列"，在"选择列"对话框中，选择要显示的其他计数器。在"进程"选项卡上，可选中一个进程并单击"结束进程"按钮中止该进程。也可右击需要中止的进程，从弹出的菜单上选择"结束进程树"，以终止该进程直接或间接创建的所有进程。

> **注 意**
>
> 通常可以利用"进程"选项卡查看当前计算机有无危险进程在运行，但在结束进程时需要非常谨慎，如果终止了一个应用程序，就会丢失未保存的数据。如果终止了一个系统服务，系统的部分功能就可能无法正常实现了。

3. 设置"性能"选项卡

任务管理器的"性能"选项卡可显示计算机性能的动态总貌，该选项卡包括 CPU 和内存使用曲线图，计算机上运行的句柄数、线程数和进程数总计，以及物理内存、核心内存和认可用量的总计等，如图 2 - 66 所示。

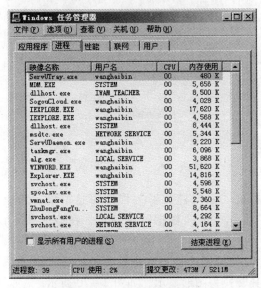

图 2 - 65 "进程"选项卡

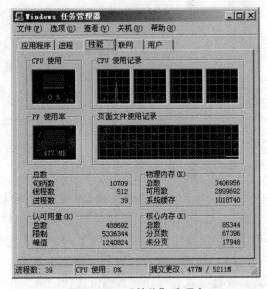

图 2 - 66 "性能"选项卡

操作 5 使用性能监视器

Windows 性能监视器是在 Windows 系统中提供的系统性能监视工具，包含"系统监视器"和"性能日志和警报"两个管理单元。"系统监视器"用来收集并查看有关内存、磁盘、处理器、网络以及其他活动的实时数据。"性能日志和警报"可用来收集来自本地或远程计算机的性能数据，并可以配置日志以记录性能数据、设置系统警告，在特定计数器的数值超过或低于所限定阈值时发出通知。

1. 使用系统监视器

在"控制面板"的"管理工具"中，双击"性能"图标，可以打开"性能"窗口。默认情况下会打开"系统监视器"，如图 2 - 67 所示。要使用系统监视器对系统的某项性能指标进行监视，必须添加该性能指标对应的计数器，添加计数器后，系统监视器开始在

曲线图区域将计数器数值转换成图。添加计数器的操作步骤如下。

（1）在系统监视器右侧窗格工具栏单击"添加"按钮，打开"添加计数器"对话框。

（2）在"添加计数器"对话框中选择所要添加的计数器，如果要监视本地计算机网络接口每秒钟发送和接收的总字节数，可选择"使用本地计算机计数器"单选框；在"性能对象"下拉列表中选择"Network Interface（网络接口）"；在"从列表选择计数器"中选择"Bytes Total/sec"；在"从列表选择范例"中选择需要监视的网络接口。如图2-68所示。

（3）单击"添加"按钮，完成计数器的添加。单击"关闭"按钮，关闭"添加计数器"对话框，在"系统监视器"的底部可以看到新添加的计数器。

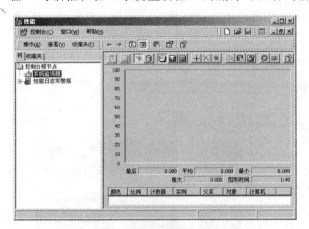

图2-67　系统监视器

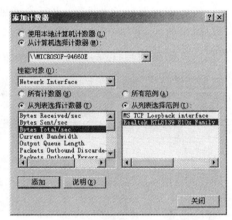

图2-68　"添加计数器"对话框

（4）为了更清楚地反映监视结果，可以右击"系统监视器"详细信息窗格，选择"属性"命令，打开"系统监视器 属性"对话框。单击"数据"选项卡，在该选项卡，可以指定要使用的选项，如图2-69所示。

（5）设置完成后，单击"确定"按钮。此时如果网络接口有数据传输的话，则"系统监视器"就会对计数器数值进行记录，并将其转换为图形显示，如图2-70所示。

图2-69　"系统监视器 属性"对话框

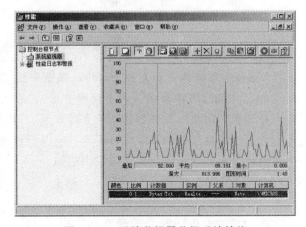

图2-70　系统监视器监视系统性能

2．建立计数器日志

建立计数器日志的操作步骤如下。

（1）在"性能"窗口中，双击"性能日志和警报"，再单击"计数器日志"。所有现存的日志将在详细信息窗格中列出。绿色图标表明日志正在运行，红色图标表明日志已停止运行，如图2－71所示。

（2）右击详细信息窗格中的空白区域，选择"新建日志设置"命令，打开"新建日志设置"对话框。

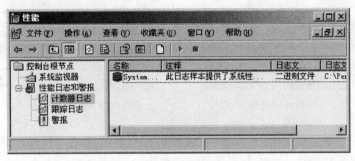

图2－71　"计数器日志"窗口

（3）在"新建日志设置"对话框的"名称"文本框中输入日志名称，单击"确定"按钮，打开日志属性对话框，如图2－72所示。

（4）在日志属性的"常规"选项卡上，单击"添加对象"按钮选择要添加的性能对象，或者单击"添加计数器"按钮选择要记录的单个计数器。

（5）如果要更改默认的文件和计划的信息，可在"日志文件"选项卡和"计划"选项卡上进行更改。

（6）设置完毕后，单击"确定"按钮后回到计数器日志窗口，此时可以看到所添加的计数器日志。

3．建立计数器警报

建立计数器警报的操作步骤如下。

（1）在"性能"窗口中，双击"性能日志和警报"，再单击"警报"。已有的所有警报将在详细信息窗格中列出。绿色图标表明警报正在运行，红色图标表明警报已停止。

（2）右击详细信息窗格中的空白区域，选择"新建警报设置"命令，打开"新建警报设置"对话框。

（3）在"新建警报设置"对话框的"名称"文本框中输入日志名称，单击"确定"按钮，打开警报属性对话框。

（4）在警报属性的"常规"选项卡上，定义警报的注释、计数器、警报阈值和采样间隔，如图2－73所示。

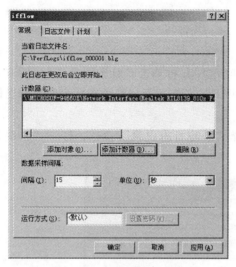

图 2-72　日志属性对话框

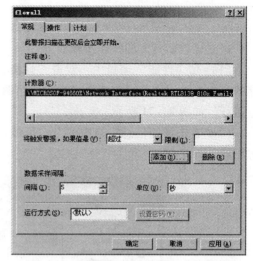

图 2-73　警报属性的"常规"选项卡

（5）要定义计数器数据触发警报时应发生的操作，可使用"操作"选项卡。要定义服务开始扫描警报的时间，可使用"计划"选项卡。

（6）设置完毕后，单击"确定"按钮回到控制台，此时可以看到所添加的警报，绿色表示已经启动。

4．查看日志文件

（1）使用事件查看器

设置了警报后，当计数器超过阈值时，系统将记录该事件。默认情况下事件将记录在"应用程序"日志中，可以通过事件查看器查看。

（2）直接查看

可以在"性能"窗口中更改日志文件类型为文本文件，文件扩展名为.csv，此时生成的日志文件可以直接用 Excel 进行查看和编辑。

【技能拓展】

1．监控共享资源

在 Windows 系统中，可以使用"计算机管理"窗口中的"共享文件夹"管理单元对共享资源进行监控。利用"共享文件夹"管理单元可以建立和删除共享文件夹，可以从远程计算机上监控当前哪些用户在访问共享文件夹，可以查看用户已连接了那些资源，可以断开用户并向计算机和用户发送管理性消息。请查阅 Windows 系统的帮助文件，掌握利用"共享文件夹"管理单元监控共享资源的操作方法。

2．了解 Windows 系统的常用进程

进程可以分为系统进程和用户进程，凡是用于完成操作系统的各种功能的进程就是系统进程。表 2-6 列出了 Windows 系统的部分常见进程。请查阅相关资料，了解 Windows

系统常见系统进程和用户进程的名称、功能及其对应的系统服务或应用程序。

表 2-6　Windows **系统的部分常见进程**

进程名称	功能描述
Conime. exe	Windows 系统输入法编辑器程序，处理控制台输入法配置
Csrss. exe	微软客户端和服务端运行进程，用以控制 Windows 图形相关任务
Ctfmon. exe	微软 Office 套装程序，用于加载文字输入程序和微软语言条
Explorer. exe	Windows 资源管理器，用于管理图形用户界面
Lsass. exe	Windows 系统本地安全权限服务，用以控制 Windows 安全机制
MDM. exe	Windows 系统机器调试管理服务程序，针对应用软件进行纠错
Services. exe	管理 Windows 服务
Smss. exe	Windows 系统进程，调用对话管理子系统，负责操作系统对话
Spoolsv. exe	Windows 系统打印后台处理程序进程，管理打印机队列及打印工作
Svchost. exe	Windows 系统进程，加载并执行系统服务指定的动态链接库文件
System	Microsoft Windows 系统进程
System Idle Process	Windows 页面内存管理进程，其资源占用率越大表示可供分配的资源越多
Taskmgr. exe	Windows 任务管理器进程
Winlogon. exe	Windows NT 用户登录管理器，处理系统的登录和登录过程

习　题　2

1．思考与问答

（1）Windows 系统的安全包括哪些主要安全元素？

（2）Windows 系统的本地用户账户分为哪些类型？各有什么特征？

（3）什么是用户权限？Windows 系统的标准 NTFS 文件权限有哪些类型？

（4）在 Windows 系统中应如何保护用户密码的安全？

（5）简述注册表的作用。

（6）组策略主要提供了哪些功能？

（7）在 Windows 系统中可以通过哪些方法关闭端口以保证系统安全？

（8）什么是防火墙？防火墙可以实现哪些功能？

（9）什么是 Windows 系统的审核？简述 Windows 系统可以审核的事件类型。

（10）在 Windows 系统中主要包括了哪些事件日志文件？

2．技能操作

（1）设置系统安全访问权限

【内容及操作要求】

某公司计算机网络的客户机全部使用 Windows XP Professional 操作系统，采用工作组模式，根据公司网络的信息安全要求，需要对客户机进行如下设置和安全加固。

● 对登录用户进行身份识别和鉴别，系统管理员用户应具有不被冒用的特点。

- 用户密码应具有复杂度并定期更换。
- 对系统用户进行优化，禁用不必要的用户。
- 禁止系统显示上一次登录的用户名，防止字典攻击。
- 使管理员用户对客户机的卷 D 具有完全控制权限，其他用户只能读取数据和运行程序。
- 在客户机的卷 E 创建一个共享文件夹，将其共享权限设为管理员用户具有完全控制权限，其他用户只有读取权限。

【准备工作】

几台安装 Windows XP Professional 的计算机，能够连通的局域网。

【考核时限】

30min。

（2）设置本地安全策略和组策略

【内容及操作要求】

某公司计算机网络的客户机全部使用 Windows XP Professional 操作系统，采用工作组模式，根据公司网络的信息安全要求，请利用本地安全策略和组策略对客户机进行如下设置：

- 设置不能从远端系统强制关机；
- 创建一个新用户账户，使该账户只能从网络登录本计算机；
- 禁止用户运行 QQ 程序；
- 关闭自动播放功能；
- 使用户在打开浏览器时必须登录指定的网页，且不能对登录主页进行修改；
- 禁止用户使用关机命令；
- 禁止用户访问本地连接属性。

【准备工作】

几台安装 Windows XP Professional 的计算机，能够连通的局域网。

【考核时限】

30min。

（3）关闭不必要的服务和端口

【内容及操作要求】

某公司计算机网络的客户机全部使用 Windows XP Professional 操作系统，采用工作组模式，根据公司网络的信息安全要求，请完成以下设置：

- 查看当前系统的端口使用情况；
- 利用 IP 限制策略禁止其他计算机对本机 TCP135 端口的访问；
- 利用 TCP/IP 筛选禁止其他计算机对本机 TCP445 端口的访问；
- 写出系统服务 "Messenger" 和 "Remote Registry" 的功能和作用，并将其停止并禁用。

【准备工作】

几台安装 Windows XP Professional 的计算机，能够连通的局域网。

【考核时限】

30min。

（4）系统审核与性能监控

【内容及操作要求】

某公司计算机网络的客户机全部使用 Windows XP Professional 操作系统，采用工作组模式，根据公司网络的信息安全要求，请完成以下设置：

- 对当前计算机的策略更改、系统事件、账户登录事件和账户管理进行审核；
- 对卷 D 中的所有文件和文件夹进行审核，要求记录所有用户进行的所有操作；
- 利用事件查看器查看安全性日志，并将其大小调整为 16 384KB；
- 利用性能监视器对系统数据流量进行监视，监视内容为每秒钟发送的字节数。要求能通过系统监视器直接监视曲线变化，也能够使用事件查看器查看相应的日志；当系统每秒钟发送的字节数超过 500KB 时发出警报，警报应记录在日志中。

【准备工作】

几台安装 Windows XP Professional 的计算机，能够连通的局域网。

【考核时限】

30min。

项目 3　Windows 服务器系统安全管理

在组建大中型局域网时，通常会采用 C/S（客户机/服务器）工作模式的网络，并应用 B/S（浏览器/服务器）模式来组建网络的应用系统。在这种网络环境中，服务器是网络的核心，因此在网络管理过程中，必须确保服务器系统的安全运行。目前很多服务器都是基于 Windows 网络操作系统的，Windows 网络操作系统除了具有 Windows 桌面系统的全部功能外，还提供了更为全面的网络管理功能。本项目的主要目标是熟悉 Windows 服务器常用的安全设置方法，能够利用 Windows 网络操作系统自带的工具加固 Windows 服务器系统，保证 Windows 服务器的访问安全。

任务 3.1　Active Directory 服务安全管理

【任务目的】

（1）理解 Active Directory 的相关概念；
（2）掌握域用户的安全设置方法；
（3）能够利用组策略维护网络安全；
（4）了解域信任关系的管理方法；
（5）了解操作主机的管理方法。

【工作环境与条件】

（1）安装好 Windows Server 2003 或其他 Windows 网络操作系统的计算机；
（2）能够正常运行的网络环境（也可使用 VMware 等虚拟机软件）。

【相关知识】

3.1.1　Active Directory 的基本概念

在网络中，目录是用来存储各种对象的一个物理容器。存储目录相关数据的数据库称为目录数据库。与工作组不同的是，域内所有的计算机共享一个集中式的目录数据库，该数据库包含着整个域内所有对象的各种信息与安全数据。在 Windows 操作系统中负责目录服务的组件是 Active Directory（活动目录，AD），它负责目录数据库的查询、添加、删除和更改等任务。活动目录既可以应用于个人计算机上，也可以应用于一个计算机网络上，甚至可以应用于跨地区的广域网中。

1. 域名称空间

所谓"名称空间"就是一块划好的区域，在这块区域内，可以利用某个名字找到与这个名字有关的信息。在 Windows 域中，Active Directory 就是一个名称空间，可以通过对象名称找到与这个对象有关的所有信息。

在 TCP/IP 网络环境中，会使用 DNS（Domain Name System，域名系统）解析计算机名称与 IP 地址的映射关系。Windows 系统活动目录是与 DNS 紧密集成在一起的，其域名称空间也采用 DNS 结构。因此 Windows 域名应采用 DNS 的格式命名，如 abc. com。

2．对象和属性

Windows 域内的资源是以对象的形式存在的，用户、计算机、打印机、应用程序等都是对象。一个对象是通过"属性"来描述其特征的，对象本身是一些"属性"的集合。也就是说，新建一个用户就是新增了一个对象类别为"用户"的对象，然后为这个对象输入姓、名、电话号码、电子邮件、地址等数据，而这些数据就是该对象的属性。

3．容器与组织单位

容器与对象类似，有自己的名称，也是一些属性的集合。容器内既可以包含其他的对象，如用户、计算机、打印机等，也可以包含其他容器。组织单位（Organizational Unit，OU）是一个比较特殊的容器，除了可以包含其他对象与组织单位外、还有"组策略"功能。

4．域树

域树是通过双向可传递信任关系连接在一起的 Windows 域的集合，它们共享相同的模式、配置和全局目录。同一域树的域必须组成层次式的名称空间，例如，若根域为abc. com，则其子域可以是 a. abc. com、b. abc. com 等。Active Directory 是一棵或多棵域树的组合。当任何一个新域加入域树后，它会信任该域树内所有的域，只要拥有适当的权限，这个新域内的用户就可以访问其他域内的资源，其他域内的用户也可以访问这个新域内的资源。

5．域林

域林是相互信任的一棵或多棵域树形成的小组，同一域林中的所有域树共享相同的模式、配置和全局目录。当一个域林包含多棵域树时，所有的域树不会形成连续的名称空间。创建域林时，每棵域树中的任何一个域内的用户，都可以访问其他域树内的资源，也可以到其他任何一棵域树内的计算机登录。

3.1.2 域用户账户和组账户

1．域用户账户

域用户账户存储在域控制器的 Active Directory 数据库内。用户可以利用域用户账户登录域，访问网络中的资源。当用户利用域用户账户登录时，这个账户数据会被送到域控制器，并由域控制器检查用户所输入的账户名称与密码是否正确。此外，当在某台域控制器创建用户账户后，该账户会被自动复制到同一个域内的其他域控制器。因此，当用户登录时，该域内的所有域控制器都可以检查用户所输入的账户名称与密码是否正确。

2. 域中的组账户

（1）组的类型

Windows 系统将位于域中的组分为两种类型。

● 安全组：安全组可以被用来设置权限，例如，可以设置让安全组对文件具备"读取"的权限。安全组也可以用于其他任务，例如，可以将电子邮件发送给安全组。

● 通信组：通信组只能用在与安全（权限的设置等）无关的任务，例如，可以将电子邮件发送给通信组。

（2）组的作用域

在域中，每个安全组和通信组都有自己的作用范围。根据不同的作用域，可以把组分为全局组、本地域组和通用组。表 3-1 给出了全局组、本地域组和通用组的比较。

表 3-1 全局组、本地域组和通用组的比较

比较项目	全局组	本地域组	通用组
作用	用来组织域中的同类用户	为用户提供所属域资源的访问控制和执行系统任务的权限	为用户提供各域资源的访问控制和执行系统任务的权限
组成	只能包含所在域的用户账户与全局组	能够包含所在域的用户账户、全局组、通用组和同一个域内的本地域组	能够包含所有域的用户账户、全局组、通用组，但不能包括本地域组
访问的资源范围	所有域内的资源	此组所属域内的资源	所有域内的资源

（3）内置的本地域组

在 Windows 域控制器的活动目录中，系统内置了一些本地域组，这些组本身已经被赋予了权利与权限，以便让其具备管理域与活动目录的能力。只要将用户或组账户加入到这些内置的本地域组中，这些账户就将具备相同权限。内置的本地域组位于活动目录的"Builtin"容器内，如图 3-1 所示，可以看出内置的本地域组都是安全组。

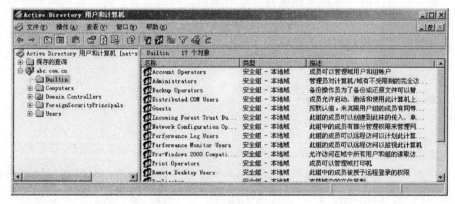

图 3-1 内置的本地域组

（4）内置的全局组

当创建一个域时，系统会在活动目录中创建一些内置的全局组。这些全局组本身并没有任何权利与权限，但可以将其加入到具备权利或权限的本地域组中，或者直接为其指派权利或权限。这些内置的全局组位于 Users 容器内，如图 3-2 所示。

图 3-2　内置的全局组

3. 组的使用策略

为了让网络管理更为容易，在利用组来管理网络资源时，可采用以下的策略。

（1）A、G、DL、P 策略

该策略是先将用户账户（A）加入到全局组（G），再将全局组加入到本地域组（DL），然后设置本地域组的权限（P）。利用该策略，只要针对本地域组来设定权限，则处于该组的全局组中的所有用户都自动具有相应权限。

（2）A、G、G、DL、P 策略

该策略是先将用户账户（A）加入到全局组（G），将此全局组加入到另一个全局组（G），再将该全局组加入到本地域组（DL），然后设置本地域组的权限（P）。需要注意的是，这两个全局组必须在同一个域内，因为全局组只能够包含同一个域的用户账户与全局组。

（3）A、G、U、DL、P 策略

若两个全局组不在同一个域内，则可以使用 A、G、U、DL、P 策略。该策略是先将用户账户（A）加入到全局组（G），将此全局组加入到通用组（U），再将该通用组加入到本地域组（DL），然后设置本地域组的权限（P）。

注意

可以不遵循以上策略来使用组，但会存在一些缺点。例如，若直接将用户账户加入到本地域组，其缺点是无法在其他域内设定该本地域组的权限；若将用户账户加入到全局组内，然后直接设置该组对某资源的权限，其缺点是网络内若包含多个域，必须分别为每个域的全局组单独设置权限，这会增加网络管理负担。

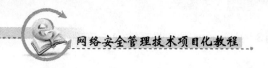

3.1.3 域信任关系

两个域之间具有信任关系后，双方的用户便可以访问对方域内的资源或是利用对方域的计算机登录。

1. 信任域与被信任域

当 A 域信任 B 域后，A 域被称为"信任域"，B 域被称为"被信任域"，它们之间会建立以下关系：

- B 域的用户只要具备适当权限，就可以访问 A 域内的资源，例如文件、打印机等，因此 A 域又被称为"资源域"，而 B 域又被称为"账户域"；
- B 域的用户可以利用 A 域内的计算机登录；
- 如果只是 A 域信任 B 域，则称为单向信任，如果同时 B 域也信任 A 域，则称为双向信任，此时双方都可以访问对方的资源，也可以利用对方的计算机登录。

2. 信任的种类

（1）"父 – 子"信任

在同一域树中，父域与子域之间的信任关系称为父 – 子信任，这种信任关系是自动建立的，也就是说任何一个 Windows 域被加入到域树后，会自动信任其上一层的父域，同时父域也会自动信任这个新域，而且这种信任关系具备"双向传递性"。

> **注 意**
>
> 传递性是指如果 A 域信任 B 域，而 B 域信任 C 域，则 A 域信任 C 域。

（2）"树 – 根目录"信任

在同一域林中，林根域与其他域树根域的信任关系称为树 – 根目录信任。这种信任关系是自动建立的，也就是说当在现有的域林中添加一棵域树后，林根域与新的域树根域之间会自动相互信任对方，而且这种信任关系也具备"双向传递性"。

（3）"快捷方式"信任

快捷方式信任可以缩短用户身份验证的时间。例如，若域 a. abc. com 内的用户经常要访问位于域 a. xyz. com 内的资源，则如果按照"树 – 根目录"信任，用户身份验证需要经过其父域 abc. com 和 xyz. com。而如果在域 a. abc. com 和 a. xyz. com 之间建立一个快捷方式信任，则在用户身份验证时，可以跳过其父域，节省身份验证所花的时间。设置时可以自行决定建立单向或双向的快捷方式信任。

（4）"林"信任

可以通过林信任来建立两个域林之间的信任关系，以便让不同域林内的用户能够相互访问对方的资源，可以自行决定建立单向或双向的信任关系。两个域林之间的林信任不具有传递性，也就是说若域林 A 信任域林 B，同时域林 B 也信任域林 C，但域林 A 并不会自动信任域林 C。

（5）"外部"信任

Windows Server 2003 域可以通过外部信任与 Windows NT 4. 0 域建立信任关系，另外分别位于两个域林内的域之间，也可以通过外部信任来建立信任关系。设置时可以自行决定建立单向或双向的信任关系，而且外部信任也不具备传递性。

（6）"领域"信任

Windows 域可以与"非 Windows 系统"的 Kerberos VS 领域之间建立信任关系，这种信任关系称为领域信任。这种跨平台的信任关系，让 Windows 域能够与使用其他版本 Kerberos V5 的系统（如 UNIX）相互沟通。领域信任可以是单向或双向的，而且可以在传递性与非传递性之间切换。

> **注意**
>
> 在各种信任关系中，"父－子"信任和"树－根目录"信任是添加子域或域树时自动建立的，其他的信任关系必须手动建立。

【任务实施】

操作1 用户与计算机基本安全设置

在域模式网络中，可以对域中的用户和计算机进行统一设置，在 Windows Server 2003 域控制器上，Administrator 账户或者是 Administrators、Account Operators、Domain Admins、Power Users 组的成员具有设置域用户的完全权限。

1. 设置域用户的属性

（1）登录域控制器，依次选择"开始"→"管理工具"→"Active Directory 用户和计算机"命令，打开"Active Directory 用户和计算机"窗口，在左侧窗格中双击相应域中的"Users"选项，在右侧窗格中将看到所有的用户和部分组。

（2）在"Active Directory 用户和计算机"窗口中，依次选择"窗口"→"筛选器选项"命令，打开"筛选器选项"对话框。

（3）在"筛选器选项"对话框中，选择"仅显示下列类型的对象"单选框，然后从列表框中选中"用户"复选框，筛选出"Users"中所有的用户，如图 3－3 所示。

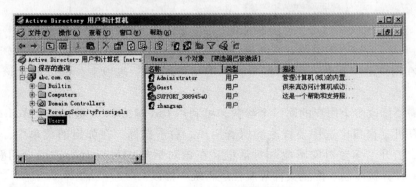

图 3－3 "Users"中所有的用户

（4）右击要设置的用户，在弹出的菜单中，选择"属性"命令，打开该用户的"属性"对话框，单击"账户"选项卡，如图 3－4 所示，此时可设置用户的登录名和密码选项。

（5）在用户的"属性"对话框中，单击"登录到"按钮，打开"登录工作站"对话框，可以设置该用户能够通过域中的哪些计算机登录，如图3-5所示。

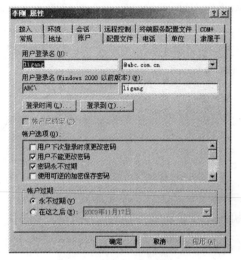

图3-4　"账户"选项卡

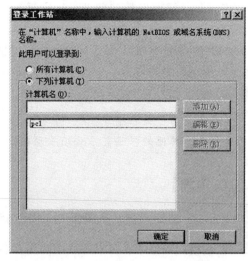

图3-5　"登录工作站"对话框

（6）在用户的"属性"对话框中，单击"登录时间"按钮，打开该用户的"登录时间"对话框，可以设置允许该用户登录的时间段，如图3-6所示。

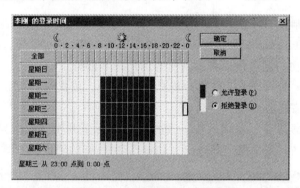

图3-6　"登录时间"对话框

（7）在用户的"属性"对话框中，单击"隶属于"选项卡，可以设置该用户所属的组。

如果需要修改多个用户的同一个参数，可利用 Ctrl 键或 Shift 键，在"Active Directory 用户和计算机"窗口中选中要修改的所有用户。右击鼠标，在弹出的菜单中，选择"属性"命令，打开"多重对象属性"对话框。在该对话框中可以对所选用户的登录时间、密码选项、计算机限制、配置文件等属性进行统一修改。

2．远程管理计算机

在计算机加入域后，可以在域控制器上对该计算机进行有效的管理。具有相应权利的用户也可以在域中的任何一台计算机上通过"网上邻居"的活动目录对域控制器或其他计算机进行有效的管理。在域控制器上对计算机进行远程管理的操作步骤如下。

（1）登录域控制器，打开"Active Directory用户和计算机"窗口，在左侧窗格中双击相应域中的"Computers"选项，在右侧窗格中将看到该域中的计算机，如图3-7所示。

图3-7　在域控制器查看客户机

（2）右击要管理的计算机，在弹出的菜单中，选择"管理"命令，打开"计算机管理"窗口，在该窗口中即可对计算机进行各种远程管理操作。

3．设置域安全策略

如果要针对域内的计算机与用户设置统一的安全策略，可在域控制器依次选择"开始"→"管理工具"→"域安全策略"命令，打开"默认域安全设置"窗口，如图3-8所示。域安全策略的设置与本地安全策略相间，具体方法这里不再赘述。设置时需注意以下问题。

● 属于域内的任何一台计算机，都会受到域安全策略的影响。

● 属于域内的计算机，如果其"本地安全策略"的设置与"域安全策略"的设置发生冲突，则以"域安全策略"的设置优先。也就是说如果"域安全策略"的设置被设置为"启用"或"禁用"时，"本地安全策略"的设置无效；只有当"域安全策略"的设置被设置为"没有定义"时，"本地安全策略"的设置才有效。

● 域安全策略修改后，必须将其应用到本地计算机后才会有效。如果本地计算机是域控制器，则每隔5分钟会自动应用；如果是成员服务器或工作站，则每隔90～120分钟会自动应用。用户也可以利用命令"gpupdate /目标计算机"或重新启动计算机自行手工应用。

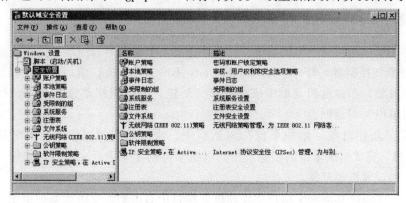

图3-8　"默认域安全设置"窗口

4. 设置域控制器安全策略

域控制器安全策略的设置会影响到位于 Domain Controller 容器内的域控制器，对位于其他容器或组织单位内的计算机则没有影响。要专门针对域控制器设置安全策略，可以在域控制器依次选择"开始"→"管理工具"→"域控制器安全策略"命令，打开"默认域控制器安全设置"窗口，如图 3-9 所示。

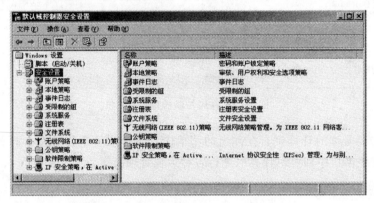

图 3-9　"默认域控制器安全设置"窗口

域控制器安全策略的设置与域安全策略、本地安全策略相同，具体方法这里不再赘述。设置时应注意以下问题。

● Domain Controller 容器的所有域控制器都会受到"域控制器安全策略"的影响。

● 当"域控制器安全策略"与"域安全策略"的设置发生冲突时，默认以"域控制器安全策略"的设置优先，但"账户策略"除外。

● 域控制器安全策略修改后必须应用到域控制器才能生效。

操作 2　利用组策略进行安全管理

组策略是由具体组策略对象实现的，本地组策略对象存储在一台计算机上，只对本地用户及该计算机有效；而 Active Directory 组策略对象存储在域控制器上，可以对域、组织单位中的用户和计算机生效。

1. 新建组策略对象

如果要在域中建立一个组织单位，并为其建立一个组策略，则基本操作步骤如下。

（1）登录域控制器，打开"Active Directory 用户和计算机"窗口，在左侧窗格中选中要管理的域对象，在弹出的菜单中依次选择"新建"→"组织单位"命令，打开"新建对象-组织单位"对话框。

（2）在"新建对象-组织单位"对话框中，输入规划的组织单位的名称后，单击"确定"按钮，完成组织单位的创建工作。组织单位创建完毕后，可以在组织单位中创建域用户、组和计算机等对象。

（3）在"Active Directory 用户和计算机"窗口中右击要建立组策略的组织单位，在弹出的菜单中选择"属性"命令，打开其属性对话框。

（4）在组织单位的属性对话框中选择"组策略"选项卡，单击"新建"按钮，在"组策略对象链接"列表中，输入新建组策略的名称，如图3-10所示。

（5）选中新建的组策略对象，单击"编辑"按钮，打开"组策略编辑器"窗口，如图3-11所示。在该窗口中可以对组策略进行设置。

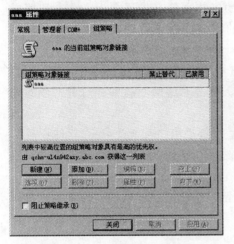

图3-10 "组策略"选项卡

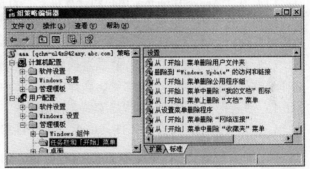

图3-11 "组策略编辑器"窗口

注意

在"计算机配置"中设置的策略将对本组织单位中的所有计算机生效，在"用户配置"中设置的策略将对本组织单位中的所有用户生效。

2．链接组策略对象

对于域和域中不同的组织单位都可以分别添加其组策略对象，并进行编辑。如果某组织单位需要应用域中已有的组策略对象，则操作步骤如下。

（1）在"Active Directory用户和计算机"窗口选中相应的组织单位，打开其属性对话框，选择"组策略"选项卡。

（2）在"组策略"选项卡中，单击"添加"按钮，打开"添加组策略对象链接"对话框，选择"全部"选项卡，如图3-12所示。

（3）在"全部"选项卡中，可以看到存储在本域中的所有组策略对象，选中要链接的组策略对象，单击"确定"按钮即可完成链接。此时在"组策略"选项卡的"组策略对象链接"列表中可以看到增加的链接，如果列表中有多个组策略对象，可以通过"向上"和"向下"按钮调整其顺序。

注意

当多个组策略在一起时，执行的顺序是本地计算机组策略、站点组策略、域组策略、组织单位组策略，当这些策略不一致时，后应用的策略将覆盖前一个策略。如果一个组织单位链接了多个组策略对象，则按管理员制定的顺序处理。

3. 域中组策略典型设置示例

下面介绍利用组策略部署应用程序的操作方法。利用组策略部署应用程序有发布和指派两种。发布需要用控制面板中的添加删除程序来协助安装。指派则是自动安装程序的快捷方式，用户应用时再进行安装。如果某应用程序的安装文件（扩展名为 .msi）已经放在网络中的某共享文件夹内，若要为某组织单位的用户部署该应用程序，则操作步骤如下。

（1）在"Active Directory 用户和计算机"窗口选中相应的组织单位，打开其属性对话框，选择"组策略"选项卡。新建一个组策略对象，单击"编辑"按钮，打开"组策略编辑器"窗口。

（2）在"组策略编辑器"窗口左侧窗格中依次选择"用户配置"→"软件设置"，选择"软件安装"，单击鼠标右键，在弹出的菜单中选择"新建"→"程序包"命令，在"打开"对话框中，指定应用程序安装文件的路径。

（3）选中应用程序安装文件，单击"打开"按钮，打开"部署软件"对话框，如图3-13 所示。

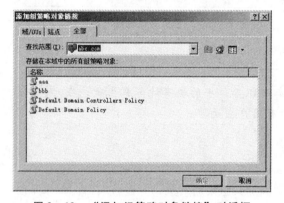

图3-12 "添加组策略对象链接"对话框

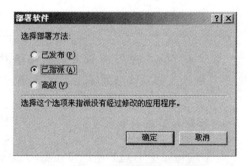

图3-13 "部署软件"对话框

（4）在"部署软件"对话框中选择部署应用程序的方式，单击"确定"按钮完成设置。

注意

域中组策略与本地计算机组策略的设置基本相同，但也增加了许多功能，请查阅 Windows 系统帮助文件，详细了解组策略在域中的应用，限于篇幅这里不再赘述。

操作3 建立和管理域信任关系

1. 建立域信任关系

建立信任就是建立两个域之间的沟通桥梁。从管理的角度来看，两个域各需要一个拥有适当权限的用户，分别进行设置。若要实现 A 域信任 B 域，则应分别为 A 域建立一个"传出信任"，为 B 域建立一个"传入信任"，传出信任与传入信任可视为信任关系的两个端点。例如，网络中有两个域 xyz.com 和 sub.com，mkt.xyz.com 是 xyz.com 中的子域，若要实现域 sub.com 信任域 mkt.xyz.com，则操作步骤如下。

（1）使用管理员用户登录域 mkt.xyz.com 的域控制器，依次选择"开始"→"管理工具"→"Active Directory 域和信任关系"命令，打开"Active Directory 域和信任关系"窗口，如图 3 – 14 所示。

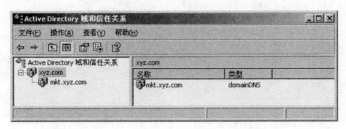

图 3 – 14 "Active Directory 域和信任关系"窗口

（2）在"Active Directory 域和信任关系"窗口的左侧窗格选中要操作的域，单击鼠标右键，在弹出的菜单中选择"属性"命令，在该域的属性对话框中，单击"信任"选项卡，如图 3 – 15 所示。

（3）在"信任"选项卡中可以看到该域已经建立的信任关系，若要新建信任则应单击"新建信任"按钮，打开"欢迎使用新建信任向导"对话框。

（4）在"欢迎使用新建信任向导"对话框中，单击"下一步"按钮，打开"信任名称"对话框，如图 3 – 16 所示。

（5）在"信任名称"对话框中，输入要信任的域的名称，单击"下一步"按钮，打开"信任方向"对话框，如图 3 – 17 所示。

图 3 – 15 "信任"选项卡

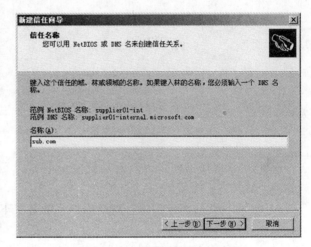

图 3 – 16 "信任名称"对话框

（6）在"信任方向"对话框中，选择这个信任的方向。由于要建立域 sub.com 信任域 mkt.xyz.com，域 mkt.xyz.com 是被信任域，所以在此选择"单向 内传"。如果在信任域设置，则应选择"单向 外传"；如果是建立双向的信任，则应选择"双向"。单击"下一步"按钮，打开"信任方"对话框，如图 3 – 18 所示。

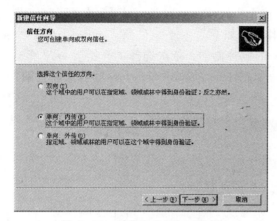

图 3-17　"信任方向"对话框

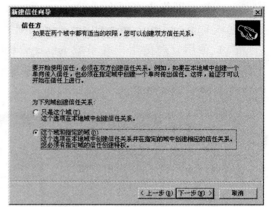

图 3-18　"信任方"对话框

（7）在"信任方"对话框中，选择"这个域和指定的域"，也就是在建立传入信任的同时，建立传出信任。单击"下一步"按钮，打开"用户名和密码"对话框，如图 3-19 所示。

（8）在"用户名和密码"对话框中，输入信任另一方具有管理权限的用户名和密码，单击"下一步"按钮，打开"选择信任完毕"对话框，如图 3-20 所示。

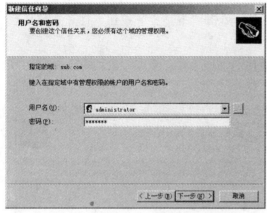

图 3-19　"用户名和密码"对话框

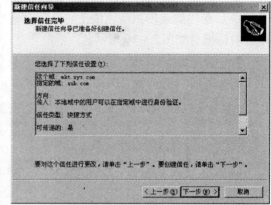

图 3-20　"选择信任完毕"对话框

（9）在"选择信任完毕"对话框中，单击"下一步"按钮，打开"信任创建完毕"对话框，如图 3-21 所示。

（10）在"信任创建完毕"对话框中，单击"下一步"按钮，打开"确认传入信任"对话框，如图 3-22 所示。

（11）此时应在信任另一方的域控制器上建立传出信任，创建完毕后，可在"确认传入信任"对话框中选择"是，确认传入信任"单选框，单击"下一步"按钮，打开"正在完成新建信任向导"对话框，单击"完成"按钮，此时在域属性对话框的"信任"选项卡中可以看到所创建的信任关系。

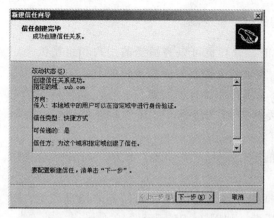

图 3 – 21　"信任创建完毕"对话框

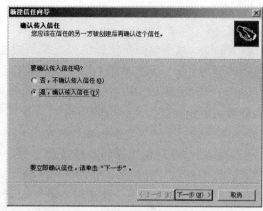

图 3 – 22　"确认传入信任"对话框

注 意

　　如果是同时建立传出信任和传入信任，则在信任过程中不用输入信任密码；如果是分别单独建立传出信任和传入信任，则需要设置相同的信任密码。两个域在建立信任关系时，相互间可以利用 DNS 名称或 NetBIOS 名称来指定对方的域名，如果是利用 DNS 名称，相互间应通过 DNS 服务器来查询；如果是利用 NetBIOS 名称，可以通过广播或WINS 服务器来查询。

　　2. 管理域信任关系

　　（1）要改变信任的设置，只要在域属性对话框的"信任"选项卡中选中要管理的信任，单击"属性"按钮，打开其属性对话框。在该对话框中可以完成确认信任、改变名称后缀路由设置或改变验证设置。

　　（2）可以将快捷方式信任、林信任、外部信任、领域信任等自行建立的信任删除，但系统自动建立的"父 – 子信任"和"树 – 根目录信任"不可以删除。如果要删除自行建立的信任，可在域属性对话框的"信任"选项卡中选中要删除的信任，单击"删除"按钮，打开如图 3 – 23 所示的对话框。如果要删除双方的信任，则应选择"是，从本地域和另一个域中删除信任"单选框，输入另一个域中具有权限的用户名和密码后，单击"确定"按钮即可。

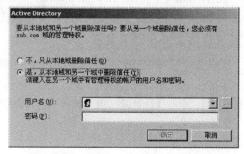

图 3 – 23　"Active Directory"对话框

操作4 组织单位的委派控制

Windows 域的组织单位提供委派控制的功能，管理员可以为适当的用户和组指派一定范围的管理任务，从而减轻自己的工作负担。实现委派控制的操作步骤如下。

（1）登录域控制器，打开"Active Directory 用户和计算机"窗口，在左侧窗格中选中要管理的组织单位，在弹出的菜单中选择"委派控制"命令，打开"欢迎使用控制委派向导"对话框。

（2）在"欢迎使用控制委派向导"对话框中，单击"下一步"按钮，打开"选择用户、计算机或组"对话框，如图 3-24 所示。

（3）在"选择用户、计算机或组"对话框中，输入要指派管理任务的用户或组，单击"确定"按钮，打开"要委派的任务"对话框，如图 3-25 所示。

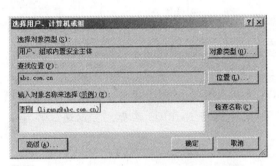

图 3-24 "选择用户、计算机或组"对话框

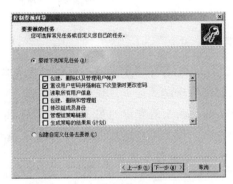

图 3-25 "要委派的任务"对话框

（4）在"要委派的任务"对话框中，可以选择"委派下列常见任务"单选框，然后在列表框中选择要委派给用户或组的管理任务；也可以选择"创建自定义任务去委派"单选框，自定义委派给用户或组的管理任务。选择任务后，单击"下一步"按钮，打开"完成控制委派向导"对话框。

（5）在"完成控制委派向导"对话框中，单击"完成"按钮，完成委派控制的创建。

【技能拓展】

Active Directory 提供了集中式的管理模式，适用于较大型的网络，能够对网络中的对象进行统一的管理，是实现网络安全管理的重要手段。由于 Active Directory 涉及的功能较多，特别是在多个域组成的复杂网络中，需要理顺各个域之间的关系并完成相应的管理操作，以保证网络安全。限于篇幅，本次任务只完成了单域模式和多域模式下的部分安全管理操作，请查阅 Windows 系统帮助文件和相关资料，进一步了解 Active Directory 的安全管理方法，深入理解 Active Directory 在网络中的应用。

任务 3.2 DHCP 服务安全管理

【任务目的】

（1）理解 DHCP 服务的基本工作过程；

（2）理解 DHCP 服务器的授权；

（3）掌握 DHCP 服务的安全管理方法。

【工作环境与条件】

（1）安装好 Windows Server 2003 或其他 Windows 网络操作系统的计算机；

（2）能够正常运行的网络环境（也可使用 VMware 等虚拟机软件）。

【相关知识】

3.2.1　DHCP 的运行过程

DHCP（动态主机配置协议）允许服务器从一个地址池中为客户机动态地分配 IP 地址。当 DHCP 客户机启动时，它会与 DHCP 服务器通信，以便获取 IP 地址、子网掩码等配置信息。DHCP 的通信方式视 DHCP 客户机是在向 DHCP 服务器获取一个新的 IP 地址还是更新租约（要求继续使用原来的 IP 地址）而有所不同。

1. 从 DHCP 服务器获取 IP 地址

如果客户机是第一次向 DHCP 服务器获取 IP 地址，或者客户机原先租用的 IP 地址已被释放或被服务器收回并已租给其他计算机，客户机需要租用一个新的 IP 地址，此时 DHCP 客户机与 DHCP 服务器的通信过程如图 3 - 26 所示。

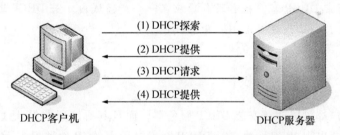

图 3 - 26　DHCP 客户机与 DHCP 服务器的通信过程

- DHCP 客户机设置为"自动获得 IP 地址"，DHCP 客户机启动后试图从 DHCP 服务器租借一个 IP 地址，向网络上发出一个源地址为"0.0.0.0"的 DHCP 探索消息。

- DHCP 服务器收到该消息后确定自己是否有权给该客户机分配 IP 地址。若有权，DHCP 服务器向网络广播一个 DHCP 提供消息，该消息包含了未租借的 IP 地址及相关配置参数。

- DHCP 客户机收到 DHCP 提供消息后进行评价和选择，如果接受租约条件即向服务器发出请求信息。

- DHCP 服务器对客户机的请求信息进行确认，提供 IP 地址及相关配置信息。

- 客户机绑定 IP 地址，可以开始利用该地址与网络中其他计算机进行通信。

2. 更新 IP 地址的租约

如果 DHCP 客户端想要延长其 IP 地址使用期限，则 DHCP 客户机必须更新其 IP 地址租约。更新租约时，DHCP 客户机会向 DHCP 服务器发出 DHCP 请求信息，如果 DHCP 客户机能够成功地更新租约，DHCP 服务器将会对客户机的请求信息进行确认，客户端就可

以继续使用原来的 IP 地址，并重新得到一个新的租约。如果 DHCP 客户机已无法继续使用该 IP 地址，DHCP 服务器也会给客户机发出相应的信息。

DHCP 客户机会在下列情况下，自动向 DHCP 服务器更新租约。

● 在 IP 地址租约过一半时，DHCP 客户机会自动向出租此 IP 地址的 DHCP 服务器发出请求信息。

● 如果租约过一半时无法更新租约，客户机会在租约期过去 7/8 时，向任何一台 DHCP 服务器请求更新租约。如果仍然无法更新，客户机会放弃正在使用的 IP 地址，然后重新向 DHCP 服务器申请一个新的 IP 地址。

● DHCP 客户机每一次重新启动，都会自动向 DHCP 服务器发出请求信息，要求继续租用原来所使用的 IP 地址。若通信成功且租约并未到期，客户机将继续使用原来的 IP 地址。若租约无法更新，客户机会尝试与默认网关通信。若无法与默认网关通信，客户机会放弃原来的 IP 地址，改用 169.254.0.0～169.254.255.255 之间的 IP 地址，然后每隔 5 分钟再尝试更新租约。

DHCP 客户机可以利用"ipconfig /renew"命令来更新 IP 租约，也可利用"ipconfig /release"命令自行将 IP 地址释放，释放后，DHCP 客户端会每隔 5 分钟自动再去找 DHCP 服务器租用 IP 地址。

> **注 意**
>
> 由 DHCP 分配 IP 地址的基本工作过程可知，DHCP 客户机和服务器将通过广播包传送信息，因此通常 DHCP 客户机和服务器应在一个广播域内。若 DHCP 客户机和服务器不在同一广播域，则必须设置 DHCP 中继代理。

3.2.2　DHCP 服务器的授权

如果任何用户都可以随意安装 DHCP 服务器，而且其所出租的 IP 地址是随意设置的，那么在网络中就会出现 IP 地址冲突或 DHCP 客户机租用的 IP 地址根本无法使用，以致客户机无法访问网络资源，同时也会加重管理员的管理负担。因此，DHCP 服务器安装好后，并不是立刻就可以提供服务，而是需要管理员对其进行授权，未经授权的 DHCP 服务器不能将 IP 地址出租给 DHCP 客户机。对于 DHCP 服务器的授权应注意以下问题。

● Windows 域中的所有 DHCP 服务器都必须被授权。

● 只有 Enterprise Admins 组内的成员才有权执行授权的动作。

● 已被授权的 DHCP 服务器的 IP 地址会记录在 Active Directory 数据库中。

● DHCP 服务器启动时，会通过所在域树的 Active Directory 数据库检查其是否已被授权。若已经被授权，该服务器就可以将 IP 地址租给 DHCP 客户机，不论客户机是否隶属于同一域树。

● 不是域成员的 DHCP 服务器（独立服务器）无法被授权。此服务器在启动 DHCP 服务时，会检查其所属子网内是否存在已经在 Active Directory 内被授权的 DHCP 服务器，如果存在，则该独立服务器就不会启动 DHCP 服务；如果不存在，则该独立服务器就会正常启动，可出租 IP 地址给 DHCP 客户机。

● 授权功能只适用于 Windows 2000 Server（SP2）与 Windows Server 2003 以后的版本。

【任务实施】

DHCP 服务器的安装和 IP 作用域的建立方法这里不再赘述，下面主要完成 DHCP 服务器安全管理的相关设置。

操作 1 DHCP 服务器的授权与审核

1. DHCP 服务器的授权

安装 DHCP 服务后，用户必须首先添加一个授权 DHCP 服务器，并在服务器中添加作用域。添加授权 DHCP 服务器的操作步骤为：在 DHCP 控制台的左侧窗格中选择 "DH-CP"，单击鼠标右键，选择 "管理授权的服务器" 命令，打开 "管理授权的服务器" 对话框，如图 3－27 所示；单击 "授权" 按钮，并添加要授权的服务器的名称和 IP 地址；单击 "确定" 按钮，完成设置。若要解除授权，只要通过选中该服务器，单击鼠标右键，选择 "解除授权" 命令即可。

2. DHCP 服务器的审核

如果要对 DHCP 服务器进行审核，则操作步骤为：在 DHCP 控制台的左侧窗格中选择要审核的 DHCP 服务器，单击鼠标右键，选择 "属性" 命令，打开 DHCP 服务器的属性对话框，在该对话框中选中 "启用 DHCP 审核记录" 复选框即可，如图 3－28 所示。

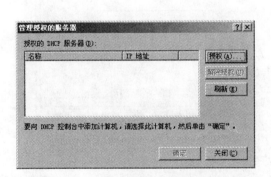

图 3－27 "管理授权的服务器" 对话框

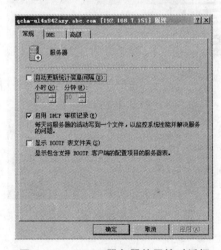

图 3－28 DHCP 服务器的属性对话框

操作 2 为客户机保留特定的 IP 地址

如果想保留 IP 作用域中特定的 IP 地址给指定的客户机，使客户机在向服务器租用 IP 地址或更新租约时获得相同的 IP 地址，则操作步骤如下。

（1）打开 DHCP 控制台，在左侧窗格中选择相应 IP 作用域中的 "保留"，单击鼠标右键，选择 "新建保留" 命令，打开 "新建保留" 对话框，如图 3－29 所示。

（2）在 "新建保留" 对话框中输入要保留的 IP 地址，以及要把 IP 地址保留给的客户机网卡的 MAC 地址，并输入保留名称，单击 "添加" 按钮，完成设置。

注意

可以在 DHCP 控制台的左侧窗格中选择相应 IP 作用域中的"地址租约"，此时在右侧窗格中可查看该 IP 作用域已经租借出去的 IP 地址和保留地址。

操作 3　配置 DHCP 选项

DHCP 服务器除了可以给客户机提供 IP 地址外，还可以提供其他 TCP/IP 参数，如客户机登录的域名称、DNS 服务器、WINS 服务器、路由器等。DHCP 选项包括以下类型：

- 服务器选项：影响该服务器下所有作用域中的选项；
- 作用域选项：只影响该作用域下的地址租约；
- 类选项：只影响被指定使用该 DHCP 类 ID 的客户机；
- 保留客户选项：只影响指定的保留客户。

设置 DHCP 选项的操作步骤基本相同，如设置作用域选项可以在 DHCP 控制台的左侧窗格中选择作用域中的"作用域选项"，单击鼠标右键，在弹出的菜单中选择"配置选项"命令，打开"作用域选项"对话框，如图 3 – 30 所示。在"作用域选项"对话框的"可用选项"列表中选中要配置的选项，即可对该选项进行配置。

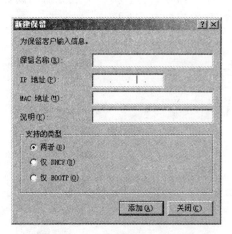

图 3 – 29　"新建保留"对话框

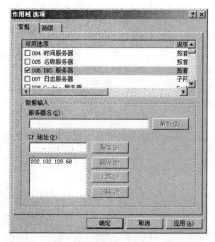

图 3 – 30　"作用域选项"对话框

注意

当不同类型 DHCP 选项的配置有冲突时，其优先级为"服务器选项（最低）、作用域选项、保留客户选项、类选项（最高）"。如果 DHCP 客户机的用户自行在其计算机上做了不同的配置，则用户的配置优先于在 DHCP 服务器的配置。

操作 4　安装多台 DHCP 服务器

可以为同一广播域安装多台 DHCP 服务器，以提供容错功能。不过必须注意的是这些 DHCP 服务器所建立的 IP 作用域提供的 IP 地址网络标识必须相同，以保证同一广播域中的客户机可以正常通信；另外不能提供相同的 IP 地址给 DHCP 客户端，否则会发生 IP 地址冲突。如果安装两台 DHCP 服务器，那么一般在建立 IP 作用域时建议采用 80/20 原则，如图 3 – 31 所示。图中在 DHCP Server1 中建立了一个地址范围为 192.168.1.11 ～ 192.168.1.110 的作用域，但将其中的 192.168.1.91 ～ 192.168.1.110 排除；在 DHCP Server2 中也建立了一个地址范围为 192.168.1.11 ～ 192.168.1.110 的作用域，但将其中的 192.168.1.11 ～ 192.168.1.90 排除。也就是 DHCP Server1 可租给客户机的 IP 地址占用总 IP 地址的 80%，DHCP Server2 可租给客户机的 IP 地址占用总 IP 地址的 20%。

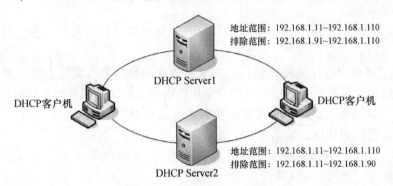

图 3 – 31　安装多台 DHCP 服务

操作 5　配置 DHCP 中继代理

由于 DHCP 客户机和服务器通过广播包传送信息，因此通常 DHCP 客户机和服务器应在一个广播域内。如果网络中存在多个广播域，要实现 DHCP 服务可以采用以下方法。

- 在每一个广播域内都安装 DHCP 服务器。
- 在一台 DHCP 服务器建立多个 IP 作用域。选择符合 RFC 1542 规范的路由器连接广播域，并对该路由器进行配置使其能够转发 DHCP 信息。RFC 1542 规范针对 DHCP/BOOTP 转发进行了详细的定义。
- 若路由器不符合 RFC 1542 规范，则可以在没有 DHCP 服务器的广播域内，选择一台 Windows Server 2003 计算机，启动 DHCP 中继代理功能，使其将本广播域的 DHCP 信息转发到 DHCP 服务器所在的广播域，如图 3 – 32 所示。

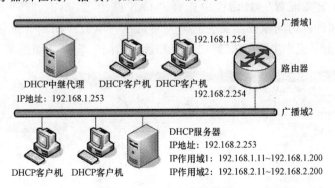

图 3 – 32　DHCP 中继代理

注 意

在一台 DHCP 服务器内，一个子网（广播域）只能有一个 IP 作用域。例如如果已经建立了地址范围为 192.168.0.101～192.168.0.150 的作用域，就不能再建立地址范围为 192.168.0.201～192.168.0.250 的作用域。

由图 3-32 可知，DHCP 中继代理的 IP 地址应是静态分配的，配置 DHCP 中继代理的基本操作步骤如下。

（1）依次选择"开始"→"管理工具"→"路由和远程访问"命令，打开"路由和远程访问"窗口。

（2）在"路由和远程访问"窗口，选中服务器图标，单击鼠标右键，选择"配置并启用路由和远程访问"命令，打开"欢迎使用路由和远程访问服务器安装向导"对话框。

（3）在"欢迎使用路由和远程访问服务器安装向导"对话框中，单击"下一步"按钮，打开"配置"对话框，如图 3-33 所示。

（4）在"配置"对话框中选择"自定义配置"，单击"下一步"按钮，打开"自定义配置"对话框，如图 3-34 所示。

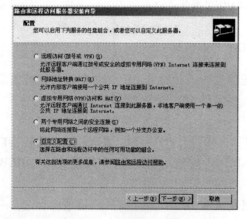
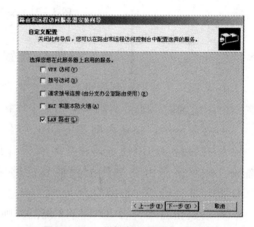

图 3-33 "配置"对话框   图 3-34 "自定义配置"对话框

（5）在"自定义配置"对话框中选择"LAN 路由"，单击"下一步"按钮，打开"正在完成路由和远程访问服务器安装向导"对话框，单击"完成"按钮，系统会提示是否开始服务，单击"是"按钮，回到"路由和远程访问"窗口，如图 3-35 所示。

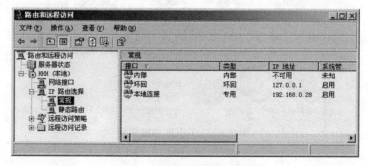

图 3-35 "路由和远程访问"窗口

（6）在"路由和远程访问"窗口的左侧窗格中，选择"IP 路由选择"，选中"常规"命令，单击鼠标右键，在弹出的菜单中选择"新增路由协议"命令，打开"新路由协议"对话框，如图 3－36 所示。

（7）在"新路由协议"对话框中，选择"DHCP 中继代理程序"，单击"确定"按钮，此时在"路由和远程访问"窗口的左侧窗格的"IP 路由选择"中，会增加"DHCP 中继代理程序"。

（8）在"路由和远程访问"窗口的左侧窗格，选中"DHCP 中继代理程序"命令，单击鼠标右键，选择"属性"命令，打开"DHCP 中继代理程序 属性"对话框，如图 3－37所示。

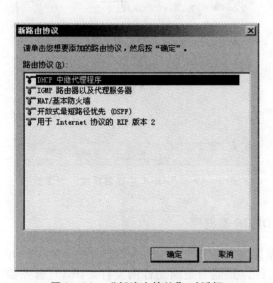

图 3－36　"新路由协议"对话框

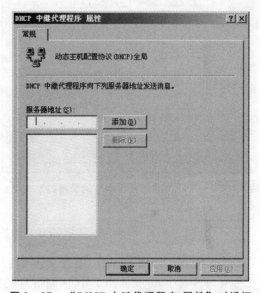

图 3－37　"DHCP 中继代理程序 属性"对话框

（9）在"DHCP 中继代理程序 属性"对话框中，输入 DHCP 中继代理要访问的 DHCP 服务器的 IP 地址，单击"确定"按钮指定要将 DHCP 信息转发到的 DHCP 服务器。

（10）在"路由和远程访问"窗口的左侧窗格，选中"DHCP 中继代理程序"命令，单击鼠标右键，选择"新增接口"命令，打开"DHCP 中继代理程序的新接口"对话框，如图 3－38 所示。

（11）在"DHCP 中继代理程序的新接口"对话框中选择要提供 DHCP 中继代理服务的网络接口，当 DHCP 中继代理程序从该接口收到 DHCP 数据包时，就会将该数据包转发给 DHCP 服务器。从未被选择的接口收到的 DHCP 数据包，将不会被转发。单击"确定"按钮，会打开"DHCP 中继站属性"对话框，如图 3－39 所示。

▎注意

　Windows 系统中的"本地连接"是与网卡对应的，如果在计算机中安装了两块以上的网卡，那么在操作系统中会出现两个以上的"本地连接"，系统会自动以"本地连接"、"本地连接1"、"本地连接2"进行命名，用户可以进行重命名。

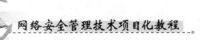

（12）在"DHCP中继站属性"对话框中可以对相关参数进行设置，其中"跃点计数阈值"指DHCP信息最多经过多少个路由器转发，"启动阈值"指在DHCP中继代理程序收到DHCP信息后须等待多少秒后才能将信息转发给远程的DHCP服务器。通常可采用默认设置，直接单击"确定"按钮，完成DHCP中继代理的配置。

图3-38 "DHCP中继代理程序的新接口"对话框

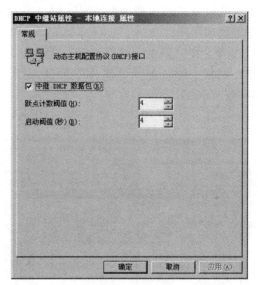

图3-39 "DHCP中继站属性"对话框

操作6 维护DHCP数据库

在系统默认情况下，DHCP服务器的数据库文件位于%systemroot%\system32\dhcp文件夹内，其中dhcp.mdb是其存储信息的文件，其他则是辅助性的文件。DHCP服务器默认会每隔60分钟自动将DHCP数据库文件备份到%systemroot%\system32\dhcp\back文件夹内，在数据库出现问题时可以利用备份文件进行修复。如果要将现有的一台Windows Server 2003的DHCP服务器删除，改由另外一台Windows Server 2003计算机来提供DHCP的服务，可以将原DHCP服务器的数据库转移到新DHCP服务器，操作步骤如下。

1. 备份原DHCP服务器数据库

（1）在原DHCP服务器打开DHCP控制台，选中DHCP服务器，单击鼠标右键，选择"备份"命令，选择相应的路径，将DHCP数据库备份。

（2）在DHCP控制台，选中DHCP服务器，单击鼠标右键，选择"所有任务"→"停止"命令停止DHCP服务，防止DHCP服务器继续出租IP地址给客户机。

（3）依次选择"开始"→"管理工具"→"服务"命令，打开"服务"窗口，在右侧窗格中，将"DHCP Server"服务设为禁用，避免DHCP服务器重新启动。

2. 将数据库还原到新DHCP服务器

（1）将备份的数据库文件复制到新的DHCP服务器。

（2）在新DHCP服务器打开DHCP控制台，选中DHCP服务器，单击鼠标右键，选择"还原"命令，选择相应的路径，将DHCP数据库还原。

> **注意**
>
> 　　还原后，如果在 IP 作用域中的"地址租用"中没有看到已出租的 IP 地址信息，可选中 DHCP 服务器，单击鼠标右键，选择"协调所有的作用域"命令来解决。

【技能拓展】

1. 了解超级作用域与多播作用域

超级作用域是由多个作用域所组合成的，它可以被用来支持 Multinets 的网络环境。从物理上看连接在路由器同一个端口上或者处于同一个 VLAN 的计算机应该属于同一个广播域，其 IP 地址的网络标识应相同。而如果一个广播域中连接的计算机数量较多，一个网段的 IP 地址可能不够用，也可以为其提供多个网络标识的 IP 地址。在这种情况下，虽然这些计算机在物理上还是在同一个广播域内，但在逻辑上它们却是分别隶属于不同的子网，这种网络就是 Multinets。Windows Server 2003 的 DHCP 服务器可以通过"超级作用域"将 IP 地址出租给 Multinets 网络环境中的客户机。

多播作用域使 DHCP 服务器可以将多播地址出租给网络中的客户机。所谓多播地址就是 D 类 IP 地址，地址范围为 224.0.0.0 ~ 239.255.255.255。如果要构建一台服务器，并利用其来传送影片、音乐等实时信息给网络中的多台计算机，那么可以为该服务器申请一个多播的组地址，并要求其他计算机注册到此组地址之下。这样该服务器就可以将影片、音乐等实时信息利用多播方式传送给这个组地址，此时注册在这个组地址之下的所有计算机都会收到信息。利用多播方式传送信息可以降低网络的负担。

请查阅 Windows 系统帮助文件和相关资料，了解超级作用域和多播作用域的配置方法；了解 DHCP 服务的其他安全管理方法。

2. 了解路由器对 DHCP 的支持

如果路由器符合 RFC 1542 规范，那么只要对该路由器进行相应的配置，就能够使其转发 DHCP 信息。请查阅相关资料和技术手册，了解应如何对目前常用的局域网路由器（如 Cisco 系列路由器）进行配置，使其转发 DHCP 信息。

任务 3.3　DNS 服务安全管理

【任务目的】

（1）理解 DNS 服务器的类型；
（2）理解 DNS 区域的类型；
（3）理解 DNS 服务的查找模式；
（4）掌握 DNS 服务的安全管理方法。

【工作环境与条件】

（1）安装好 Windows Server 2003 或其他 Windows 网络操作系统的计算机；
（2）能够正常运行的网络环境（也可使用 VMware 等虚拟机软件）。

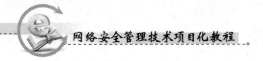

【相关知识】

3.3.1　DNS服务器的类型

在 Windows 网络中，DNS 服务器担负着 Internet、Intranet 等的域名解析任务；在域模式网络中，它还承担着用户、组、计算机及其他对象的名称解析任务。DNS 服务器内存储着域名称空间内部分区域的信息，也就是说 DNS 服务器的管辖范围可以涵盖域名称空间内的一个或多个区域，此时就称此 DNS 服务器为这些区域的 "授权服务器"。授权服务器负责向 DNS 客户机提供查找记录。根据在网络中扮演的角色，DNS 服务器有以下几种类型。

- 主服务器：如果在一台 DNS 服务器上建立一个区域后，该区域内的所有记录都建立在这台 DNS 服务器内，而且可以新建、删除、修改这个区域内的记录，那么这台 DNS 服务器就被称为该区域的主服务器。
- 辅助服务器：如果在一台 DNS 服务器内建立一个区域后，该区域内的所有记录都是从另一台 DNS 服务器复制过来的，这些记录是无法修改的，那么这台 DNS 服务器就被称为该区域的辅助服务器。
- Master 服务器：辅助服务器的区域记录是从另一台 DNS 服务器复制过来的，那么这台提供记录的 DNS 服务器就称为辅助服务器的 Master 服务器。Master 服务器可能是该区域的主服务器，也可能是另一台辅助服务器。将区域记录从 Master 服务器复制到辅助服务器的动作称为区域复制。

在很多情况下应为一个区域设置多台辅助服务器，主要优点为：

- 提供容错能力：当一台 DNS 服务器出现故障时，仍有服务器继续提供服务；
- 实现负载均衡：多台 DNS 服务器工作，可分担主服务器的负担；
- 加快查找速度：如果有远程连接的分支网络，则可在分支网络处安装辅助服务器，使分支网络中的 DNS 客户机不必远程访问主网络。

3.3.2　DNS区域的类型

区域是指域名空间树型结构的一部分，它能够将域名空间分割为较小的区段，以方便管理。一个区域内的主机信息，将存放在 DNS 服务器内的区域文件或是 Active Directory 数据库内。一台 DNS 服务器内可以存储一个或多个区域的信息，同时一个区域的信息也可以被存储到多台 DNS 服务器内。区域文件内的每一项信息被称为是一项资源记录。Windows Server 2003 的 DNS 允许建立以下三种类型的区域。

1. 主要区域

主要区域用来存储该区域所有记录的正本。当在 DNS 服务器建立主要区域后，可以直接在此区域内新建、修改和删除记录。如果 DNS 服务器是域控制器，则可以将记录存储在区域文件或 Active Directory 数据库内。若将其存储到 Active Directory 数据库，则此区域被称为 Active Directory 集成区域，该区域内的记录会随着 Active Directory 数据库的复制动作自动复制到其他域控制器。如果 DNS 服务器是独立服务器或成员服务器，则区域内的记录将被存储在区域文件内，区域文件默认被存放在% systemroot% \ system32 \ dns 文件夹内，文件名默认为"区域名称 . dns"，它是符合 DNS 规格的文本文件。

2．辅助区域

辅助区域存储的是该区域内所有记录的副本，其每一项记录都存储在区域文件内，这份副本是利用区域复制的方式从 Master 服务器复制过来的。辅助区域内的记录是只读的、不可修改的。

3．存根区域

存根区域也存储的是区域的副本信息，其与辅助区域不同的是，存根区域内只包含少数记录（如 SOA . NS 等），利用这些记录可以找到该区域的授权服务器。

3.3.3　DNS 服务的查找模式

DNS 服务器可以执行正向查找和反向查找。正向查找可将域名解析为 IP 地址，而反向查找则将 IP 地址解析为域名。当 DNS 客户机向 DNS 服务器查找或 DNS 服务器向另外一台 DNS 服务器查找时，有两种查找模式。

1．递归查找

递归查找就是 DNS 客户机发出查找请求，若 DNS 服务器内没有所需的记录，则 DNS 服务器会代替客户机向其他 DNS 服务器进行查找。一般由 DNS 客户机提出的查找请求属于递归查找。

2．迭代查找

一般 DNS 服务器与 DNS 服务器之间的查找属于迭代查找。其基本过程为：当第 1 台 DNS 服务器向第 2 台 DNS 服务器提出查找请求后，若第 2 台 DNS 服务器内也没有所需要的记录，则它会提供第 3 台 DNS 服务器的 IP 地址给第 l 台 DNS 服务器，让第 1 台 DNS 服务器自行向第 3 台 DNS 服务器进行查找。

下面以图 3 – 40 所示的客户机向 DNS 服务器 Server1 查询 www. xyz. com 的 IP 地址为例说明 DNS 查找的过程。

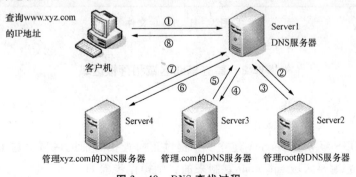

图 3 – 40　DNS 查找过程

（1）DNS 客户机向指定的 DNS 服务器 Server1 查找 www. xyz. com 的 IP 地址。

（2）若 Server1 内没有所要查找的记录，则 Server1 会将此查找请求转发到 root 的 DNS 服务器 Server2。

（3）Server2 根据要查找的主机名称（www. xyz. com）得知此主机位于顶级域 .com 下，它会将负责管辖 .com 的 DNS 服务器（Server3）的 IP 地址传送给 Server1。

（4）Server1 得到 Server3 的 IP 地址后，会向 Server3 查找 www. xyz. com 的 IP 地址。

（5）Server3 根据要查找的主机名称（www. xyz. com）得知此主机位于 xyz. com 域内，它会将负责管辖 xyz. com 的 DNS 服务器（Server4）的 IP 地址传送给 Server1。

（6）Server1 得到 Server4 的 IP 地址后，会向 Server4 查找 www. xyz. com 的 IP 地址。

（7）管辖 xyz. com 的 DNS 服务器（Server4）将 www. xyz. com 的 IP 地址传送给 Server1。

（8）Server1 将 www. xyz. com 的 IP 地址传送给 DNS 客户机。

【任务实施】

DNS 服务器的安装和 DNS 区域及基本资源记录的建立方法这里不再赘述，下面主要完成 DNS 服务器安全管理的相关设置。

操作 1　管理 Hosts 文件

Hosts 文件存放在每一台 Windows 计算机的 % systemroot% \ system32 \ drivers \ etc 文件夹内，用来存储主机名称与 IP 地址的对照信息。DNS 客户机在查找目标主机的 IP 地址时，会先检查本机的 Hosts 文件，若找不到目标主机的信息，才会向 DNS 服务器查找。可以将 DNS 名称与 IP 地址的对照信息输入到 Hosts 文件中。操作步骤为：在资源管理器中找到 Hosts 文件，使用记事本程序将其打开，按照文件中的格式输入相应的 DNS 名称和 IP 地址，如图 3－41 所示，保存退出即可。以后若再访问该主机，就不需要再向 DNS 服务器查找了。

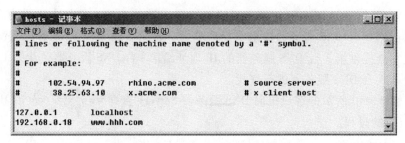

图 3－41　Hosts 文件

操作 2　建立辅助区域和存根区域

1. 建立辅助区域

如果要在 DNS 服务器 Server1 建立一个提供正向查找的辅助区域，这个区域是从 DNS 服务器 Server2 的主要区域 sub. com 复制来的，则操作步骤如下。

（1）登录 Master 服务器（Server2），在 “dnsmgmt” 控制台左侧窗格中用鼠标右键单击允许复制的主要区域 sub. com，选择"属性"命令，在打开的区域属性对话框中，单击"区域复制"选项卡，如图 3 - 42 所示。选中"允许区域复制"复选框后选中"到所有服务器"单选框，或选中"只允许到下列服务器"单选框后输入 Server1 的 IP 地址。单击"确定"按钮，完成设置。

（2）登录存放辅助区域的服务器（Server1），在"dnsmgmt"控制台左侧窗格中选中"正向查找区域"选项，单击鼠标右键，选择"新建区域"命令，打开"欢迎使用新建区域向导"对话框。

（3）在"欢迎使用新建区域向导"对话框中，单击"下一步"按钮，打开"区域类型"对话框，如图 3 - 43 所示。

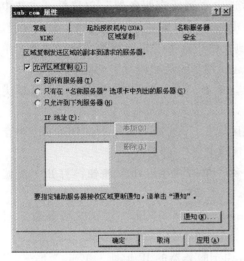

图 3 - 42 "区域复制"选项卡

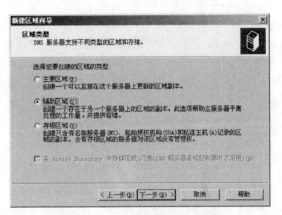

图 3 - 43 "区域类型"对话框

（4）在"区域类型"对话框中，选择"辅助区域"，单击"下一步"按钮，打开"区域名称"对话框，如图 3 - 44 所示。

（5）在"区域名称"对话框中，输入区域名称，单击"下一步"按钮，打开"主DNS 服务器"对话框，如图 3 - 45 所示。

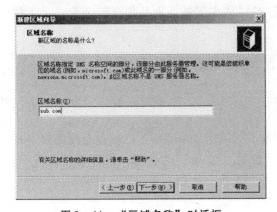

图 3 - 44 "区域名称"对话框

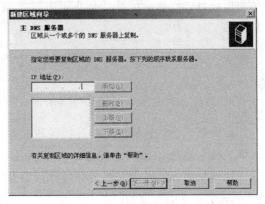

图 3 - 45 "主 DNS 服务器"对话框

（6）在"主 DNS 服务器"对话框中，输入 Master 服务器的 IP 地址，单击"下一步"按钮，打开"正在完成新建区域向导"对话框。单击"完成"按钮，完成辅助区域的创建，此时在"dnsmgmt"控制台可以看到刚才所创建的区域。

2．建立存根区域

如果要在 DNS 服务器 Server1 建立一个提供正向查找的存根区域 aaa.com，该区域的授权服务器是 Server2，则操作步骤如下。

（1）登录 Server2，在"dnsmgmt"控制台左侧窗格中选中允许复制的主要区域 aaa.com，单击鼠标右键，选择"属性"命令，在打开的区域属性对话框中，单击"区域复制"选项卡。选中"允许区域复制"复选框后选中"到所有服务器"单选框，或选中"只允许到下列服务器"单选框后输入 Server1 的 IP 地址。单击"确定"按钮，完成设置。

（2）登录 Server1，在"dnsmgmt"控制台左侧窗格中选中"正向查找区域"选项，单击鼠标右键，选择"新建区域"命令，打开"欢迎使用新建区域向导"对话框。

（3）在"欢迎使用新建区域向导"对话框中，单击"下一步"按钮，打开"区域类型"对话框。

（4）在"区域类型"对话框中，选择"存根区域"，不选择"在 Active Directory 中存储区域"复选框，单击"下一步"按钮，打开"区域名称"对话框。

（5）在"区域名称"对话框中，输入区域名称，单击"下一步"按钮，打开"区域文件"对话框。

（6）在"区域文件"对话框中，单击"下一步"按钮，打开"主 DNS 服务器"对话框。

（7）在"主 DNS 服务器"对话框中，输入 Master 服务器的 IP 地址，单击"下一步"按钮，打开"正在完成新建区域向导"对话框。单击"完成"按钮，完成存根区域的创建，此时在"dnsmgmt"控制台可以看到刚才所创建的区域。此时如果有客户机向 Server1 查找 aaa.com 中的资源记录，Server1 会向 Server2 查找。

默认情况下，存储辅助区域和存根区域的 DNS 服务器会每隔 15 分钟自动向其 Master 服务器请求执行区域复制的操作。也可以在"dnsmgmt"控制台左侧窗格中选中存根区域，单击鼠标右键，然后选择"从主服务器复制"或"从主服务器重新加载"命令，手工执行区域复制操作。

操作 3　DNS 区域安全管理

1．更改区域类型与区域文件名称

如果要更改某区域的类型及其区域文件名称，可在"dnsmgmt"控制台左侧窗格中右击该区域，选择"属性"命令，打开该区域属性的"常规"选项卡，如图 3-46 所示。在该选项卡中可以更改区域文件名称，也可单击"更改"按钮，更改其区域类型。

2．SOA 与区域复制

默认情况下，存储辅助区域和存根区域的 DNS 服务器会每隔 15 分钟向其 Master 服务器请求执行区域复制的操作。如果要修改这一时间，操作方法为：登录 Master 服务器，在"dnsmgmt"控制台左侧窗格中选中相应区域，单击鼠标右键，选择"属性"命令，在其属性对话框中单击"起始授权机构（SOA）"选项卡，如图 3 - 47 所示。在该选项卡中可以进行以下设置。

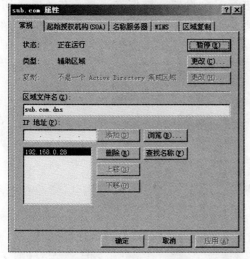

图 3 - 46　"常规"选项卡

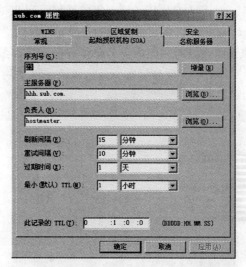

图 3 - 47　"起始授权机构（SOA）"选项卡

- 序列号：当 DNS 服务器数据库内的信息有改动时，就会新建序列号。当辅助服务器在向 Master 服务器查找是否有新记录时，会比较双方的序列号，若 Master 服务器的序列号较大，就表示有新记录，会请求执行区域复制。

- 主服务器：该区域的主服务器的 FQQN。

- 负责人：此区域负责人的电子邮箱，这里用"."代替电子邮箱中的"@"符号。

- 刷新间隔：辅助服务器向 Master 服务器查找是否有新记录的时间间隔。

- 重试间隔：如果区域复制失败，则在该时间间隔后重试。

- 过期时间：如果辅助服务器在该时间界限到达时，仍然无法从 Master 服务器通过区域复制来更新记录，则不再向客户机提供服务。

- 最小 TTL：当 DNS 服务器向其他 DNS 服务器查询到客户机所需要的信息时，会将该信息存在其缓存中，但这种信息只能保留一段时间，这段时间称为 TTL。通常信息被存储到缓存后，其 TTL 值就会开始递减，当变为 0 时，DNS 服务器就会将该信息删除。此处是用来设置此区域所有记录的 TTL 时间。

- 此记录的 TTL：用来设置该 SOA 记录的 TTL。

> **注意**
>
> 可以在"dnsmgmt"控制台左侧窗格选中 DNS 服务器，单击鼠标右键，选择"清除缓存"命令，手动清除 DNS 服务器缓存中的信息。

3. 设置名称服务器

在区域属性对话框中单击"名称服务器"选项卡，可以对名称服务器进行设置，也就

是设置该区域的授权服务器，如图 3 - 48 所示。由图可知，可以在该选项卡中添加或删除该区域的名称服务器（N）。

4. 安全设置

对于 Active Directory 集成区域，可以对其进行安全设置，操作方法为：在 Active Directory 集成区域属性对话框中单击"安全"选项卡，如图 3 - 49 所示，由图可知，可以在该选项卡中对相关用户的操作权限进行设置。

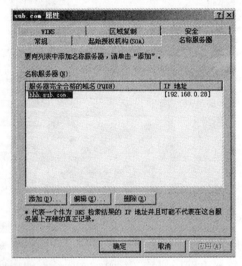

图 3 - 48 "名称服务器"选项卡

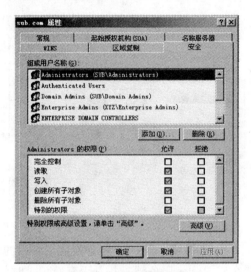

图 3 - 49 "安全"选项卡

5. 委派区域

如果在 DNS 服务器 Server1 内有一个区域 bbb. com，现要在该区域内新建一个子域 sales，并要将该子域委派到另一台在 DNS 服务器 Server2 来管理，也就是区域 sales. bbb. com 的所有记录都存储在 Server2，当 Server1 收到查找 sales. bbb. com 的记录请求时，会向 Server2 查找（迭代查找），则操作步骤如下。

（1）确定在 Server2 中已经建立了区域 sales. bbb. com 和相关的资源记录。

（2）登录 Server1，在"dnsmgmt"控制台左侧窗格中选中区域"bbb. com"，单击鼠标右键，选择"新建委派"命令，打开"欢迎使用新建委派向导"对话框。

（3）在"欢迎使用新建委派向导"对话框中，单击"下一步"按钮，打开"受委派域名"对话框，如图 3 - 50 所示。

（4）在"受委派域名"对话框中，输入要委派域的名称，单击"下一步"按钮，打开"名称服务器"对话框，如图 3 - 51 所示。

（5）在"名称服务器"对话框中，指定受委派的 DNS 服务器，单击"下一步"按钮，打开"正在完成新建委派向导"对话框。单击"完成"按钮，完成委派设置。此时在 Server1 的"dnsmgmt"控制台可以看到 sales. bbb. com 中只有一项名称服务器（N）记录，该记录记载着 sales. bbb. com 的授权服务器是 Server2。

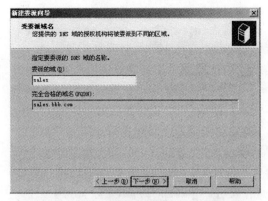

图 3-50 "受委派域名"对话框

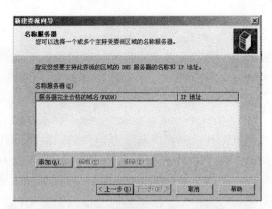

图 3-51 "名称服务器"对话框

操作 4 求助于其他 DNS 服务器

若 DNS 客户机查询的记录不在 DNS 服务器管辖区域内,则 DNS 服务器需求助于其他 DNS 服务器。从安全考虑,网络中一般只允许一台 DNS 服务器直接与 Internet 的 DNS 服务器通信,其他 DNS 服务器都必须通过该 DNS 服务器查找所需的信息。此时可将这台 DNS 服务器设为其他 DNS 服务器的转发器。指定转发器的操作步骤如下。

(1) 在 "dnsmgmt" 控制台的左侧窗格选中要配置的 DNS 服务器,单击鼠标右键,选择 "属性" 命令,打开 DNS 服务器属性对话框,选择 "转发器" 选项卡,如图 3-52 所示。

(2) 在 "转发器" 选项卡中,可以设置、修改或查看有关该 DNS 转发器的信息。若需要指定转发器,可在 "所选域的转发器的 IP 地址列表" 文本框中输入转发器的 IP 地址后,单击 "添加" 按钮即可。

> **注意**
>
> 在 "转发器" 选项卡中,可以为不同的区域指定不同的转发器。

指定转发器后,DNS 服务器会将无法解析的客户机请求传送给转发器,等待查找结果,当转发器无法询问到所需记录时,DNS 服务器会自行向其 "根提示" 选项卡中设置的 Internet 中的 13 个根域的 DNS 服务器进行查找。可以在 DNS 服务器属性对话框中,选择 "根提示" 选项卡,对其进行查询和管理,如图 3-53 所示。

"根提示" 选项卡中的信息是从 % systemroot% \ system32 \ DNS \ cache. dns 文件读取过来的,可以在该选项卡下直接添加、编辑、删除这些信息。也可以单击 "从服务器复制" 按钮,从其他 DNS 服务器复制。从安全的角度,对于网络中不允许与 Internet 通信的 DNS 服务器应将 "根提示" 中的 DNS 服务器改为网络内部最上层的 DNS 服务器,而对于网络最上层的 DNS 服务器应将其 "根提示" 中的 DNS 服务器删除(可直接删除 cache. dns 文件)。

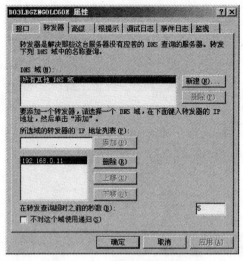

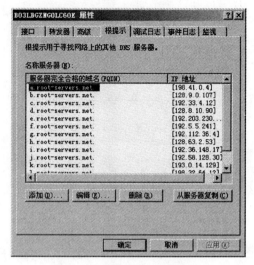

图 3-52 "转发器"选项卡　　　　　　　　图 3-53 "根提示"选项卡

【技能拓展】

Windows Server 2003 的 DNS 服务器具备动态更新信息的功能,当更改 DNS 客户机的主机名称或 IP 地址时,这些更改的信息会自动地传送到 DNS 服务器,以便更新 DNS 服务器数据库内的记录。动态更新需要客户机的支持,安装了 Windows Server 2003、Windows XP 或以上 Windows 系统的 DNS 客户机都支持动态更新。另外如果客户机是 DHCP 客户端,也可以通过 DHCP 服务器来实现动态更新。请查阅 Windows 系统帮助文件和相关资料,了解 DNS 服务器动态更新的设置方法,以及 DNS 服务的其他安全管理方法。

任务 3.4　Internet 信息服务（IIS）安全管理

【任务目的】

（1）掌握网站的安全管理方法;
（2）掌握 FTP 站点的安全管理方法;
（3）掌握远程管理 IIS 的方法。

【工作环境与条件】

（1）安装好 Windows Server 2003 或其他 Windows 网络操作系统的计算机;
（2）能够正常运行的网络环境（也可使用 VMware 等虚拟机软件）。

【相关知识】

Internet 信息服务是 Internet 中最基本的服务。常见的网络操作系统都提供实现 Internet 信息服务的功能,在 Linux 操作系统中主要使用 Apache,而在 Windows Server 2003 操作系统中,实现 Internet 信息服务的是 IIS6.0。

IIS 是 Internet Information Server 的缩写,其中文名称是 Internet 信息服务。IIS6.0 提供了一整套为 Internet/Intranet 量身定做的系统管理工具以及建立 Web 应用程序的基本工具,是 Windows Server 2003 操作系统应用程序服务器的重要支撑平台,IIS 也是动态网络应用程序开发和创建的通信平台和工具。IIS6.0 所包含的组件及相关功能如表 3 – 2 所示。

表 3 – 2　IIS6.0 所包含的组件及相关功能

组件名称	功　能
万维网（WWW）服务	使用 HTTP 协议向客户提供信息浏览服务
文件传输协议（FTP）服务	使用 FTP 协议向客户提供上传和下载文件的服务
SMTP 服务	简单邮件传输协议服务，支持电子邮件的传输
NNTP 服务	网络新闻传输协议服务
Internet 信息服务管理器	IIS 的管理界面的 Microsoft 管理控制台管理单元
Internet 打印	提供基于 Web 的打印机管理，并能够通过 HTTP 打印到共享打印机

【任务实施】

操作 1　网站安全管理

IIS 的安装以及利用 IIS 发布网站或多个网站的方法这里不再赘述，下面主要利用 IIS 完成网站安全管理的相关设置。

1. 启动与停用动态属性

为了保证安全，在默认情况下 Windows Server 2003 系统只支持静态的网页，管理员可以根据实际需要自行启动 Active Server Pages、ASP. NET、Server – Side Includes、WebDAV publishing、FrontPage Server Extensions 等 Web 服务扩展，使 IIS 能够支持动态网页。启动 Web 服务扩展的操作方法为：在 “Internet 信息服务（IIS）管理器” 窗口的左侧窗格中，选择相应服务器的 “Web 服务扩展” 选项，此时在右侧窗格中可以看到目前已安装的 Web 服务扩展，如图 3 – 54 所示；选中要启动的 Web 服务扩展，单击鼠标右键，选择 “允许” 命令，也可以在选取该服务后，直接单击 “允许” 按钮。如果要停止某 Web 服务扩展，选择 “禁止” 命令即可。

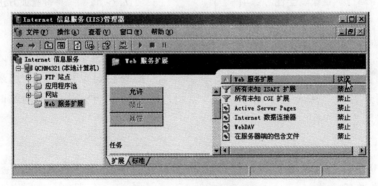

图 3 – 54　Web 服务扩展

注　意

默认情况下，安装 IIS 时不会安装全部组件，因此如果需要启动 ASP. NET、远程桌面连接等服务，需要首先通过选择 “开始” → “控制面板” → “添加或删除程序” → “添加/删除 Windows 组件” → “应用程序服务器” → “详细信息” 进行安装。

2. 验证用户的身份

在默认情况下 IIS 是允许用户匿名访问的。然而如果网站的信息有机密性，为了确保安全，可以设置 IIS 验证或识别客户端用户的身份，其基本操作步骤为：在"Internet 信息服务（IIS）管理器"窗口的左侧窗格中，选中要设置用户身份验证的网站，单击鼠标右键，选择"属性"命令，打开该网站的属性对话框，选择"目录安全性"选项卡，如图 3-55 所示；在"目录安全性"选项卡中，单击"身份验证和访问控制"中的"编辑"按钮，打开"身份验证方法"对话框，如图 3-56 所示；在默认情况下，系统会自动选中"启用匿名访问"复选框和"集成 Windows 身份验证"复选框，可以根据需要选择用户身份的验证方式。

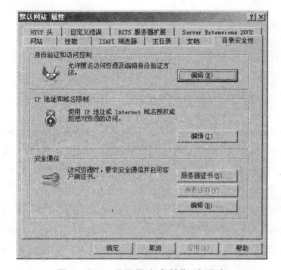

图 3-55 "目录安全性"选项卡

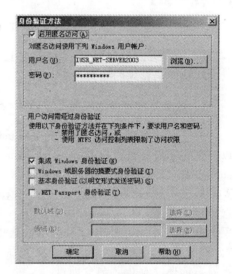

图 3-56 "身份验证方法"对话框

（1）启用匿名访问

如果选中"启用匿名访问"，表示任何用户都可以连接网站，不需要输入用户名与密码，所有的浏览器都支持匿名访问。在安装 IIS 时，系统会自动建立一个用来匿名访问网站的用户，用户名为"IUSR_计算机名"。当用户利用匿名方式来连接网站时，获得的权限就是该匿名用户的权限。

注意

在 IIS6.0 中，用来匿名访问网站的用户不需要具备"允许本地登录"的权利，这与之前的版本不同。

（2）集成 Windows 身份验证

该验证方式会要求用户输入用户名与密码，而且用户名与密码在通过网络传送之前，会经过处理，以确保其安全性。集成 Windows 身份验证支持两种验证方法。

● Kerberos V5 验证：如果安装 IIS 的计算机是 Active Directory 域的成员，并且用户的浏览器也支持 Kerberos V5 验证，则会采用该验证方法。该方法不会在网络上直接传送用户的密码，而是传送 Kerberos ticket。

● NTLM：如果安装 IIS 的计算机不是 Active Directory 域的成员，或者用户浏览器不支持 Kerberos V5 验证，则会采用该验证方法。用户名和密码在通过网络传送前，会经过散列处理，以确保安全。

用户利用集成 Windows 身份验证来连接网站时，并不会直接被要求输入用户名和密码，浏览器会首先自动利用用户在登录时输入的用户名和密码来连接网站，当该用户没有访问权限时，浏览器才会要求用户输入用户名和密码。对于 Internet Explorer 4.0 以上的浏览器，可以设置是否自动利用登录用户名和密码来连接网站，设置方法为：在浏览器的菜单栏，依次选择"工具"→"Internet 选项"命令，在"Internet 选项"对话框中，选择"安全"选项卡，选择网站所在区域后，单击"自定义安全级别"按钮，打开"安全设置"对话框，在该对话框中可以选择用户验证的方式，如图 3-57 所示。

（3）Windows 域服务器的摘要式身份验证

该验证方式也会要求用户输入用户名与密码，而且用户名和密码在通过网络传送之前，会经过 MD5 算法的处理，然后将处理后所产生的散列随机数（hash）传送到网站，从而保证其安全性。如果在"身份验证方法"对话框选中"Windows 域服务器的摘要式身份验证"，则需要在"领域"文本框中，选择一个领域。

注意

当用户利用浏览器访问网站时，领域信息会被显示在用户的登录对话框上。

采用该身份验证方法，必须具备以下条件。

● 由于摘要式身份验证依赖 HTTP1.1，因此客户机浏览器必须支持 HTTP1.1，也就是必须是 Internet Explorer 5.0 以上的版本。

● 安装 IIS 的计算机必须是 Active Directory 域的成员服务器或域控制器。

● 登录用户必须是 Active Directory 内的域用户，而且此用户必须与安装 IIS 的计算机位于同一个域或是信任的域。

● 登录用户必须在其属性对话框中选取"使用可逆的加密保存密码"，如图 3-58 所示。

图 3-57　"安全设置"对话框

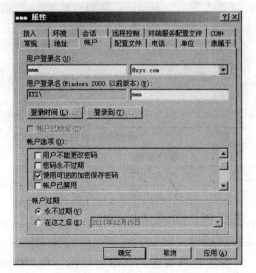

图 3-58　域用户属性对话框

（4）基本身份验证

该验证方式会要求输入用户名和密码，绝大部分的浏览器都支持这种验证方法，但其主要缺点是网络中传送的密码是明文形式，很容易被截取。所以若要使用该验证方式，应该配置其他可以确保传送信息安全性的措施，例如启动 SSL 连接。如果在"身份验证方法"对话框选中"基本身份验证"，则需要输入"默认域"和"领域"信息。

默认域用来设置用户所属的域，输入的用户名和密码将被送到该域的域控制器验证。如果输入的是安装 IIS 计算机的名称，则将利用本地安全数据库进行验证。如果在"默认域"没有输入信息，则若安装 IIS 的计算机是域控制器，会利用 Active Directory 数据库进行验证；若安装 IIS 的计算机是成员服务器或独立服务器，则会利用本地安全数据库进行验证。

> **注意**
>
> 如果除了匿名验证外，又同时选择了其他的验证方法，则 IIS 会先利用匿名方法来验证用户的身份。若匿名方法无法连接网站，才会使用其他方法，而且会优先选择安全性较高的方法。

3. IP 地址和域名限制

可以对能够访问网站的客户机的 IP 地址或域名进行限制，例如企业的内部网站，可以设置成只允许企业内部的计算机访问。设置 IP 地址和域名限制的基本操作步骤为：

（1）在"Internet 信息服务（IIS）管理器"窗口的左侧窗格选中要设置用户身份验证的网站，单击鼠标右键，选择"属性"命令，打开该网站的属性对话框，选择"目录安全性"选项卡。

（2）在"目录安全性"选项卡中，单击"IP 地址和域名限制"中的"编辑"按钮，打开"IP 地址和域名限制"对话框，如图 3-59 所示。

（3）默认情况下，系统会将所有计算机设为授权访问，若不想某些客户机访问网站，可在"下列除外"中，单击"添加"按钮，打开"拒绝访问"对话框，如图 3-60 所示。

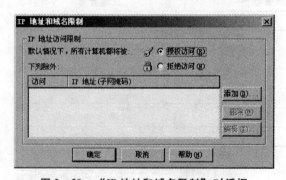

图 3-59　"IP 地址和域名限制"对话框

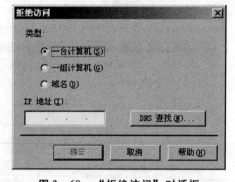

图 3-60　"拒绝访问"对话框

（4）在"拒绝访问"对话框中，添加要拒绝的客户机的 IP 地址，此处可以添加一台计算机，也可以利用网络标识和子网掩码添加一组计算机，还可以利用域名添加计算机。单击"确定"按钮，返回"IP 地址和域名限制"对话框。

（5）在"IP 地址和域名限制"对话框的"下列除外"列表框中可以看到已经添加的计算机，单击"确定"按钮，返回"目录安全性"选项卡。单击"应用"按钮，完成设置。

> **注意**
>
> 也可以在"IP 地址和域名限制"对话框中选择"默认情况下，所有计算机都被拒绝访问"，然后将允许访问的客户机添加到"下列除外"列表框中。若利用域名限制，安装 IIS 的计算机必须利用 DNS 反向查找的方法，这会降低其运行效率。

4. 通过 NTFS 权限来增加网站的安全性

网站的信息文件应该存储在 NTFS 卷内，以便利用 NTFS 权限来增加安全性。如果网站的信息文件设置了 NTFS 权限，那么客户机在访问该网站时必须受到 NTFS 权限的限制。NTFS 权限的设置方法这里不再赘述。

操作2　FTP 站点安全管理

FTP 服务的安装以及利用 IIS 发布一个或多个 FTP 站点的方法这里不再赘述，下面主要介绍利用 IIS 完成 FTP 站点安全管理的相关设置。

1. 用户身份验证

和网站相同，在默认情况下 FTP 站点是允许用户匿名访问的。如果 FTP 站点信息有机密性，可以设置用户必须经过身份验证，基本操作步骤如下。

（1）在"Internet 信息服务（IIS）管理器"窗口左侧窗格中，选中要设置用户身份验证的 FTP 站点，单击鼠标右键，选择"属性"命令，打开该网站的属性对话框，选择"安全账户"选项卡，如图 3–61 所示。

（2）在默认情况下，系统会自动选中"允许匿名连接"复选框，如果不想使用户匿名访问，则取消对"允许匿名连接"复选框的选择。如果选中"只允许匿名连接"复选框，则此时所有用户都必须利用匿名账户登录 FTP 站点，不可以利用正式的用户名与密码。

2. 检查目前连接的用户

可以在 FTP 站点的"属性"对话框中，单击"当前会话"按钮，打开"FTP 用户会话"对话框检查目前连接到 FTP 站点的用户，如图 3–62 所示。可以选择某个用户后，单击"断开"按钮将其中断；也可以单击"全部断开"按钮来中断所有用户的连接。

图 3–61　"安全账户"选项卡

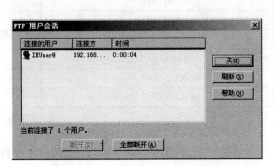

图 3–62　"FTP 用户会话"对话框

3. IP 地址限制

和网站相同，FTP 站点也可以对客户机的 IP 地址进行限制，基本操作步骤为：打开 FTP 站点的属性对话框，选择"目录安全性"选项卡；在默认情况下，系统会自动选中所有计算机都将被授权访问，如果不想某些客户机访问该 FTP 站点，则可在"下面列出的除外"中，单击"添加"按钮，打开"拒绝访问"对话框；在"拒绝访问"对话框中，添加要拒绝访问的客户机的 IP 地址，此处可以添加一台计算机，也可以利用网络标识和子网掩码添加一组计算机；单击"确定"按钮，完成设置。

> **注 意**
>
> 也可以选择"默认情况下，所有计算机都被拒绝访问"，然后将允许访问的客户机添加到"下列除外"列表框中。

4. 通过 NTFS 权限来增加网站的安全性

如果 FTP 站点发布的信息文件存储在 NTFS 卷内，则可以利用 NTFS 权限来增加安全性。NTFS 权限的设置方法这里不再赘述。

5. 创建"用户隔离"的 FTP 站点

当用户连接"默认 FTP 站点"时，不论是利用匿名账户还是利用正式的账户都将被直接转向到站点主目录，访问主目录中的文件。利用 IIS 的"FTP 用户隔离"功能，可以让每个用户都拥有专用的主目录，当用户登录 FTP 站点时，会被导向到其专用的主目录。必须在创建 FTP 站点时就决定是否要启用"FTP 用户隔离"功能，FTP 站点创建完成后就不能进行更改。创建"用户隔离"的 FTP 站点的基本操作步骤如下。

（1）创建用户主目录

要创建"用户隔离"的 FTP 站点，必须为每一个用户创建其专用的子文件夹，且子文件夹的名称必须与用户的登录名称相同，这个子文件夹就是该用户的主目录，用户无权切换到其他用户的主目录。如果 FTP 站点的主目录为 E：\ ftproot2，其目录结构可如表 3 - 3 所示。

表 3 - 3　"用户隔离"的 FTP 站点目录结构

用　户	文件夹
匿名用户	E：\ ftproot2 \ LocalUser \ Public
本机用户 Jack	E：\ ftproot2 \ LocalUser \ Jack
本机用户 Mary	E：\ ftproot2 \ LocalUser \ Mary
域 XYZ 用户 Peter	E：\ ftproot2 \ XYZ \ Peter
域 ABC 用户 Alice	E：\ ftproot2 \ ABC \ Alice

（2）创建 FTP 站点

创建"用户隔离"的 FTP 站点前，需要首先确定如果在一个服务器上要同时运行多个 FTP 站点，各 FTP 站点应使用不同 IP 地址或不同 TCP 端口来标识，否则应将已有 FTP

站点停止。创建"用户隔离"的 FTP 站点的操作步骤如下。

① 在"Internet 信息服务（IIS）管理器"窗口左侧窗格中，选中"FTP 站点"，单击鼠标右键，选择"新建"→"FTP 站点"命令，打开"欢迎使用 FTP 站点创建向导"对话框。

② 在"欢迎使用 FTP 站点创建向导"对话框中，单击"下一步"按钮，打开"FTP 站点描述"对话框。

③ 在"FTP 站点描述"对话框中，输入 FTP 站点描述信息，单击"下一步"按钮，打开"IP 地址和端口设置"对话框。

④ 在"IP 地址和端口设置"对话框中，设定 FTP 站点 IP 地址和 TCP 端口，单击"下一步"按钮，打开"FTP 用户隔离"对话框。

⑤ 在"FTP 用户隔离"对话框中，选择"隔离用户"，单击"下一步"按钮，打开"FTP 站点主目录"对话框。

⑥ 在"FTP 站点主目录"对话框中，输入 FTP 站点主目录的路径（E：\ ftproot2），单击"下一步"按钮，打开"FTP 站点访问权限"对话框。

⑦ 在"FTP 站点访问权限"对话框中，设置此 FTP 站点的访问权限，单击"下一步"按钮，打开"已成功完成 FTP 站点创建向导"对话框。单击"完成"按钮，此时在"Internet 信息服务（IIS）管理器"窗口中，可以看到刚才创建的 FTP 站点。此时不同的用户在访问该 FTP 站点时会被导向到其专用的目录。

> **注意**
>
> 用户对其专用主目录必须有适当的 NTFS 权限，才能完成相应访问。

操作 3　利用 HTML 远程管理 IIS

如果在 IIS 中安装了"远程管理（HTML)"，则可以利用浏览器对 IIS 进行远程管理。安装 HTML 的操作方法为：依次选择"开始"→"控制面板"→"添加或删除程序"→"添加/删除 Windows 组件"→"应用程序服务器"→"详细信息"→"Internet 信息服务（IIS)"→"详细信息"→"万维网服务"→"详细信息"命令，选取"远程管理（HTML)"，单击"确定"按钮进行安装。

安装完成后在"Internet 信息服务（IIS）管理器"窗口中会出现一个名为"Administration"的网站，如图 3 - 63 所示。由图可知，该网站的默认端口为 8099，SSL 端口为 8098，可以通过该网站远程管理 IIS。另外由于该网站是用 ASP 编写的，因此 IIS 中的 Active Server Pages 组件会被自动启动。

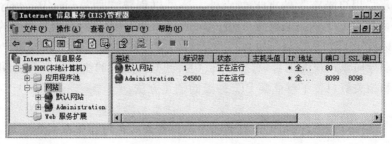

图 3 - 63　安装了 HTML 的"Internet 信息服务（IIS）管理器"窗口

> **注意**
>
> 当 IIS 安装了 HTML 后，会自动安装 SSL 证书，要求浏览器必须利用安全的方式与网站通信，客户机必须知道 SSL 端口号，才能利用 HTTPS 协议访问网站。

如果安装 IIS 的计算机的 IP 地址为 192.168.0.28，此时在网络中其他计算机浏览器的地址栏中输入"https://192.168.0.28：8098/"，输入在远程 IIS 计算机内具备系统管理员权限的用户名与密码后即可访问，如图 3-64 所示。由图可知，利用该网站不但可以远程管理 IIS，还可以实现该计算机的网络设置、用户管理等操作。

图 3-64　"服务管理"页面

【技能拓展】

1. 通过 WebDAV 管理网站上的资源

WebDAV（Web Distributed Authoring and Versioning）扩展了 HTTP 1.1 协议的功能，使得具备适当权限的用户可以直接通过浏览器、网上邻居或 Microsoft Office 来管理远程网站的 WebDAV 文件夹内的文件。请查阅 Windows 系统帮助文件和相关资料，了解 WebDAV 功能的使用方式。

2. 创建"用 Active Directory 隔离用户"的 FTP 站点

除了创建"用户隔离"的 FTP 站点外，还可以创建"用 Active Directory 隔离用户"的 FTP 站点。此类 FTP 站点必须在 Active Directory 的用户账户内指定其专用的主目录，这个主目录可以位于 FTP 站点内，也可以位于网络中的其他计算机上。当用户登录该站点时，将被自动导向该用户的主目录，且无权切换到其他用户的主目录。请查阅 Windows 系统帮助文件和相关资料，了解此类 FTP 站点的创建方法。

3. 了解其他 IIS 安全管理设置

请查阅 Windows 系统帮助文件和相关资料，了解 IIS 的其他安全管理方法。

习　题　3

1．思考与问答

（1）简述工作组结构网络与域结构网络的区别。

（2）根据不同的作用域，可以把组分为哪些类型？各有什么特点？

（3）为了让网络管理更为容易，在利用组来管理网络资源尤其是大型网络时，一般应采用哪些策略？

（4）在两个域之间可以建立哪几种信任关系？

（5）DHCP 客户机会在哪些情况下，自动向 DHCP 服务器更新租约？

（6）Windows Server 2003 的 DNS 允许建立哪些类型的区域？不同类型的区域有什么不同？

（7）简述 DNS 域名解析的过程。

（8）为了确保网站的安全，IIS 提供了哪些用户身份验证方式？简述每种用户身份验证方式的特点。

2．技能操作

（1）Active Directory 服务安全管理

【内容及操作要求】

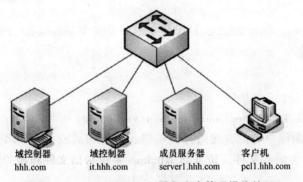

| 域控制器 | 域控制器 | 成员服务器 | 客户机 |
| hhh.com | it.hhh.com | server1.hhh.com | pc11.hhh.com |

图 3–65　Active Directory 服务安全管理操作练习

按照如图 3–65 所示连接网络，并完成以下操作。

● 创建名为 hhh. com 的域，分别将一台安装 Windows Server 2003 的计算机（计算机名为 server1）和一台安装 Windows XP Professional 的计算机（计算机名为 pc1）加入该域。

● 在 hhh. com 域中，创建一个名为 it 的子域。

● 在 hhh. com 域中创建两个用户"User1"和"User2"，要求"User1"可以在任何时间从 hhh. com 域的任何一台计算机登录，"User2"只能在周一到周五从 hhh. com 域的客户机（pc1）登录。

● 在 hhh. com 域控制器上，利用管理员用户对成员服务器（server1）的非系统卷进行格式化操作。

- 利用域安全策略对用户登录进行优化，要求用户密码应具有复杂度并定期更换，禁止系统显示上一次登录的用户名并防止字典攻击。

- 在 hhh.com 域控制器上创建一个组织单位 is，其成员包括用户"User1"、"User2"以及客户机（pc1），使用户"User1"能够对该组织单位进行管理。利用组策略关闭 is 内所有计算机的自动播放功能，并禁止 is 中的所有用户运行 QQ 程序。

- 在网络中增加一台安装 Windows Server 2003 的计算机，创建一个名为 kkk.com 的域，在该域和 it.hhh.com 域之间建立双向的信任关系。

【准备工作】

4 台安装 Windows Server 2003 的计算机，1 台安装 Windows XP Professional 的计算机，组建网络的其他设备。

【考核时限】

100min。

（2）DNS 服务安全管理

【内容及操作要求】

在图 3-65 的网络中，实现所有域名的解析，并完成以下操作。

- 在成员服务器（server1）上安装 DNS 服务并为网络中已有的所有区域创建辅助区域以提供备份。

- 在 hhh.com 的主 DNS 服务器上，新建一个子域 sub，并将该子域委托给成员服务器（server1）进行管理。

- 将该成员服务器（server1）设为网络中其他 DNS 服务器的转发器。

【准备工作】

4 台安装 Windows Server 2003 的计算机，1 台安装 Windows XP Professional 的计算机，组建网络的其他设备。

【考核时限】

45min。

（3）DHCP 服务安全管理

【内容及操作要求】

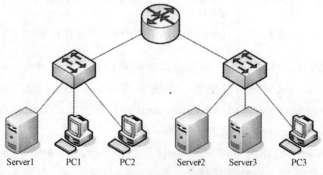

图 3-66　DHCP 服务安全管理操作练习

按照如图 3-66 所示连接网络，其中 Server1 ~ Server3 安装 Windows Server 2003 操作系统，PC1 ~ PC3 安装 Windows XP Professional 操作系统。分别在 Server2 和 Server3 上创建

DHCP 服务器，要求 PC1、PC2 和 PC3 都能从这两台服务器上自动获取 IP 地址，PC1 和 PC2 获得的 IP 地址应属于 192. 168. 10. 0/24 地址段，PC3 在向服务器租用 IP 地址或更新租约时获得相同的 IP 地址 192. 168. 20. 18/24，网络中其他设备的 IP 地址请自行设定。

【准备工作】

3 台安装 Windows Server 2003 的计算机，3 台安装 Windows XP Professional 的计算机，组建网络的其他设备。

【考核时限】

90min。

（4）Internet 信息服务（IIS）安全管理

【内容及操作要求】

创建名为 abc. com 的域，分别将一台安装 Windows Server 2003 的计算机和一台安装 Windows XP Professional 的计算机加入该域。并完成以下操作。

● 在成员服务器上安装 IIS，并利用默认网站发布信息文件，要求该网站不启动匿名访问，采用集成 Windows 身份验证，并且只允许处于同一网段的计算机访问。

● 在成员服务器上安装 FTP 服务，并利用默认 FTP 站点发布信息文件，要求该站点只能匿名访问，并且只允许处于同一网段的计算机访问。创建一个"用户隔离"的 FTP 站点，要求本机用户"User1"和"User2"，域用户"User3"和"User4"可以访问不同的主目录。

● 在成员服务器的 IIS 中安装了远程管理（HTML），在客户机上通过浏览器对成员服务器进行管理性操作。

【准备工作】

2 台安装 Windows Server 2003 的计算机，1 台安装 Windows XP Professional 的计算机，组建网络的其他设备。

【考核时限】

90min。

项目4　网络物理基础设施安全管理

保证计算机网络中所有基础设施及其场地的物理安全，是实现整个网络系统安全的前提。所谓网络物理安全主要是保护网络中的设备、布线系统等基础设施，避免其受到水灾、火灾、雷击等自然灾害以及电磁干扰、停电、偷盗等事故的破坏。本项目的主要目标是熟悉网络布线系统的安全管理方法，熟悉网络机房环境的安全要求和常用控制措施，熟悉保障网络设备物理安全的一般要求和常用控制措施。

任务4.1　网络布线系统安全管理

【任务目的】

(1) 理解配线设备在网络中的作用；
(2) 了解网络布线系统管理的一般原则和方法；
(3) 了解网络布线系统的安全设计要求。

【工作环境与条件】

(1) 校园网工程案例及相关文档；
(2) 企业网工程案例及相关文档。

【相关知识】

4.1.1　网络布线系统的结构和组成

目前大中型局域网的布线系统主要采用结构化综合布线系统。综合布线系统是一种开放结构的布线系统，由不同系列和规格的部件组成，其中包括传输介质、相关连接硬件（如配线设备、插座、插头和适配器）以及电气保护设备。我国国家标准《综合布线系统工程设计规范》（GB 50311—2007）规定综合布线系统基本构成应符合图4-1所示的要求。

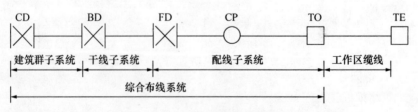

图 4-1　综合布线系统基本构成

由图可知综合布线系统采用的主要布线部件有以下几种：

- 建筑群配线设备（Campus Distributor）：终接建筑群主干线缆的配线设备；

- 建筑物配线设备（Building Distributor）：终接建筑物主干线缆或建筑群主干线缆的配线设备；
- 楼层配线设备（Floor Distributor）：终接水平线缆和其他子系统线缆的配线设备；
- 集合点（Consolidation Point）：楼层配线设备与工作区信息点之间水平线缆路由中的连接点。配线子系统中可以设置集合点，也可不设置集合点；
- 信息点（Telecommunications Outlet）：各类电缆或光缆终接的信息插座模块；
- 终端设备（Terminal Equipment）：接入综合布线系统的终端设备。

综合布线系统各主要部件在建筑物中的设置如图4-2所示。

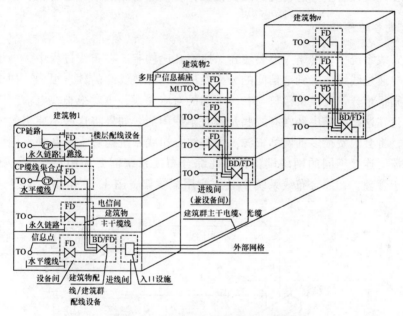

图4-2　综合布线系统的设置示意图

《综合布线系统工程设计规范》同时建议综合布线系统应按照7个子系统进行设计。
- 工作区：一个独立的需要设置终端设备（TE）的区域宜划分为一个工作区。工作区应由配线子系统的信息插座模块（TO）延伸到终端设备处的连接线缆及适配器组成。
- 配线子系统：由工作区的信息插座模块、信息插座模块至电信间配线设备（FD）的配线电缆和光缆、电信间的配线设备及设备线缆和跳线等组成。
- 干线子系统：由设备间至电信间的干线电缆和光缆，安装在设备间的建筑物配线设备（BD）及设备线缆和跳线组成。
- 建筑群子系统：由连接多个建筑物之间的主干电缆和光缆、建筑群配线设备（CD）及设备线缆和跳线组成。
- 设备间：设备间是在每幢建筑物的适当地点进行网络管理和信息交换的场地。设备间主要安装建筑物配线设备。电话交换机、计算机主机设备及入口设施也可与配线设备安装在一起。
- 进线间：进线间是建筑物外部通信和信息管线的入口部位，并可作为入口设施和建筑群配线设备的安装场地。建筑群主干电缆和光缆、公用网和专用网电缆、光缆及天线

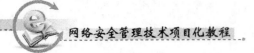

馈线等室外线缆进入建筑物时，应在进线间转换成室内电缆、光缆。进线间一般提供给多家电信业务经营者使用，通常设于地下一层。

● 管理：管理应对工作区、电信间、设备间、进线间的配线设备、线缆、信息插座模块等设施按一定的模式进行标识和记录。

4.1.2　网络配线设备

网络配线设备用于终结线缆，为双绞线电缆或光缆与其他设备（如交换机等）的连接提供接口，在配线设备上可进行互连或交接操作，使综合布线系统更加易于管理。

1. 配线设备的作用

在综合布线系统中，网络一般要覆盖一座或几座楼宇。在布线过程中，一层楼上的所有终端都需要通过线缆连接到电信间的分交换机上，这些线缆的数量很多，如果都直接接入交换机，则很难分辨交换机接口与各终端间的对应关系，也就很难在电信间对各终端进行管理。而且在这些线缆中经常有一些是暂时不使用的，如果将这些不使用的线缆接入交换机的端口，将会浪费很多的网络资源。另外综合布线系统能够支持各种不同的终端，而不同的终端需要连接不同的网络设备，因此综合布线系统需要为用户提供灵活的连接方式。为了便于管理，在综合布线系统中必须使用配线架，图4-3给出了配线架作用的示意图。

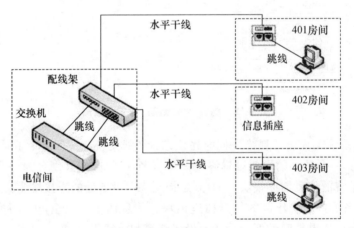

图4-3　配线设备的作用

如图所示，在综合布线系统中，水平干线由信息插座直接接入电信间的配线架，在水平干线与配线架连接的位置，需要为每一组连入配线架的线缆在相应的标签上做上标记。在配线架的另一侧，每一组连入的线缆都将对应一个接口，如果与配线架相连的某房间的信息插座上连接了计算机或其他终端，则管理员可以使用跳线将配线架上该信息插座对应的接口接入交换机或相应的其他网络设备。当计算机终端从一个房间移到另一个房间，管理员只要将跳线从配线架上原来的接口取下，插到新的房间对应的接口上就可以了。当房间的终端发生了改变，管理员只要将配线架上相应的跳线转接到相应的网络系统即可。

2．配线设备的类型

根据在综合布线系统中所在的位置，配线设备可以分为建筑群配线设备（CD）、建筑物配线设备（BD）和楼层配线设备（FD）。根据所连接的线缆类型，配线设备可以分为双绞线配线设备和光纤配线设备。

（1）双绞线配线设备

双绞线配线设备也称为双绞线配线架，用于终结双绞线电缆，其类型应与其所连接的双绞线电缆的类型（5e类、6类、6A类）相对应。目前在网络布线系统中普遍采用 RJ-45 接口机架式配线架，如图 4-4 所示。机架式配线架是一种 19 英寸导轨安装单元，可容纳 24、32、64 或 96 个嵌座，用于安装信息模块。其附件包括标签与嵌入式图标，以方便用户对信息点进行标识。

（2）光纤配线设备

在综合布线系统中，光纤配线设备一般安装在建筑群和建筑物的主设备间，用以连接公网系统的引入光缆、建筑群或建筑物干线光缆、应用设备光纤跳线等。光纤配线系统主要完成光纤的连接和终接后单芯光纤到各光通信设备中光路的连接与分配。光纤配线系统应具有光缆固定和保护功能、光缆终接功能、调线功能以及光缆纤芯和尾纤的保护功能。常见的光纤配线产品有光纤配线架、光缆交接箱、光缆分线箱等。

目前最常使用的光纤配线设备是安装在 19 英寸标准机柜内的机架式光纤配线架，如图 4-5 所示。光纤配线架适用于光纤信道中的端接和管理，可以完成光缆与尾纤的盘绕和熔接，还可以在面板上安装各种类型的光纤适配器，实现光缆与光纤跳线之间的插接。

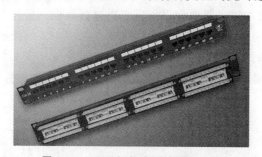

图 4-4　24 口机架式双绞线配线架

图 4-5　机架式光纤配线架

4.1.3　网络布线系统的管理

网络布线系统管理的主要内容包括管理方式、标识、色标、连接等。对于较为复杂的布线系统，如采用计算机进行管理，其效果将十分明显。

1．网络布线系统管理的一般要求

通常网络布线系统的管理应符合下列规定。

● 布线系统工程宜采用计算机进行文档记录与保存，简单且规模较小的布线系统工程可按图纸资料等纸质文档进行管理，并做到记录准确、及时更新、便于查阅。

● 布线系统的所有电缆、光缆、配线设备、端接点、接地装置、敷设管线等组成部

分均应给定唯一的标识符，并设置标签。标识符应采用相同数量的字母和数字等标明。

- 电缆和光缆的两端均应标明相同的标识符。
- 设备间、电信间、进线间的配线设备宜采用统一色标区别各类业务与用途的配线区。
- 所有标签应保持清晰、完整，并满足使用环境要求。
- 对于规模较大的布线系统工程，为提高布线工程维护水平与网络安全，宜采用电子配线设备对信息点或配线设备进行管理，以显示与记录配线设备的连接、使用及变更状况。
- 布线系统相关设施的工作状态信息应包括设备和线缆的用途、使用部门、组成局域网的拓扑结构、传输信息速率、终端设备配置状况、占用器件编号、色标、链路与信道的功能和各项主要指标参数及完好状况、故障记录等，还应包括设备位置和线缆走向等内容。

2. 网络布线系统的标识管理

(1) 线缆标识要求

网络布线系统使用的标签可采用粘贴型和插入型。

从材料和应用的角度讲，线缆的标识尤其是跳线的标识要求使用带有透明保护膜（带白色打印区域和透明尾部）的耐磨损、抗拉的标签材料。只有这样，线缆的弯曲变形以及经常的磨损才不会使标签脱落和字迹模糊不清。目前，市场上已有配套的打印机和标签纸供应，另外，套管和热缩套管也是线缆标签的很好选择。

在线缆的两端都应进行标识，对于重要线缆，需要每隔一段距离进行标识，另外在维修口、接合处、接线盒等处的电缆位置也要进行标识。在同一网络布线工程中，线缆标识应统一编码，并能反映线缆的用途和连接情况。例如，一根电缆从某建筑物三楼311房间的第一个计算机数据信息点拉至电信间，则该电缆的两端可标记上"311 – D1"的标识，其中"D"表示数据信息点。

(2) 色彩标识

人们对色彩和图形的敏感程度远远高于对符号和文字数码的敏感，因而色彩在网络布线工程设计、施工和使用维护中都具有重要的作用。一般情况下，在设备间、电信间等地方可以看到一些醒目的颜色，通过这些颜色可以将不同的功能或区域清晰地划分开。通常在管理完善的一些网络布线系统中，绿色代表的"绿色场区"，接至公用网；紫色代表的"紫色场区"，通过"灰色场区"接至设备间，再通过配线设备连接到"白色场区"至电信间（干线子系统），再由配线设备分线接入"蓝色场区"，即配线子系统，最终接入工作区（工作区同样属于"蓝色场区"）的信息插座。通常相关的色区相邻放置、连接块与相关的色区相对应、相关色区与接插线相对应，如图4 – 6所示。

在设备间的另一端则通过"棕色场区"接至建筑群子系统（直埋式管道或架空线缆），从而引至另一幢大楼（图中未标出"棕色场区"）。一般情况下，这些鲜艳的色彩主要用于设备间、电信间配线架标签和相应跳线标签的底色。

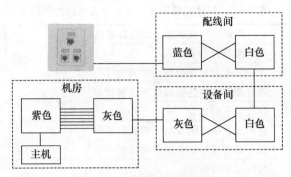

图4-6 不同色区间的连接

（3）配线设备布线标识方法

配线设备布线标识方法应按照以下规定设计。

- FD出线：标明楼层信息点序列号和房间号。
- FD入线：标明来自BD的配线设备号或交换机号、缆号和芯/对数。
- BD出线：标明去往FD的配线设备号或交换机号、缆号。
- BD入线：标明来自CD的配线设备号、缆号和芯/对数（或外线引入的缆号）。
- CD出线：标明去往BD的配线设备号、缆号和芯/对数。
- CD入线：标明由外线引入的线缆号和线序对数。

面板和配线设备的标签要使用连续的标签，材料以聚酯为好，可以满足外露的要求。由于各厂家的配线设备规格不同，所留标识的宽度也不同，所以选择标签时，宽度和高度都要多加注意。配线设备和面板的标识除了清晰、简洁易懂外，还要美观。

（4）信息插座的标识要求

信息插座上每个接插口位置上应用中文明确标明"话音"、"数据"、"控制"、"光纤"等接口类型及楼层信息点序列号。信息插座的一个插孔对应一个信息点编号。信息点编号一般由楼层号、区号、设备类型代码和层内信息点序号组成。此编号将在插座标签、配线架标签和一些管理文档中使用。

4.1.4 网络布线系统的安全要求

1. 网络布线系统的电气防护

随着各种类型的电子信息系统在建筑物内的大量设置，各种干扰源将会影响到综合布线电缆的传输质量与安全，因此对于网络布线系统必须进行电气防护方面的设计和管理。

（1）系统间距

网络布线系统电缆与附近可能产生高电平电磁干扰的电动机、电力变压器、射频应用设备等电器设备之间应保持必要的间距，并应符合下列规定。

网络布线系统电缆与电力电缆的间距应符合表4-1的规定。

表 4-1　网络布线系统电缆与电力电缆的间距

类　别	与网络布线系统电缆接近状况	最小间距/mm
380V 电力电缆 <2kV·A	与线缆平行敷设	130
	有一方在接地的金属线槽或钢管中	70
	双方都在接地的金属线槽或钢管中①	10①
380V 电力电缆 2~5kV·A	与线缆平行敷设	300
	有一方在接地的金属线槽或钢管中	150
	双方都在接地的金属线槽或钢管中②	80
380V 电力电缆 >5kV·A	与线缆平行敷设	600
	有一方在接地的金属线槽或钢管中	300
	双方都在接地的金属线槽或钢管中②	150

注：①当 380V 电力电缆 <2kV·A，双方都在接地的线槽中，且平行长度≤10m 时，最小间距可为 10mm。

②双方都在接地的线槽中，系指两个不同的线槽，也可在同一线槽中用金属板隔开。

网络布线系统电缆与配电箱、变电室、电梯机房、空调机房之间的最小净距应符合表 4-2 的规定。

表 4-2　网络布线系统电缆与电气设备的最小净距

名称	最小净距/m	名称	最小净距/m
配电箱	1	电梯机房	2
变电室	2	空调机房	2

墙上敷设的网络布线系统线缆及管线与其他管线的间距应符合表 4-3 的规定。当墙壁电缆敷设高度超过 6000mm 时，与避雷引下线的交叉间距应按下式计算：

$$S \geq 0.05L \quad (式中，S：交叉间距；L：交叉处避雷引下线距地面的高度)$$

表 4-3　网络布线系统线缆及管线与其他管线的间距

其他管线	平行净距/mm	垂直交叉净距/mm
避雷引下线	1000	300
保护地线	50	20
给水管	150	20
压缩空气管	150	20
热力管（不包封）	500	500
热力管（包封）	300	300
煤气管	300	20

（2）线缆和配线设备的选择

网络布线系统应根据环境条件选用相应的线缆和配线设备，或采取防护措施，一般应符合下列规定。

● 当网络布线区域内存在的电磁干扰场强低于 3V/m 时，宜采用非屏蔽电缆和非屏蔽配线设备。

● 当网络布线区域内存在的电磁干扰场强高于 3V/m 时，或对电磁兼容性有较高要求时，可采用屏蔽布线系统和光缆布线系统。光缆布线系统具有最佳的防电磁干扰性能，适合在电磁干扰较严重的情况下采用。

- 当布线路由上存在干扰源，且不能满足最小净距要求时，宜采用金属管线进行屏蔽，或采用屏蔽布线系统及光缆布线系统。

2. 网络布线系统的接地要求

综合布线系统中电信间、设备间内安装的设备以及从室外进入建筑内的电缆都需进行接地处理，以保证设备的安全运行。根据相关规范，网络布线系统的接地要求要点如下。

- 在电信间、设备间及进线间应设置楼层或局部等电位接地端子板。
- 网络布线系统应采用共用接地的接地系统，如单独设置接地体时，接地电阻不应大于 4Ω。如布线系统的接地系统中存在两个不同的接地体时，其接地电位差不应大于 1Vr.m.s。
- 楼层安装的各个配线柜应采用适当截面的绝缘铜导线单独布线至就近的等电位接地装置，也可采用竖井内等电位接地铜排引到建筑物共用接地装置，铜导线的截面应符合设计要求。
- 线缆在雷电防护区交界处，屏蔽电缆屏蔽层的两端应做等电位连接并接地。
- 网络布线的电缆采用金属线槽或钢管敷设时，线槽或钢管应保持连续的电气连接，并应有不少于两点的良好接地。
- 当线缆从建筑物外面进入建筑物时，电缆和光缆的金属护套或金属件应在入口处就近与等电位接地端子板连接。

3. 网络布线系统的防火要求

根据相关规范，网络布线系统的防火要求要点如下。

- 根据建筑物的防火等级和对材料的耐火要求，网络布线系统的线缆选用和布放方式及安装的场地应采取相应的措施。
- 综合布线工程设计选用的电缆、光缆应从建筑物的高度、面积、功能、重要性等方面加以综合考虑，选用相应等级的防火线缆。

对于防火线缆的应用分级，北美、欧盟和国际的相应标准中主要根据线缆受火的燃烧程度及着火以后，火焰在线缆上蔓延的距离、燃烧的时间、热量与烟雾的释放、释放气体的毒性等指标，并通过实验室模拟线缆燃烧的现场状况实测取得。表 4 - 4 给出了通信线缆北美测试标准及分级，仅供参考。

表 4 - 4　通信线缆北美测试标准及分级表

测试标准	NEC 标准（2002 版，自高向低排列）	
	电缆分级	光缆分级
UL910（NFPA262）	CMP（阻燃级）	OFNP 或 OFCP
UL1666	CMR（主干级）	OFNR 或 OFCR
UL1581	CM、CMG（通用级）	OFN（G）或 OFC（G）
VW - 1	CMX（住宅级）	

对上述测试标准进行同等比较以后，建筑物的线缆在不同的场合与安装敷设方式时，建议选用符合相应防火等级的线缆，并按以下几种情况分别列出。

- 在通风空间内（如吊顶内及高架地板下等）采用敞开方式敷设时，可选用 CMP 级（光缆为 OFNP 或 OFCP）。
- 在竖井内采用敞开的方式敷设时，可选用 CMR 级（光缆为 OFNR 或 OFCR）。
- 在使用密封金属管槽的敷设条件下，可选用 CM 级（光缆为 OFN 或 OFC）。

【任务实施】

操作 1　走访校园网综合布线工程

参观所在学校的校园网，查阅校园网布线系统的相关文档，访问校园网的网络管理人员。分析校园网布线系统的总体结构，认识校园网使用的配线设备和标识系统。了解校园网布线系统的日常管理内容和相关制度，了解校园网布线系统的安全要求及相关保护措施。

操作 2　走访企业网综合布线工程

根据实际条件参观某企业网，查阅该网络布线系统的相关文档，访问相关网络管理人员。分析该企业网布线系统的总体结构，认识企业网使用的配线设备和标识系统。了解企业网布线系统的日常管理内容和相关制度，了解企业网布线系统的安全要求及相关保护措施。

【技能拓展】

1. 认识综合布线智能管理系统

由于布线系统的灵活性在于可以通过跳线实现对终端和整个网络的管理，因此在实际运行中配线设备上的跳线变动会比较大，这就要求管理人员必须清楚地知道工作区的信息点与配线架端口之间的对应关系，并能及时地完成跳接。如果管理人员还是借助传统的竣工图纸和通过不断人工修改图纸来实现综合布线系统结构的更新，会存在很大的困难。实践证明，目前很多网络故障是由于跳线的不明确而导致整个网络的不可靠或瘫痪。

为提高布线工程的维护水平与安全，对于规模较大的布线系统工程应采用电子配线设备（综合布线智能管理系统）对信息点及配线设备进行管理，以显示与记录配线设备的连接、使用及变更状况。目前，主流布线厂商纷纷推出了各自的综合布线智能管理系统，如美国 Panduit 公司推出的 PANVIEW 综合布线实时智能管理系统、美国 Molex 公司推出的实时布线系统、美国康普公司推出的 SYSTIMAX iPatch 智能配线系统、南京普天智能布线物理层网络管理系统等。请通过 Internet 查阅相关资料，了解综合布线智能管理系统的主要产品及其安装和使用方法。

2. 了解网络布线系统安全管理的其他内容

请查阅网络布线系统的相关标准和技术资料，了解网络布线系统安全管理的其他内容。

任务4.2　网络机房环境安全管理

【任务目的】

（1）了解网络机房场地环境的安全要求；

（2）了解网络机房运行环境的安全要求；

（3）熟悉网络机房的常用安全设施。

【工作环境与条件】

（1）校园网工程案例及相关文档；

（2）企业网工程案例及相关文档。

【相关知识】

网络机房作为数据存储、传输、设备控制中心，在温度、湿度、洁净度、供电、防火性、承重能力、防静电能力、防雷、接地等各项环境指标上均应满足计算机及网络设备的要求。保证网络机房环境的安全是保障网络系统正常运行的前提条件。

4.2.1 网络机房场地环境安全

1. 网络机房的位置

为了提供网络机房的安全可靠性，网络机房的位置应根据周围的整体环境、设备数量、网络规模和构成等因素综合考虑确定。网络机房应尽可能远离产生粉尘、腐蚀性气体、强电磁场干扰、强噪声源、强振动源的场所；应远离存放易燃、易爆和腐蚀性物品的场所；应避开低洼、潮湿的地方；应避免设在建筑物的高层或地下室以及用水设备的下层或隔壁。网络机房应安装门禁系统并制定严格的出入管理制度。在网络机房内的隐蔽位置应安装监视和报警装置，以监视和检测入侵者，预防意外灾害。

2. 网络机房的温度、湿度和洁净度

网络机房中的设备主要是以微电子、精密机械设备为主，这些设备使用了大量的易受温度、湿度和洁净度影响的电子元器件、机械构件及材料。

温度对机房设备的电子元器件、绝缘材料以及存储介质都有较大的影响。例如对半导体元器件而言，室温在规定范围内每增加10℃，其可靠性就会降低约25%；对电容来说，温度每增加10℃，其使用时间将下降50%；绝缘材料对温度同样敏感，温度过高，印刷电路板的结构强度会变弱，温度过低，绝缘材料会变脆，同样会使结构强度变弱；对存储介质而言，温度过高或过低都会导致数据的丢失或存取故障。

湿度对计算机设备的影响也同样明显，当相对湿度较高时，水蒸气在电子元器件或电介质材料表面形成水膜，容易引起电子元器件之间形成通路；当相对湿度过低时，容易产生较高的静电电压。实验表明在机房中，如相对湿度为30%，静电电压可达5 000V，相对湿度为20%，静电电压可达10 000V，相对湿度为5%时，静电电压可达20 000V，而高达上万伏的静电电压对计算机设备的影响是显而易见的。

我国国家标准《电子计算机机房设计规范》规定了机房的温、湿度标准，如表4-5和表4-6所示。要保证计算机及网络设备的稳定运行，必须保证其工作环境的温度和湿度。机房的温、湿度控制可以通过安装相应的空调设备来实现。

表4-5 开机时机房的温、湿度标准

项 目	A 级		B 级（全年）
	夏 季	冬 季	
温度	23±2℃	20±2℃	18～28℃
相对湿度	45%～65%		40%～70%
温度变化度	<5℃/小时，不得结露		<10℃/小时，不得结露
适用房间	主机房		
	基本工作间（根据设备要求采用A级别或B级别）		
备注	辅助房间按工艺要求确定		

表4-6 停机时机房的温、湿度标准

项 目	A 级	B 级
温度	5～35℃	5～35℃
相对湿度	40%～70%	20%～80%
温度变化度	<5℃/小时，不得结露	<10℃/小时，不得结露

灰尘会造成计算机设备插接件的接触不良、系统部件的散热效率降低、电子元件的绝缘性能下降、机械磨损增加、磁盘数据读写错误等危害。因此网络机房必须有良好的防尘措施，尘埃含量限值应符合表4-7的规定。要降低机房的尘埃度，除定期清扫灰尘外，还应制定严格的管理措施，如要求工作人员进入机房应更换干净的鞋具等。

表4-7 机房尘埃指标要求

尘埃颗粒的最大直径/μm	0.5	1	3	5
灰尘颗粒的最大浓度/（粒子数/m³）	$1.4×10^7$	$7×10^5$	$2.4×10^5$	$1.3×10^5$

3. 网络机房的防火和防水

为了保证设备使用安全，网络机房应安装相应的消防系统，配备防火防盗门，其耐火等级必须符合《高层民用建筑设计防火规范》中相应耐火等级的规定。通常网络机房的空间结构可以被天花板和高架地板分成3层，计算机、网络设备及其他相关辅助设备置于天花板与高架地板之间，而在高架地板下或天花板以上通常会铺设大量的电缆。因此在网络机房的活动地板下、吊顶上方及易燃物附近都应设置烟感和温感探测器，机房内应设置二氧化碳（CO_2）自动灭火系统，并备有手提式二氧化碳灭火器，禁止使用水、干粉或泡沫等易产生二次破坏的灭火器。火灾报警系统和自动灭火系统应与空调、通风系统实现联动。为了在发生火灾或意外事故时方便人员迅速疏散，对于规模较大的建筑物，应设置直通室外的安全出口。除上述基础设施外，还应制定严格的管理措施，如禁止吸烟及随意动火、检修设备时必须先关闭电源、严禁存放易燃易爆物品等。

电缆和电气设备一旦收到水浸，其绝缘性能将大大降低，甚至不能工作。通常网络机房及其周围房间不应有用水设备，并且应采用在机房地面和墙壁使用防渗水和防潮材料、在机房四周加筑防水围墙、对屋顶进行防水处理、在地板下设置合适的排水设施、设置水淹报警装置等防水措施。

4.2.2　网络机房运行环境安全

1．网络机房的静电防护

计算机及网络设备主要由半导体元器件构成，对静电特别敏感，静电是引起计算机故障的重要原因之一。静电对电子设备的影响有两种表现形式：造成器件损坏和引起设备的误动作或运算错误。静电引起设备误动作或运算错误是由于静电带电体触及设备时会对计算机放电，从而使设备逻辑原件引入错误信号，导致设备运算出错，严重者会导致程序紊乱。如何防止静电的危害，与网络机房的结构和环境有关，通常应采用以下措施。

- 机房内采用的活动地板可由钢、铝或其他阻燃性材料制成。活动地板表面应是导静电的，严禁暴露金属部分。
- 机房内的工作台面及座椅垫套材料应是导静电的。
- 机房内的导体必须可靠接地，不得有对地绝缘的孤立导体。
- 导静电地面、活动地板、工作台面和座椅垫套必须进行静电接地。
- 静电接地的连接线应有足够的机械强度和化学稳定性。导静电地面和台面采用导电胶与接地导体黏接时，其接触面积不宜小于 $10\,cm^2$。
- 工作人员在工作时应穿戴防静电衣服和鞋帽，在拆装和检修设备时应在手腕上佩戴防静电手环。

2．网络机房的电磁防护

现代电子通信是建立在电磁信号传输的基础上，电磁场的开放性决定了电磁信号在传输过程中是容易被人拦截和探测到的。因此为了保证信息传输的安全，加强对电磁信号的检测和防护是很有必要的。另外，外界的电磁干扰会影响电子设备的正常运行和网络信号的传输质量，过量的电磁辐射也会对人体造成一定的伤害。通常要实现网络机房的电磁防护可以采用以下措施。

- 对机房的传输线路、重要设备加装屏蔽装置，防止外界电磁干扰和电磁信号泄漏。
- 对高压配电室、变压器等重辐射区应设立屏蔽区域，机房内部应多使用吸波材料减少电磁辐射。
- 涉及国家或企业机密的数据中心机房应设置电磁屏蔽室，即屏蔽机房。屏蔽机房的性能指标应依据国内相关标准执行。
- 机房内的工作人员应穿着防辐射服，进入重辐射区域工作的人员要穿全封闭的防护服。禁止带有金属移植件、心脏起搏器等装置的人员进入电磁辐射区。定期对相关工作人员进行身体检查。

【任务实施】

操作1　参观网络机房

参观校园或企业网络中心机房，查看机房中的计算机、网络设备、机柜、配线设备等网络组件，了解这些网络组件在网络中的作用以及其与整个网络的连接情况。查看机房中

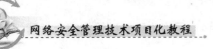

电源设备、空调设备、消防设备、照明设备、安全设备及其他设备，了解这些设备的作用。查看机房的装修情况，了解机房对装修的要求。与机房工作人员进行交流，了解该机房工作人员的工作任务和工作流程，了解该机房的管理制度。

操作2　认识和操作机房空调系统

由于网络机房的特殊性，网络机房不能使用一般建筑物中使用的舒适型空调，否则就可能会由于环境温湿度参数控制不当等因素而导致设备运行不稳定，数据传输受干扰，出现静电等问题，因此网络机房通常应选择机房专用精密空调。目前绝大部分机房专用空调都采用了优秀的人机交互界面，不但提供大屏幕的 LCD 背光显示和精确的微电脑控制系统，还采用先进的智能化控制技术，可以记录各主要部件的运行时间并设置参数自动保护。另外很多机房专用空调还配备标准的监控接口，提供标准的通信协议，可以实现机组自动切换、远程开关机和远程管理功能。由于不同厂家计算机机房专用空调的操作方法及相应的后台控制软件不尽相同，这里不再赘述，可参考相应产品的使用手册或其他相关文档。请实地考察校园网或企业网络中心机房的空调系统，了解该机房所使用的空调系统的基本情况，着重考察机房专用空调机的工作情况、技术指标和使用方法。

操作3　认识和操作机房消防系统

1. 认识机房消防系统

不同类型的计算机机房使用的消防系统不尽相同，一般小型机房可以使用小型气体灭火器，大型机房应设置火灾自动报警装置、气体消防灭火系统和应急广播。请实地考察校园或企业网络中心机房的消防系统，了解该机房所使用的消防系统的基本情况，着重考察该消防系统的组成结构及各部件的安装位置，了解消防系统的工作过程和使用方法。

2. 气体消防灭火系统的操作

气体消防灭火系统可分为管网灭火系统和无管网灭火系统。管网灭火系统应设有自动、手动和机械应急操作3　种启动方式，无管网灭火系统应设有手动和自动2种启动方式。图4-7给出了一种气体消防灭火系统的组成结构示意图。其基本操作如下。

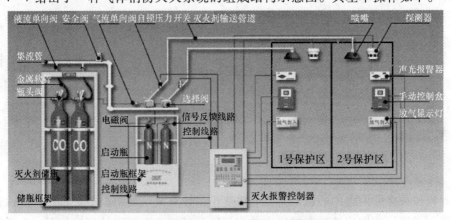

图4-7　气体消防灭火系统的组成结构示意图

（1）自动控制

将灭火控制器的控制方式选择键拨至"自动"位置，灭火系统将处于自动控制状态。当保护区发生火情时，火灾探测器发出火灾信号，经报警控制器确认后，灭火控制器即发出声、光报警信号，同时发出联动指令，经过一段延时时间后发出灭火指令，打开电磁瓶头阀释放启动气体，启动气体通过启动管路打开相应的选择阀和瓶头阀，释放灭火剂，实施灭火。

（2）手动控制

将灭火控制器的控制方式选择键拨至"手动"位置，灭火系统将处于电气手动控制状态。当保护区发生火情时，可按下手动控制盒或灭火控制器的"启动"按钮，灭火控制器即发出声、光报警信号，同时发出联动指令，经过一段延时时间后发出灭火指令，打开电磁瓶头阀释放启动气体，启动气体通过启动管路打开相应的选择阀和瓶头阀，释放灭火剂，实施灭火。

（3）机械应急操作

当保护区发生火情且灭火控制器不能有效地发出灭火指令时，应立即通知有关人员迅速撤离现场，打开或关闭联动设备，然后拔除相应保护区电磁瓶头阀上的止动簧片，压下电磁瓶头阀手柄，即打开电磁瓶头阀，释放启动气体。启动气体打开相应的选择阀、瓶头阀，释放灭火剂，实施灭火。

> **注意**
>
> 不同气体消防灭火系统的操作方法有所不同，实际操作时需认真阅读相应产品的操作手册或其他相关文档。

3．使用二氧化碳灭火器

二氧化碳灭火器主要用于扑救贵重设备、档案资料、仪器仪表、600 伏以下电气设备及油类的初起火灾。在小型网络机房可以配置手提式二氧化碳灭火器。

使用二氧化碳灭火器时，应先将灭火器提到起火地点，放下灭火器，拔出保险销，一只手握住喇叭筒根部的手柄，另一只手紧握启闭阀的压把。对没有喷射软管的二氧化碳灭火器，应把喇叭筒往上扳 70～90 度。使用时，不能直接用手抓住喇叭筒外壁或金属连线管，以防止手被冻伤。灭火时，当可燃液体呈流淌状燃烧时，使用者应将二氧化碳灭火剂的喷流由近而远向火焰喷射。如果可燃液体在容器内燃烧时，使用者应将喇叭筒提起，从容器的一侧上部向燃烧的容器中喷射，不能将二氧化碳射流直接冲击可燃液面，以防止将可燃液体冲出容器而扩大火势，造成灭火困难。在室外使用二氧化碳灭火器时，应选择上风方向喷射；在室内窄小空间使用的，使用者应迅速离开，以防窒息。

【技能拓展】

1．认识机房环境设备监控系统

机房的环境设备监控系统主要是对机房设备（如空调系统、消防系统、安保系统等）的运行状态，机房的温度、湿度、洁净度，供电的电压、电流、频率，配电系统的开关状

态等进行实时监控并记录历史数据，为机房的高效管理和安全运行提供有力的保障。请查阅机房环境设备监控系统的相关资料，了解其主要产品的功能及安装和使用方法。

2. 了解网络机房环境安全管理的其他内容

网络机房的安全管理应主要参照《电子信息系统机房设计规范》（GB 50174—2008）、《电子计算机场地通用规范》（GB 2887—2000）、《计算站场地安全要求》（GB 9361—1988）、《计算机信息系统安全等级保护通用技术要求》（GA/T 390—2002）等标准。请了解机房相关标准的主要内容，查阅相关资料，了解网络机房环境安全管理的其他要求和相关设备设施。

任务4.3　保障网络设备的物理安全

【任务目的】

（1）了解保障网络设备物理安全的一般要求；

（2）了解网络设备的供配电方式；

（3）熟悉 UPS 的使用和维护方法。

【工作环境与条件】

（1）校园网工程案例及相关文档；

（2）企业网工程案例及相关文档。

【相关知识】

4.3.1　网络设备物理安全的一般要求

由于网络设备主要放置于网络机房，所以网络设备的物理安全大多是建立在网络机房的安全管理上的。一般来说，网络设备的物理安全包括防火、防水、防盗、防静电、电磁防护等几个方面。

1. 防火

电气设备失火主要有外因和内因两个方面。外因主要是雷击、高压或人为造成的失火。内因主要是设备内部电路电流过载或短路造成的失火。设备防火主要应从环境上进行防护，网络机房通常会采用较完备的防火措施。对于机房外的网络设备，也应采取安装避雷装置、配置灭火系统、严格遵守供电规则等安全防护措施。

2. 防水

网络设备的防水主要指防潮、防湿。通常网络设备本身具有一定的防潮能力。只要保持空气中的湿度符合设备运行环境，基本上就可以达到防潮的目的。除在网络机房内采用防水措施外，对于机房外的网络设备和一些特殊情况，还可以采用以下措施：

- 设备周围放置干燥剂和干燥机，干燥剂要定期检查更换，以免失效；

- 对于贵重设备或空气湿度过高的环境，应配置专门的防潮机柜；
- 不得用水冲洗设备，在清洁设备外壳时只能用湿布擦拭；
- 在用湿拖布清洁地板时，必须把干燥机、空调打开，保持空气的干燥度。

3．防盗

由于网络设备比较贵重而且会保存重要的信息，一旦失盗就会造成很大的损失。为了避免失盗，通常可采用以下措施。

- 使用安全的门禁设备，防止非法人员进入场地。利用安全监控设备对关键位置进行实时监控。安排专人定期巡逻，防止偷盗事件的发生。
- 网络机房外的网络设备要锁到专用的机柜，大型设备周围要加装铁栅栏进行隔离。重要的设备可派专人看护。
- 网络设备上要做好无法去除的明显标记，以防设备被非法更换。
- 体积较小的设备（如硬盘、光盘等）不要随意摆放。

4．静电防护和电磁防护

网络设备的静电防护和电磁防护主要是从其环境上进行防护。网络设备的电磁防护的重点是防止电磁干扰。网络设备静电防护和电磁防护的具体措施可参考网络机房的相关内容，这里不再赘述。

4.3.2　网络设备的供配电

在目前广泛使用的电子设备中，其内部供电系统都装有高速欠压保护电路。当电网欠压时，电子设备靠储存在滤波电容、电感中的能量来维持存储器工作，一般能维持几毫秒，此时数据不会丢失。当供电电网瞬间中断10ms以上时，就会造成数据丢失。由此可见供配电系统的质量对于计算机、交换机等电子设备非常重要。

1．网络设备的供配电方式

网络设备所用的线制与额定电压常因国别而异。我国的电力系统采用的是三相四线制，其单相额定电压（即相电压）为220V，三相额定电压（即线电压）为380V，供电频率为50Hz（工频）。由于电网在运行过程中会受到很多因素的影响，总是处于不断波动的状态，这种波动如果超出了网络设备的用电范围，就会使其处于不稳定的运行状态，严重时还会损坏设备。通常网络设备可以采用以下供配电方式。

（1）直接供电方式

直接供电方式就是将市电直接接至配电柜，然后再分送给网络设备。直接供电系统只适用于电网质量的技术指标能满足网络设备的要求，且附近没有较大负荷的启动和制动以及电磁干扰很小的地方。直接供电方式的优点是供电简单、设备少、投资低、运行费用少、维修方便；其缺点是对电网质量要求高，对电源污染没有任何防护，易受电网负荷的变化影响。

（2）UPS供电方式

UPS（Uninterruptible Power Supply，不间断电源）伴随着计算机的诞生而出现，并随着计算机技术的发展逐渐被广大用户所接受。UPS在市电供应正常时由市电充电并储存电

能，当市电异常时由它的逆变器输出恒压的不间断电流继续为计算机系统供电，使用户能够有充分的时间完成计算机关机前的所有准备工作，从而避免了由于市电异常造成的用户计算机软硬件的损坏和数据丢失，保护用户计算机不受市电电源的干扰。在许多防间断和丢失的系统中，UPS 起着不可替代的作用。

（3）直接供电与 UPS 结合方式

为了防止网络辅助设备干扰计算机和网络设备，可将网络中的辅助设备如空调、照明设备等由市电直接供电；计算机和网络设备由 UPS 供电。这种方式不仅可以减少设备之间的相互干扰，还可以降低对 UPS 的功率要求，减少工程造价。

2. 供配电系统设置

（1）供配电系统配电柜

网络机房供配电系统的配电柜通常由空气低压断路器、电表、指示灯等机电元件组成，一般应设置在机房出入口附近，设在便于操作和控制的地方。为了避免电磁干扰和辐射，电力线在进入机房以后应用屏蔽线或金属屏蔽。从配电柜至有关设备的电缆，也应采用金属网屏蔽电缆。设计配电柜时，必须认真研究机房设备对供配电的要求。

（2）电源插座设置

对于网络中所有用电设备（包括客户机、服务器、网络设备等），都需要设置相应的电源插座为其供电。根据国家规定，单相电源的三孔插座与相电压的对应关系是：正视右孔对相（火）线，左孔对零线，上孔接地线。电源插座基本设置要求如下。

• 网络机房：对于新建建筑物的网络机房，可以预埋管道和地插电源盒，地插电源盒的线径可根据负载大小来定。电源插座数量一般可按每 100m^2 设置 40 个以上考虑，插座必须设置接地线。旧建筑物可破墙重新布线或走明线。电源插座数量一般可按每 100m^2 设置 $20\sim40$ 个考虑，插座必须设置接地线。插座要按顺序编号，并在配电柜上有对应的低压断路器控制。

• 电信间：电信间的插座数量按每 1m^2 设置 1 个或设备多少确定。

• 办公室（工作区）：在办公室或其他工作区内，通常应使用 UPS 为服务器、高档计算机供电；使用市电为照明、空调等设备供电。每个办公室的容量可按 $60\text{kVA}/\text{m}^2$ 以上考虑。电源插座的数量按每 100m^2 设置 20 个以上考虑，插座必须设置接地线，尽量做到与信息插座匹配。电源插座与信息插座的安装距离为 30cm。

4.3.3 UPS

1. UPS 的作用

在 UPS 出现之初，它仅被视为一种备用电源，但由于一般市电电网都存在质量问题，从而导致计算机系统经常受到干扰，造成敏感元件受损、信息丢失、磁盘程序被冲等严重后果。因此，UPS 日益受到重视，并逐渐发展成为一种具有稳压、稳频、滤波、抗电磁和射频干扰、防电压浪冲等功能的电力保护系统。

UPS 的保护作用首先表现在对市电电源进行稳压，此时 UPS 就是一台交流市电稳压器；同时，市电对 UPS 电源中的蓄电池进行充电。UPS 的输入电压范围比较宽，一般情况下从 170V 到 250V 的交流电均可输入；UPS 输出的电源质量是相当高的，后备式 UPS 输出电压稳定在 ±（5%～8%），输出频率稳定在 ±1Hz；在线式 UPS 输出电压稳定在 ±3% 以内，输出频率稳定在 ±0.5Hz。当市电突然停电时，UPS 立即将蓄电池的电能通过逆变转换器向计算机供电，使计算机得以维持正常的工作并保护计算机的软硬件不受损害。

2．UPS 的分类

UPS 电源主要分为后备式和在线式两种。如果再细分，还有在线互动式和后备式方波输出式等类型。

● 后备式 UPS 电源在市电正常时由市电经转换开关供电，当市电系统出现问题时才会由 UPS 的电池经逆变器转换向负载供电。目前大部分的后备式 UPS 都是一些低功率 UPS，一般不到 1kVA。后备式 UPS 电源的主要特点是线路简单，价格便宜，但抗电网污染能力差，通常只适合办公室、家庭等要求不高的场合。

● 在线式 UPS 电源在市电正常时的供电途径是市电→整流器→逆变器→负载，在市电中断时的供电途径是电池→逆变器→负载，因此不论外部电网状况如何，总能够提供稳定的电压。在线式 UPS 的容量从 1～100kVA 以上。虽然在线式 UPS 价格比后备式 UPS 贵些，但适合在电网质量差的环境下工作，也适合对供电质量要求较高的负载使用，目前网络机房中主要使用在线式 UPS。

按 UPS 输入输出相电压数量的不同，UPS 可以分为以下几种：

● 单相输入/单相输出，输出功率小于 10kVA；

● 三相输入/单相输出，输出功率为 10～20kVA；

● 三相输入/三相输出，输出功率大于 20kVA。

3．UPS 的供电方式

UPS 的供电方式分为集中供电方式和分散供电方式：集中供电方式是指由一台 UPS（或并机）向整个线路中各个负载装置集中供电；分散供电方式是指用多台 UPS 对多路负载装置分散供电。这两种供电方式有各自的优缺点，如表 4-8 所示。

表 4-8　UPS 的供电方式优缺点比较

集中供电方式	便于管理	布线要求高	可靠性低	成本高
分散供电方式	不便管理	布线要求低	可靠性高	成本低

4．UPS 的选购

选购 UPS 通常需要注意以下问题。

● 确认所需 UPS 的类型。对于金融、证券、电信、交通等重要行业，应选择性能优异、安全性高的在线式 UPS；对于家庭和一般办公室用户，可选择后备式 UPS。

● 确定所需 UPS 的功率。计算 UPS 功率的方法是：UPS 功率＝实际设备功率×安全系数。其中，安全系数是指大设备的启动功率，一般选 1.5。也可按照总负载功率应小于 UPS 额定输入功率的 80% 来确定所需 UPS 的功率。

● 考虑发展余量。除考虑实际负载外，还要考虑今后设备的增加所带来的增容问题，

因此 UPS 的功率应在现有负载的基础上再增加 15% 的余量。

● 选择品牌和售后服务。最好选择保修期长，售后服务及时周到的品牌。这样产品供应商可以方便地对其产品及时进行维护和维修，从而保证用户的正常使用。

【任务实施】

操作 1　认识网络的供配电系统

实地考察校园网或企业网络的供配电系统，了解其机房、设备间、电信间和工作区所采用的供配电方式。了解机房、设备间、电信间和工作区供配电系统的配置和相关设备，着重考察 UPS、配电柜、电源插座以及电力线缆的布线情况。

操作 2　使用和维护 UPS

UPS 有多种类型，下面以山特 K500UPS 为例完成 UPS 的使用和维护。

1. 认识 UPS

山特 K500 是专门针对 PC、小型工作站及工控产品用户设计的 UPS，属于后备式 UPS，具有自动稳压输出功能，能有效滤除各类电力干扰，还能够对打印机、扫描仪等外设提供电源防浪涌保护。图 4 - 8 给出了该 UPS 前面板和后面板的外观示意图。

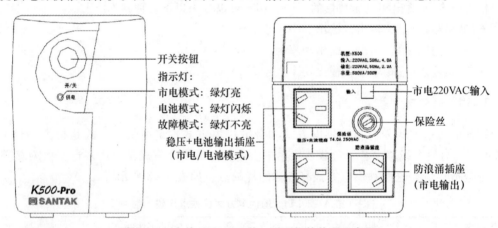

图 4 - 8　山特 K500UPS 前、后面板的外观示意图

2. 安装并使用 UPS

安装和使用 UPS 的基本操作步骤如下。

（1）将 UPS 放置于适当位置。通常 UPS 所放置的区域必须通风良好，远离水、可燃性气体或腐蚀剂，周围的环境温度保持在 0～40℃ 范围内。

（2）将需 UPS 持续供电的设备（如计算机、网络设备等）的电源线接至 UPS 的"稳压＋电池输出"插座；将打印机、扫描仪等不需 UPS 持续供电的设备接至 UPS 的"防浪涌"插座；将 UPS 输入插座接入室内的 220VAC 市电插座，确保零、火线正确及地线良好，如图 4 - 9 所示。

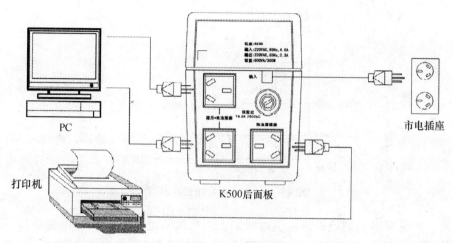

图4-9　UPS的安装

（3）一旦 UPS 有市电输入，"防浪涌"插座就会有电压输出，无须 UPS 开机。

（4）按 UPS 开关按钮，自检（蜂鸣器叫，绿灯亮）数秒后，蜂鸣器停止鸣叫，绿灯亮，"稳压＋电池输出"插座有电压输出，此时可开启计算机或网络设备。通常 UPS 电源开机、关机的正确操作顺序为：开机时，先开 UPS 电源，然后根据负载从大到小顺序开启；关机时，先关闭负载，再关闭 UPS 电源。注意不要频繁开关 UPS 电源，在 UPS 关闭后，至少停 1 分钟以上再重新开启。

（5）市电正常或电池供电时，"稳压＋电池输出"插座均能提供稳定的电压输出。一旦市电中断或超出正常电压范围，UPS 即转入后备电池供电状态，此时绿灯闪烁并伴随蜂鸣器的间歇鸣叫，此时需及时对计算机或网络设备进行存盘或关机等应急处理。

（6）UPS 自动保护关机或远程控制关机后，在市电恢复正常时会自动开机。

3. 维护和保养 UPS

通常 UPS 内部采用密封式免维护铅酸蓄电池，只要经常保持充电就可获得期望的使用寿命。UPS 在开机后将自动对电池进行充电。需要注意的是高温下使用 UPS 会缩短电池使用寿命，即使电池不使用，其性能也会逐渐下降。另外，在临近蓄电池使用期限时，电池性能会急剧下降。通常应定期对 UPS 电池进行检查，检查方法如下。

（1）UPS 接通市电，开机后对电池充电 16 小时以上。

（2）开启 UPS，接入负载并记录负载功率。

（3）拔下 UPS 的市电输入插头（模拟市电中断），UPS 进入电池模式，记录放电时间，直到 UPS 自动关机。

（4）将放电时间与图 4-10（初始放电时间）比较，确认是否在正常范围内。当放电时间下降到初始值的 50% 时，应更换电池。更换电池前需确认新电池参数与规格是否符合要求。

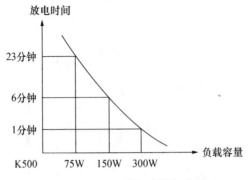

图 4-10 UPS 的初始放电时间

另外，如果 UPS 长期处于市电供电状态，应每隔一段时间对 UPS 电源进行一次人为断电，使 UPS 电源在逆变状态下工作一段时间，以激活蓄电池的充放电能力，延长其使用寿命。UPS 长期不用时，应每隔一段时间充电一次。切记切勿打开蓄电池，以免电解液伤害人体。

注 意

不同类型的 UPS 在使用和维护上有所不同，使用前请认真阅读其用户手册。

【技能拓展】

1. 认识闭路电视监控系统

闭路电视通常采用同轴电缆或光缆作为电视信号的传输介质，由于传输中不向空间发射信号，故统称闭路电视（CCTV）。闭路电视是一种集中型系统，不同于扩散型的广播电视，一般供监控和管理使用。典型的闭路电视监控系统主要由摄像机部分（有时还有话筒）、传输部分、控制部分以及显示和记录部分组成。闭路电视监控系统除了从多台摄像机同时接收视频信号外，还要向摄像机传送控制信号和电源，是一种双向的多路传输系统。请查阅闭路电视监控系统的相关资料，了解其主要产品的功能及安装和使用方法。

2. 认识防盗报警系统

防盗报警系统属于公共安全管理系统范畴，主要由报警探测器、报警控制器、传输系统、通信系统及保安警卫力量组成。高灵敏度的探测器用于获得侵入物的信号，然后以有线或无线的方式将信号传送到中心控制值班室，报警信号会以声或光的形式在建筑模拟图形屏幕显示，使值班人员能及时形象地获得发生事故的信息。由于防盗报警系统通常会采用探测器双重检测的设置及计算机信息重复确认处理，所以能达到报警信号的及时可靠并准确无误的要求，是建筑物的保安技防的重要技术措施。请查阅防盗报警系统的相关资料，了解其主要产品的功能及安装和使用方法。

3. 认识门禁系统

门禁系统顾名思义就是对出入口通道进行管制的系统，它是在传统的门锁基础上发展而来的。成熟的门禁系统通常由门禁控制器、读卡器（识别仪）、电控锁等组成，可以实现对通道进出权限的管理、实时监控、出入记录查询、异常报警等功能。请查阅门禁系统的相关资料，了解其主要产品的功能及安装和使用方法。

习　题　4

1．思考与问答

（1）简述网络综合布线系统的结构和组成。

（2）简述网络配线设备的作用。

（3）简述网络布线系统管理的一般要求。

（4）通常在网络机房中应采用哪些防火措施？

（5）通常在网络机房中应采用哪些电磁防护措施？

（6）通常对网络设备可以采用哪些供配电方式？

（7）简述 UPS 的作用和类型。

2．技能操作

（1）网络配线管理

【内容及操作要求】

• 在 19 英寸标准机柜安装双绞线配线架，并完成其与水平干线电缆的端接。

• 完成水平干线与信息插座的端接。

• 实现计算机设备和交换机与布线系统的连接。

• 在配线架、水平电缆、信息插座及跳线上进行标识管理。

【准备工作】

19 英寸标准机柜，双绞线配线架，RJ－45 信息模块，RJ－45 连接器，双绞线电缆，信息插座，其他相关设备和工具。

【考核时限】

120min。

（2）制定机房管理制度

【内容及操作要求】

请根据实际条件为所在学校网络实验室、数据中心机房或其他的网络机房，制定管理制度，并准备 15 分钟的发言，对其进行解释说明。

【准备工作】

能够接入 Internet 的 PC。

【考核时限】

120 min。

项目 5　网络设备安全管理

局域网中使用的网络设备主要包括交换机和路由器，它们是网络的基本组成部分，是网络运行的核心部件，因此合理地对网络设备进行相关设置保证其安全运行，不但是网络安全管理中至关重要的一环，也是实现网络安全管理的主要手段。本项目的主要目标是理解 ACL 的作用，掌握 ACL 的配置方法；熟悉保障网络设备管理访问安全的设置方法；能够通过对交换机和路由器进行相关配置实现网络的安全管理需求。

任务 5.1　配置 ACL

【任务目的】

（1）理解 ACL 的设计原则和工作过程；

（2）掌握标准 ACL 的配置方法；

（3）掌握扩展 ACL 的配置方法；

（4）掌握命名 ACL 的配置方法。

【工作环境与条件】

（1）路由器和交换机（本任务以 Cisco 系列路由器和交换机为例，也可选用其他设备。部分内容也可使用 Cisco Packet Tracer、Boson Netsim 等模拟软件完成）；

（2）Console 线缆和相应的适配器；

（3）安装 Windows 操作系统的 PC；

（4）组建网络的其他设备和部件。

【相关知识】

5.1.1　ACL 概述

Cisco IOS 通过 ACL（Access Control List，访问控制列表）实现流量控制的功能。ACL 使用包过滤技术，在网络设备上读取数据包头中的信息，如源地址、目的地址、源端口、目的端口及上层协议等，根据预先定义的规则决定哪些数据包可以接收、哪些数据包拒绝接收，从而达到访问控制的目的。早期只有路由器支持 ACL 技术，目前三层交换机和部分二层交换机也开始支持 ACL 技术。ACL 通常可以应用于以下场合：

- 过滤相邻设备间传递的路由信息；
- 控制交互式访问，防止非法访问网络设备的行为，例如可以利用 ACL 对 Console、Telnet 或 SSH 访问实施控制；
- 控制穿越设备的流量和网络访问，例如可以利用 ACL 拒绝主机 A 访问网络 A；
- 通过限制对某些服务的访问来保护网络设备，例如可以利用 ACL 限制对 HTTP、SNMP 的访问；

- 为 IPsec VPN 定义相关数据流；
- 以多种方式在 Cisco IOS 中实现 QoS（服务质量）特性；
- 在其他安全技术中的扩展应用，例如 TCP 拦截、IOS 防火墙等。

5.1.2　ACL 的执行过程

ACL 是一组条件判断语句的集合，主要定义了数据包进入网络设备端口及通过设备转发和流出设备端口的行为。ACL 不过滤网络设备本身发出的数据包，只过滤经过网络设备转发的数据包。当一个数据包进入网络设备的某个端口时，网络设备首先要检查该数据包是否可路由或可桥接，然后会检查在该端口是否应用了 ACL。如果有 ACL，就将数据包与 ACL 中的条件语句相比较。如果数据包被允许通过，就继续检查路由表或 MAC 地址表以决定转发到的目的端口。然后网络设备将检查目的端口是否应用了 ACL，如果没有应用，数据包将直接送到目的端口并从该端口输出。

ACL 按各语句的逻辑次序顺序执行，如果与某个条件语句相匹配，则数据包将被允许或拒绝通过，而不再检查剩下的条件语句；如果数据包与第一条语句没有匹配，则将继续与下一条语句进行比较；如果与所有的条件语句都没有匹配，则该数据包将被丢弃。

> **注意**
>
> 在 ACL 的最后会强加一条拒绝全部流量的隐含语句，该语句是看不到的。

5.1.3　ACL 的类型

Cisco IOS 可以配置很多类型的 ACL，包括标准 ACL、扩展 ACL、命名 ACL、使用时间范围的时间 ACL、分布式时间 ACL、限速 ACL、设备保护 ACL、分类 ACL 等。

1. 标准 ACL

标准 ACL 是最基本的 ACL，只检查可以被路由的数据包的源地址，从而允许或拒绝基于网络、子网或主机 IP 地址的某一协议通过路由器，其工作流程如图 5-1 所示。从路由器某一端口进来的数据包经过检查其源地址和协议类型，并与 ACL 条件判断语句相比较，如果匹配，则执行允许或拒绝操作。通常要允许或阻止来自某一网络的所有通信流量，或者要拒绝某一协议的所有通信流量时，可以使用标准 ACL 来实现。

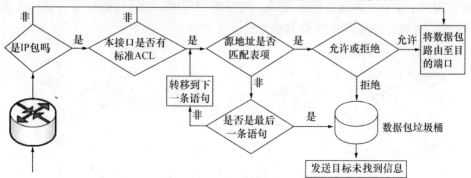

图 5-1　标准 ACL 的工作流程

2. 扩展 ACL

扩展 ACL 可以根据数据包的源地址、目的地址、协议类型、端口号和应用来决定允许或拒绝发送该数据包，因此比标准 ACL 提供了更广阔的控制范围和更多的处理方法。路由器根据扩展 ACL 检查数据包的工作流程如图 5-2 所示。

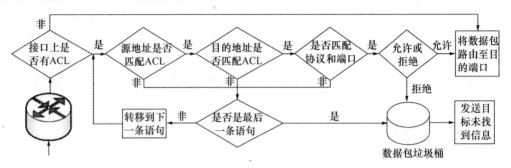

图 5-2 扩展 ACL 的工作过程

3. 命名 ACL

Cisco IOS 系统的 11.2 版本引入了命名 ACL，命名 ACL 允许在标准 ACL 和扩展 ACL 中使用一个字母数字组合的字符串来代替数字作为 ACL 的表号。使用命名 ACL 有以下优点。

● 不受标准 ACL 和扩展 ACL 数量的限制。标准 ACL 的表号应该是一个从 1～99 或 1300～1999 之间的数字，扩展 ACL 的表号应该是一个从 100～199 或 2000～2699 之间的数字。

● 可以方便地对 ACL 进行修改，而无须删除 ACL 后再对其进行重新配置。

【任务实施】

操作 1 配置标准 ACL

在如图 5-3 所示的网络中，2 台 Cisco 2811 路由器通过串行端口相互连接，相关的 IP 地址信息如图所示。整个网络配置 RIP 路由协议，保证网络正常通信。要求在 RTB 上配置标准 ACL，允许 PC1 访问路由器 RTB，但拒绝 192.168.1.0/24 网络中的其他主机访问 RTB，并允许连接在路由器 RTA 的其他主机访问 RTB。

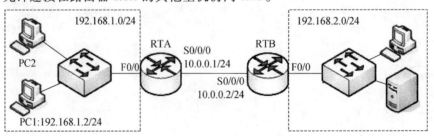

图 5-3 标准 ACL 配置示例

1. 配置 RIP 路由协议

路由器 RTA 的配置如下：

```
Router > enable
Router# configure terminal
Enter configuration commands,one per line. End with CNTL/Z.
Router(config)# hostname RTA                    //将路由器命名为 RTA
RTA(config)# interface FastEthernet0/0
RTA(config-if)# ip address 192.168.1.1 255.255.255.0      //为 F0/0 端口设置 IP 地址
RTA(config-if)# no shutdown                     //启用 F0/0 端口
RTA(config-if)# interface Serial0/0/0
RTA(config-if)# ip address 10.0.0.1 255.255.255.252       //为 S0/0/0 端口设置 IP 地址
RTA(config-if)# clock rate 2000000              //为 S0/0/0 端口定义时钟
RTA(config-if)# no shutdown                     //启用 S0/0/0 端口
RTA(config-if)# exit
RTA(config)# router rip                         //启用 RIP 路由协议
RTA(config-router)# version 2                   //使用 RIPv2
RTA(config-router)# no auto-summary             //关闭自动汇总
RTA(config-router)# network 192.168.1.0   //RIP 将通告 192.168.1.0 网段
RTA(config-router)# network 10.0.0.0      //RIP 将通告 10.0.0.0 网段
RTA(config-router)# end
```

路由器 RTB 的配置如下：

```
Router > enable
Router#configure terminal
Enter configuration commands,one per line. End with CNTL/Z.
Router(config)# hostname RTB
RTB(config)# interface FastEthernet0/0
RTB(config-if)# ip address 192.168.2.1 255.255.255.0
RTB(config-if)# no shutdown
RTB(config-if)# interface Serial0/0/0
RTB(config-if)# ip address 10.0.0.2 255.255.255.252
RTB(config-if)# no shutdown
RTB(config-if)# exit
RTB(config)# router rip
RTB(config-router)# version 2
RTB(config-router)# no auto-summary
RTB(config-router)# network 192.168.2.0   //RIP 将通告 192.168.2.0 网段
RTB(config-router)# network 10.0.0.0      //RIP 将通告 10.0.0.0 网段
RTB(config-router)# end
```

2. 配置标准 ACL

在路由器 RTB 的配置如下：

```
RTB(config)# access - list 1 permit host 192.168.1.2
//定义 1 号标准 ACL,当主机源地址为 192.168.1.2 时允许该入口的通信流量
RTB(config)# access - list 1 deny 192.168.1.0 0.0.0.255
//定义 1 号标准 ACL,当源地址网络标识为 192.168.1.0 时拒绝该入口的通信流量
RTB(config)# access - list 1 permit any
//定义 1 号标准 ACL,当源地址为其他时允许该入口的通信流量。这行非常重要,若不设置,路由器
将拒绝其他所有流量
RTB(config)# interface s0/0/0
RTB(config - if)# ip access - group 1 in
//将 1 号标准 ACL 应用于该端口,in 表示对输入数据生效,out 表示对输出数据生效
```

注意

标准 ACL 的表号应该是一个从 1～99 或 1300～1999 之间的数字。另外可以使用通配符掩码来设置路由器需要检查的 IP 地址位数，通配符掩码是一个 32 位二进制数，前一部分为 0 表示路由器需要检查的部分，后一部分为 1 表示路由器不需要检查的部分。例如若源地址为 192.168.3.0，通配符掩码为 0.0.0.255，则表示路由器只检查 IP 地址的前 24 位，必须与 192.168.3.0 精确匹配，后 8 位的值可以任意；可以通过在 access - list 前加 no 的形式来删除一个已经建立的标准 ACL。

3. 验证标准 ACL

配置完标准 ACL 后，可以通过以下命令进行验证。

```
RTB# show access lists      //显示 ACL
Standard ip access list 1
   10   permit 192.168.1.2
   20   deny 192.168.1.0, wildcard bits 0.0.0.255(16 matches)
   30   permit any (18 matches)
RTB# show ip interface    //查看 ACL 作用在 IP 接口上的信息
```

操作 2   配置扩展 ACL

在如图 5-4 所示的网络中，2 台 Cisco 2811 路由器通过串行端口相互连接，相关的 IP 地址信息如图所示。整个网络配置 RIP 路由协议，保证网络正常通信。要求在 RTA 上配置扩展 ACL，实现以下功能：

- 允许网络 192.168.1.0/24 的主机访问 Web 服务器 192.168.2.251；
- 拒绝网络 192.168.1.0/24 的主机访问 FTP 服务器 192.168.2.251；
- 拒绝网络 192.168.1.0/24 的主机 Telnet 路由器 RTB；
- 拒绝主机 PC1 利用 ping 命令测试与路由器 RTB 的连通性。

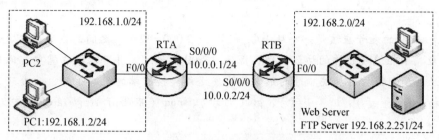

图 5 - 4　扩展 ACL 配置示例

1. 配置 RIP 路由协议

具体的配置过程与上例相同,这里不再赘述。

2. 配置扩展 ACL

在路由器 RTA 的配置如下:

```
RTA(config)# access - list 100 permit tcp 192.168.1.0 0.0.0.255 host 192.168.2.251 eq 80
// 定义 100 号扩展 ACL,允许网络标识为 192.168.1.0/24 的主机与主机 192.168.2.251 的 80
端口建立 TCP 连接,Web 服务器的默认端口为 80
RTA(config)# access - list 100 deny tcp 192.168.1.0 0.0.0.255 host 192.168.2.251 eq 20
// 定义 100 号扩展 ACL,拒绝网络标识为 192.168.1.0/24 的主机与主机 192.168.2.251 的 20
端口建立 TCP 连接,FTP 服务器的默认数据端口为 20
RTA(config)# access - list 100 deny tcp 192.168.1.0 0.0.0.255 host 192.168.2.251 eq 21
// 定义 100 号扩展 ACL,拒绝网络标识为 192.168.1.0/24 的主机与主机 192.168.2.251 的 21
端口建立 TCP 连接,FTP 服务器的默认控制端口为 21
RTA(config)# access - list 100 deny tcp 192.168.1.0 0.0.0.255 host 10.0.0.2 eq 23
// 定义 100 号扩展 ACL,拒绝网络标识为 192.168.1.0/24 的主机与主机 10.0.0.2 的 23 端口
建立 TCP 连接,Telnet 的默认端口为 23,10.0.0.2 为路由器 RTB 的 S0/0/0 端口 IP
RTA(config)# access - list 100 deny tcp 192.168.1.0 0.0.0.255 host 192.168.2.1 eq 23
// 定义 100 号扩展 ACL,拒绝网络标识为 192.168.1.0/24 的主机与主机 192.168.2.1 的 23 端
口建立 TCP 连接,Telnet 的默认端口为 23,192.168.2.1 为路由器 RTB 的 F0/0 端口 IP
RTA(config)# access - list 100 deny icmp host 192.168.1.2 host 10.0.0.2
// 定义 100 号扩展 ACL,拒绝主机 192.168.1.2 向主机 10.0.0.2 发送 ICMP 报文
RTA(config)# access - list 100 deny icmp host 192.168.1.2 host 192.168.2.1
// 定义 100 号扩展 ACL,拒绝主机 192.168.1.2 向主机 192.168.2.1 发送 ICMP 报文
RTA(config)# access - list 100 permit ip any any
// 定义 100 号扩展 ACL,允许其他的 IP 连接
RTA(config)# interface f0/0
RTA(config - if)# ip access - group 100 in
```

注意

　　扩展 ACL 的表号应该是一个从 100～199 或 2 000～2 699 之间的数字；在定义扩展 ACL 时应指明拒绝或允许的协议类型、源地址和目标地址，并可以根据需要在源地址或目的地址后使用操作符加端口号的形式指明发送端和接收端的端口条件，此处可用的操作符包括 eq（等于）、lt（小于）、gt（大于）、neq（不等于）和 range（包括的范围）等。

3. 验证扩展 ACL

验证扩展 ACL 的过程与验证标准 ACL 相同，这里不再赘述。

操作 3　配置命名 ACL

1. 配置标准命名 ACL

在如图 5－5 所示的网络中，1 台 Cisco 2811 路由器通过串行端口接入 Internet，相关的 IP 地址信息如图所示。现要求在路由器 RTA 上进行配置，以阻塞来自网络 192.168.1.0/24 的全部通信流量，而允许转发其他部门的通信流量。

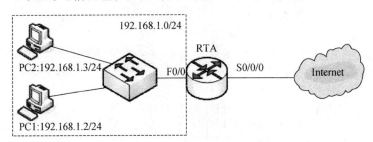

图 5－5　命名 ACL 配置示例

配置过程为：

```
RTA(config)# ip access – list standard ac1_std     //定义 1 个名为 ac1_std 的标准 ACL
RTA(config – std – nac1)# deny 192.168.1.0 0.0.0.255
RTA(config – std – nac1)# permit any
RTA(config – std – nac1)# exit
RTA(config)# interface f0/0
RTA(config – if)# ip access – group ac1_std in
```

2. 配置扩展命名 ACL

若在如图 5－5 所示的网络中，只拒绝来自网络 192.168.1.0/24 的 FTP 和 Telnet 通信的流量通过路由器 RTA，则配置过程为：

```
RTA(config)# ip access – list extended ac1_ext    //定义 1 个名为 ac1_ext 的扩展 ACL
RTA(config – ext – nac1)# deny tcp 192.168.1.0 0.0.0.255 any eq 20
RTA(config – ext – nac1)# deny tcp 192.168.1.0 0.0.0.255 any eq 21
RTA(config – ext – nac1)# deny tcp 192.168.1.0 0.0.0.255 any eq 23
RTA(config – ext – nac1)# permit ip any any
RTA(config – ext – nac1)# exit
RTA(config)# interface f0/0
RTA(config – if)# ip access – group ac1_ext in
```

【技能拓展】

利用 ACL 实现网络设备的流量控制是网络安全管理的基本手段。在本次任务中我们只在路由器上进行了标准 ACL、扩展 ACL 和命名 ACL 的设置，实际上不同品牌和型号的网络设备其支持的 ACL 类型并不相同。请查阅相关技术资料和产品手册，了解目前主流路由器产品所支持的 ACL 类型及其基本设置方法。

任务5.2　保障网络设备管理访问安全

【任务目的】

（1）熟悉网络设备的管理访问方式；

（2）理解 AAA 安全服务及相关认证协议；

（3）掌握保障网络设备管理访问安全的基本设置方法。

【工作环境与条件】

（1）交换机和路由器（本任务以 Cisco 系列路由器和交换机为例，也可选用其他设备。部分内容也可使用 Cisco Packet Tracer、Boson Netsim 等模拟软件完成）；

（2）Console 线缆和相应的适配器；

（3）安装 Windows 操作系统的 PC；

（4）组建网络的其他设备和部件。

【相关知识】

目前局域网中的交换机和路由器都是可以配置的，并且支持多种管理访问方式。如果非授权人员获得了网络设备的管理访问权限，就有可能更改其运行状态，或者获得对网络中其他系统的访问权限，这会造成极大的安全威胁。因此保证网络设备管理访问的安全是一项极其重要的安全管理任务。

5.2.1　网络设备的管理访问方式

目前网络设备的管理访问方式主要包括本地控制台登录方式和远程配置方式。

1. 本地控制台登录方式

通常网络设备上都提供了一个专门用于管理的接口（Console 端口），可使用专用线缆

将其连接到计算机串行口，然后即可利用计算机超级终端程序对该设备进行登录和配置。由于远程配置方式需要通过相关协议以及网络设备的管理地址来实现，而在初始状态下，网络设备并没有配置管理地址，所以只能采用本地控制台登录方式。由于本地控制台登录方式不占用网络的带宽，因此也被称为带外管理。

2. 远程配置方式

为了实现网络设备的远程配置，在第一次配置该设备时，需为其配置管理地址、设备名称等参数，并选择启动设备上的相关服务。网络设备的远程配置方式包括以下几种。

（1）Telnet 远程登录方式

可以在网络中的其他计算机上通过 Telnet 协议来连接登录网络设备，从而实现远程配置。在使用 Telnet 进行远程配置前，应确认已经做好以下准备工作：

● 在用于配置的计算机上安装了 TCP/IP 协议，并设置好 IP 地址信息；

● 在被配置的设备上已经设置好 IP 地址信息；

● 在被配置的设备上已经建立了具有权限的用户；如果没有建立新用户，Cisco 设备默认的管理员账户为 admin。

（2）SSH 远程登录方式

Telnet 是以管理目的远程访问设备最常用的协议，但 Telnet 会话的一切通信都以明文方式发送，因此很多已知的攻击其主要目标就是捕获 Telnet 会话并查看会话信息。为了保证设备管理的安全和可靠，可以使用 SSH（Secure Shell，安全外壳）协议来进行访问。SSH 使用 TCP 22 端口，利用强大的加密算法进行认证和加密。SSH 目前有两个版本，SSHv1 是 Telnet 的增强版，存在一些基本缺陷；SSHv2 是 SSH 的修缮和强化版本。使用 SSH 协议，再配合运用 TACACS + 或 RADIUS 的 AAA 认证机制，是对网络设备进行安全、可扩展的管理访问的最佳解决方案。

（3）HTTP 访问方式

目前很多网络设备都提供 HTTP 配置方式，只要在计算机浏览器的地址栏输入"http://设备的管理地址"，此时将弹出用户认证对话框，输入具有权限的用户名和密码后即可进入设备的配置页面，从而对该设备的参数进行修改和设置，并可实时查看其运行状态。在使用 HTTP 访问方式进行远程配置前，应确认已经做好以下准备工作：

● 在用于配置的计算机上安装 TCP/IP 协议，并设置好 IP 地址信息；

● 在用于配置的计算机中安装有支持 Java 的 Web 浏览器；

● 在被配置的设备上已经设置好 IP 地址信息；

● 在被配置的设备上已经建立了具有权限的用户；

● 被配置的设备支持 HTTP 服务，并且已经启用了该服务。

（4）SNMP 远程管理方式

SNMP 是一个应用广泛的管理协议，它定义了一系列标准，可以帮助网络设备之间交换管理信息。如果网络设备上设置好 IP 地址信息并开启了 SNMP 协议，那么就可以利用安装了 SNMP 管理工具的计算机对该设备进行远程管理访问。

（5）辅助接口

有些网络设备带有辅助（aux）接口。当没有任何备用方案和远程接入方式可以选择时，可以通过调制解调器连接辅助接口实现对设备的管理访问。

5.2.2 用户账户和特权级别

1. 用户账户

用户账户是进行身份验证实现网络设备安全访问的基本保证。用户账户需要在全局配置模式下进行配置，管理员可以对每个用户账户指派不同的特权级别和密码。配置后的用户账户会保存在网络设备的本地数据库中。通常应为能够操作网络设备的每个用户单独创建账户，这样当用户更改网络设备配置文件时，管理员就可以根据用户名追踪查看是哪个用户修改了配置文件。另外，单独的用户账户也可以让管理员对不同用户分别进行计费和审计。

2. 密码

验证用户身份主要依靠用户名和密码的组合，Cisco IOS 提供了以下密码类型。
- 明文密码：这种密码会以明文的形式保存在设备的配置文件中，用户可以浏览，是一种不安全的密码类型。
- 7 类密码：使用 Cisco 私有的加密算法对密码进行加密，但这种算法相对比较脆弱，目前有很多破解工具可以对其进行破解。可以通过命令"username"、"line password"等来应用 7 类密码。
- 5 类密码：使用 MD5 散列算法加密密码，由于加密过程不可逆，所以一般认为该类算法比较强大，通常只能进行暴力破解。通常网络设备应尽量采用 5 类密码，5 类密码可以通过命令"enable secret"、"username secret"等来应用。

> **注意**
>
> 为了避免字典攻击，网络设备的密码也要采用安全的复杂密码。

3. 特权级别

Cisco IOS 有 16 个特权级别：0～15。默认情况下，Cisco IOS 提供了以下 3 种预定义的特权级别。
- 特权级别 0：能够运行 disable、enable、exit、help 和 logout 命令。
- 特权级别 1：即用户模式，可以运行"Router >"提示符下的命令，是 Telnet 的正常级别。
- 特权级别 15：即特权模式，可以运行"Router#"提示符下的命令。

在 Cisco IOS 系统中，管理员可以自行对特权级别 2～14 进行定义，可以在全局配置模式下更改或设置某一条命令的特权级别，也可以在线路配置模式下更改其默认安全级别。

5.2.3 AAA 安全服务体系

1. AAA 概述

网络访问控制是网络安全中最为重要的衡量标准之一，AAA 安全服务可以同时对能够访问网络设备的用户，以及这个用户能够访问的服务进行控制。它能够将访问控制配置在路由器、交换机等网络设备上，并通过这种方式实现网络安全的基本架构。AAA 是一个由 3 个独立安全功能构成的安全体系结构。

- 认证（Authentication）：认证功能可以通过用户当前的有效数字证书来识别哪些用户是合法用户，从而使其可以访问网络资源，数字证书可以是用户名和密码。另外，认证还可以提供复核与应答、消息支持以及加密等服务。

- 授权（Authorization）：授权功能可以在用户获得访问权限后，进一步执行网络资源的安全策略。授权可以提供额外的优先级控制功能，如更新基于每个用户的 ACL 或分配 IP 地址信息，也可以进一步控制用户可以使用的服务，如限制用户可以执行的配置命令。

- 审计（Accounting）：审计功能可以记录用户对各种网络服务的用量，获得资源的使用情况，并提供给计费系统，如用户登录的起始和结束时间、用户用过的 IOS 命令、流量的相关信息等。

AAA 安全服务既可以控制对网络设备的管理访问，如 Console 或 Telnet 访问，也能够管理远程用户的网络访问，如 VPN 客户端或拨号客户端。

2．AAA 认证协议

AAA 安全服务既可以通过网络设备上的本地数据库实施，也可以通过安全服务器实现。利用本地数据库实施 AAA 功能时，用户名和密码数字证书将保存在本地数据库中，并使用 AAA 服务对其进行调用，这种方式不具备扩展性，主要适合用户人数不多，只有少量设备的网络环境。要想在最大程度上体现 AAA 的优势，实现网络控制，就应通过部署了认证协议的安全服务器来实现 AAA 的功能。RADIUS 和 TACACS＋是目前应用最为广泛的认证协议，可以使网络免遭非法的流量访问。

（1）RADIUS

RADIUS（Remote Authentication Dial In User Service，远程认证拨入用户服务）是在网络设备和认证服务器之间进行认证授权计费和配置信息的协议。图 5－6 给出了 RADIUS 的基本模型。

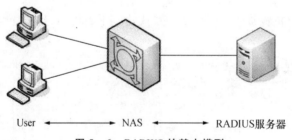

User ←——→ NAS ←——→ RADIUS服务器

图 5－6　RADIUS 的基本模型

RADIUS 协议具有以下特点。

- 客户机/服务器模式：RADIUS 客户端可以是任何网络接入设备（NAS），如路由器、交换机、无线接入点或防火墙，它可以将认证请求发送给 RADIUS 服务器，而用户访问信息的配置文件就保存在该服务器中。

- 安全性：RADIUS 服务器与 NAS 之间使用共享密钥对敏感信息进行加密，该密钥不会在网络上传输。

- 可扩展的协议设计：RADIUS 使用 AVP（Attribute－Length－Value，属性－长度－

值）数据封装格式，用户可以自定义其他私有属性，扩展 RADIUS 的应用。

● 灵活的鉴别机制：RADIUS 服务器支持 PAP、CHAP、UNIX login 等多种认证方式对用户进行认证。

RADIUS 利用 UDP 协议实现客户端与服务器之间的通信，其中认证和授权请求使用UDP1812 端口，审计请求使用 UDP1813 端口。在 RADIUS 中，认证和授权信息被组合在一个数据包中，而审计使用了单独的数据包。利用 RADIUS 协议进行认证和授权的通信过程如下。

● 当用户登录 NAS 时，RADIUS 通信会被触发，NAS 将向服务器发送访问请求数据包，该数据包中包含了用户名、加密过的密码、NAS 的 IP 地址和端口号等信息。

● RADIUS 服务器收到访问请求数据包后会首先核对用户的共享密钥，如果共享密钥不一致或者错误，那么服务器会自动丢弃访问请求数据包。如果核对无误，服务器会根据用户数据库中的信息处理访问请求数据包。

● 如果用户名能够在数据库中找到，密码也是有效的，那么服务器会向客户端返回访问接受数据包。该数据包中会携带一个 AVP 列表，列表中描述了用来建立此次会话的参数，如服务类型、协议类型、分配给用户的 IP 地址、访问列表参数等。

● 如果用户名无法在数据库中找到，或者密码错误，那么服务器会向客户端发送访问拒绝数据包。当授权失败的时候，服务器也会发送访问拒绝数据包。

（2）TACACS +

TACACS +（Terminal Access Controller Access Control System，终端访问控制器访问控制系统）是 AAA 体系中常用的安全协议，可以为访问网络设备的用户提供中心化的认证功能。TACACS + 采用了模块化的方式，能够为 NAS 分别提供认证、授权和审计服务。Cisco 的很多设备都可以实施 TACACS + 协议，如路由器、交换机、防火墙和安装 Cisco Secure ACS（访问控制服务器）软件的 TACACS + 服务器。

TACACS + 使用 TCP 传输协议，客户端和服务器可以通过 TCP49 端口进行通信。在建立 TCP 连接后，NAS 会与 TACACS + 服务器通信，并分别提示用户输入用户名和密码。用户输入的用户名和密码会被发送给服务器，服务器会使用本地数据库或外部数据库核实用户的输入是否有效，最后用户会收到服务器返回的响应（接受或拒绝）。在成功通过了认证步骤之后会触发授权功能（如果 NAS 上启用了该功能），TACACS + 服务器会返回一个接受或拒绝授权的响应信息。接受相应信息中包含了属性值（也称 AV 对）数据，这些属性值数据能够实现各种服务和功能，决定了用户能够访问的网络资源。

表 5 - 1 对 RADIUS 和 TACACS + 协议进行了对比。

表 5 - 1　RADIUS 和 TACACS + 协议的对比

对比项	RADIUS	TACACS +
产品应用	工业标准，完全公开，多厂商设备对其支持	Cisco 私有
传输协议	UDP	TCP
AAA 支持	认证和授权合用同一个数据包，审计使用单独的数据包	符合 AAA 架构，3 项服务都使用独立的数据包
复核响应	单个复核响应	多重复核响应
协议支持	不支持 NetBEUT	支持所有协议
安全性	只加密数据包中的密码	加密整个数据包

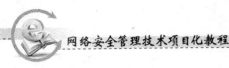

注 意

根据 IETF 的说法，Diameter 协议将为下一代 AAA 服务提供全新的框架，能满足诸如移动 IP 的 AAA 应用。该协议的相关知识请查阅相关资料，这里不再赘述。

【任务实施】

操作 1　网络设备安全访问的基本设置

1. 设置 enable 口令和 Banner 信息

设置 enable 口令（进入特权模式口令），可以使用以下两种配置命令：

```
Router(config)# enable password abcdef      // 设置特权模式口令为 abcdef
Router(config)# enable secret abcdef        // 设置特权模式口令为 abcdef
```

两者的区别为：第一种方式所设置的密码是以明文的方式存储的，在 show running - config 命令中可见；第二种方式所设置的密码是以密文的方式存储的，在 show running - config 命令中不可见。

Banner 是一种信息消息，它可以显示给那些接入设备的用户。因此 Banner 消息对于网络安全管理非常有利，通过该消息可以对未授权用户的行为给予警告。其设置方法为：

```
Router(config)# banner motd #
//设置每日提示信息命令,当有用户连接设备时,该信息将在所有与该设备相连的设备上显示出来
Enter TEXT message. End with the character "#".
WARNING: You are connected to $(hostname) on the System, Incorporated network. #
//输入每日提示信息,以"#"结束, $(hostname)将被相应的配置变量取代
Router(config)# banner login #
//设置登录信息命令,该信息会在每日提示信息出现之后,登录提示符出现之前显示
Enter TEXT message. End with the character "#".
WARNING: Unauthorized access and use of this network will be vigorously prosecuted. #
```

注 意

在 Banner 信息中绝对不要使用"Welcome"或者其他类似的热情话语，否则可能会被误解为邀请访问网络设备。

2. 配置 Console 接口安全访问

默认情况下 Console 接口没有配置密码。另外用户在操作结束后，应立刻退出 Console 接口的登录状态，可以为 Console 线路的 EXEC 会话配置超时时间，这样如果用户忘记退出或长时间使会话处于空闲状态，设备就会自动注销会话以保证安全。Console 接口安全

访问的具体配置方法为：

```
Router(config)# line console 0              //选择配置 Console 线路
Router(config-line)# exec-timeout 10 0      //设置强制退出的会话空闲时间为 10 分钟
Router(config-line)# password con3456+      //设置 Console 线路密码为 con3456+
Router(config-line)# login                  //打开登录密码检查
```

3．配置 Telnet 安全访问

与 Console 接口类似，VTY 链路上也没有预配密码。使用安全的密码和访问控制机制来保护这些链路是十分必要的。另外，还可以使用 ACL 来进一步深化对访问的控制。Telnet 安全访问的具体配置方法为：

```
Router(config)# access-list 10 permit host 192.168.10.254
Router(config)# access-list 10 permit 192.168.20.0 0.0.0.255
Router(config)# line vty 0 4
Router(config)# access-class 10 in
//将 10 号标准 ACL 应用于 VTY 线路，只允许主机 192.168.10.254 和网段 192.168.20.0/24
中的计算机通过 vty 线路访问设备
Router(config-line)# exec-timeout 10 0
Router(config-line)# transport input telnet
//使管理线路只对 Telnet 协议打开，可以使用 transport input all 命令使其对全部协议打
开，也可自行选择其他相关协议来放行相应数据流量
Router(config-line)# password tel3456+      // 设置密码为 tel3456+
Router(config-line)# login
```

> **注意**
>
> 如果通过 Telnet 对特权 EXEC 模式进行访问，必须也要使用 enable password 或 enable secret 命令配置进入特权 EXEC 模式的 enable 密码。

4．使用 SSH 协议访问 VTY

为了保证设备管理的安全和可靠，可以使用 SSH 协议访问 VTY，具体配置方法为：

```
Router(config)# hostname RTA               //修改路由器主机名
RTA(config)# username user1 password cis3456+   //创建用户账户
RTA(config)# ip domain-name router.hhh.com  // 设置路由器的域名
RTA(config)# crypto key generate rsa
//生成加密密钥，密钥的名称为 rta.router.hhh.com，需选择输入密钥的位数
RTA(config)# access-list 10 permit host 192.168.10.254
RTA(config)# access-list 10 permit 192.168.20.0 0.0.0.255
```

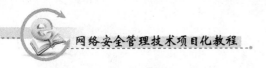

```
RTA(config)# line vty 0 4
RTA(config)# access - class 10 in
RTA(config - line)# exec - timeout 10 0
RTA(config - line)# transport input ssh        //使管理线路只对 SSH 协议打开
RTA(config - line)# password ssh3456 +         //设置密码为 ssh3456 +
RTA(config - line)# login
```

> **注意**
>
> 由于 Windows 自带的 Telnet 组件不支持 SSH，因此要使用 SSH 协议管理网络设备，必须在客户机上安装使用第三方软件，目前常用的有 Putty、SecureCRT 等。请查阅相关资料，了解这些软件的使用方法，限于篇幅这里不再赘述。

5. 配置 HTTP 安全访问

可以在全局配置模式下使用命令"ip http server"启用 HTTP 服务器功能。另外，在 Cisco IOS 12.2（15）T 及后续版本中，增加了 HTTPS（安全 HTTP）服务器特性，因此也可以在全局配置模式下使用命令"ip http secure - server"启用 HTTPS 服务器功能。为了提高安全性，建议使用 HTTPS 服务器功能，并使用命令"no ip http server"来禁用 HTTP 服务器功能。

默认情况下，HTTP 服务器使用 TCP80 端口，而 HTTPS 使用 TCP443 端口。可以使用命令"ip http port {port}"和命令"ip http secure - port {port}"自行定义端口，当然自定义的端口必须大于 1024。

为了进一步提高网络的安全性，可以利用认证机制对用户进行认证，并且使用访问控制列表来确保只有授权的用户可以访问设备。命令"ip http access - class {access - list - number}"可以将访问控制列表应用于 HTTP 访问。命令"ip http authentication"支持通过 AAA、enable、local 等方式对用户进行认证。

> **注意**
>
> 如果不使用 HTTP 和 HTTPS 服务，则一定要在全局配置模式下用命令"no ip http server"和"no ip http secure - server"将其禁用。

操作 2 设置用户账户和特权

1. 创建用户账户

创建用户账户，可以使用以下配置命令：

```
Router(config)# username user1 privilege 1 password aaa3456 +
//创建用户名为 user1、具有 1 级特权、密码为 aaa3456 + 的用户
Router(config)# username user2 privilege 15 secret bbb3456 +
//创建用户名为 user2、具有 15 级特权、密码为 bbb3456 + 的用户
```

两者的区别为：第一种方式所设置的密码是以明文的方式存储的，在 show running – config 命令中可见；第二种方式所设置的密码是以密文的方式存储的，在 show running – config 命令中不可见。

2. 密码加密

如果通过明文的 Telnet 访问设备，只要输入"show running – config"命令就可以通过协议分析工具看到密码。在全局模式下，可以使用命令"service password – encryption"对配置文件中的密码进行加密。在 Cisco IOS 12.3（1）及其后续版本中，可以用命令"security passwords min – length"来设置所有密码的最少字符数，可以用命令"security authentication failure rate"设置允许用户尝试登录的最大次数。

3. 配置特权级别

在 Cisco IOS 系统中，可以自行对特权级别 2～14 进行定义。如果要创建一个 5 级的用户账户并且使其能够使用部分 IOS 命令（15 级），具体配置方法为：

```
Router(config)# username user3 privilege 5 password ccc3456 +
Router(config)# privilege exec level 5 show running – config
//定义级别 5 能够在 EXEC 模式使用 show running – config 命令
Router(config)# privilege exec all level 5 clear
//定义级别 5 能够在 EXEC 模式使用 clear 命令以及 clear 以下的所有子命令
Router(config)# privilege exec level 5 write memory
Router(config)# privilege exec level 5 configure terminal
Router(config)# privilege configure level 5 interface
//定义级别 5 能够在 configure 模式使用 interface 命令
Router(config)# line vty 0 4
Router(config – line)# password tel3456 +
Router(config – line)# privilege level 5       //限定用 telnet 密码登录的用户级别为 5
Router(config – line)# login
```

4. 保护 ROMMON

默认情况下，Cisco IOS 允许在启动的 60 秒内按下键盘上的 break 键进入 ROMMON 模式。进入该模式后，任何人都可以利用已知的 Cisco 密码恢复程序来选择输入一个新的 enable secret 密码。如果要防止此类风险，可在全局配置模式下使用"no service password – recovery"命令，使用户不能通过按 break 键进入 ROMMON 模式。

操作 3　配置 AAA

1. 利用 enable 口令进行认证

如果要通过网络设备上的 enable 口令实施 AAA 安全服务，则设置方法为：

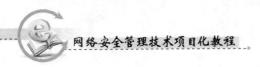

```
Router(config)# enable secret 478mnu +
Router(config)# aaa new – model
//启用 AAA,该命令可以让网络设备忽略之前配置的其他认证方法
Router(config)# aaa authentication login default enable
//设置默认认证方法为利用 enable 口令进行认证
Router(config)# line console 0
Router(config-line)# login authentication default    //Console 接口登录采用默认认证方法
Router(config)# line vty 0 4
Router(config-line)# login authentication default    //Telnet 登录采用默认认证方法
```

2. 利用本地数据库进行认证

如果要通过网络设备上的本地数据库实施 AAA 安全服务，则设置方法为：

```
Router(config)# enable secret 478mnu +
Router(config)# username user password aaa111 +
Router(config)# aaa new – model
Router(config)# aaa authentication login default local
//设置默认认证方法为利用本地数据库进行认证
Router(config)#line console 0
Router(config-line)# login authentication default
Router(config)# line vty 0 4
Router(config-line)# login authentication default
```

3. 利用 RADIUS 服务器进行认证

如果要通过网络设备连接的 RADIUS 服务器实施 AAA 安全服务，则设置方法为：

```
Router(config)#enable secret 478mnu +
Router(config)#username user password aaa111 +
Router(config)#aaa new – model
Router(config)#aaa authentication login vty – in group radius local
//创建一个名为 vty-in 的认证方法,该方法使用 RADIUS 服务器进行认证,如果认证失败,就用
本地用户账户进行认证
Router(config)# radius – server host 192.168.2.2    //设置 RADIUS 服务器 IP 地址
Router(config)# radius – server key future1234 + +    //定义 RADIUS 流量使用的密钥
Router(config)# line vty 0 4
Router(config-line)#login authentication vty – in    //Telnet 登录采用 vty-in 的认证方
法
```

4. 利用 TACACS + 服务器进行认证

如果要通过网络设备连接的 TACACS + 服务器实施 AAA 安全服务，则设置方法为：

```
Router(config)# enable secret 478mnu +
Router(config)# username user password aaa111 +
Router(config)# aaa new – model
Router(config)# aaa authentication login console – in group tacacs + local
//创建一个名为 console – in 的认证方法,该方法使用 TACACS + 服务器进行认证,如果认证失
败,就用本地用户账户进行认证
Router(config)# tacacs – server host 192. 168. 2. 3        //设置 TACACS + 服务器 IP 地址
Router(config)# tacacs – server key future8746 + +        //定义 TACACS + 流量使用的密钥
Router(config)# line console 0
Router(config – line)# login authentication console – in    //采用 console – in 的认证方法
```

▌注 意

　　以上只实现了利用 AAA 安全服务进行用户身份认证。在全局配置模式下可以使用 aaa authorization 命令设置对用户访问权限进行限制的参数，也可以使用 aaa accounting 命令设置对用户操作进行审计的参数。请查阅相关技术资料和产品手册了解相关命令的使用方法。

操作4　禁用不必要的功能和协议

1. Cisco 发现协议（CDP）

CDP 是 Cisco 的私有协议，可用于发现大多数运行在数据链路层以上的 Cisco 设备。网络管理软件和网络攻击者可以利用该协议对网络进行探测，并且检索到相邻 Cisco 设备的重要信息。默认情况下，CDP 是启用的，每一个支持 CDP 的接口都会收发 CDP 信息。禁用该协议的配置方法为：

```
Router(config)# interface FastEthernet0/0
Router(config – if)# no cdp enable        //禁用 Fa0/0 接口上的 CDP 功能
Router(config – if)# exit
Router(config)# no cdp run               //在整个设备上禁用 CDP 协议
```

2. Finger 协议

Finger 协议可以让用户获得当前正在使用某网络设备的全部用户列表。对于网络攻击者来说，该协议在网络探测阶段将发挥重要的作用。默认情况下，该协议在 Cisco IOS 12.1（5）及后续版本中是禁用的，如果该协议被启用，可以在全局配置模式下使用命令

"no ip finger"或"no service finger"将其禁用。

3. DHCP 与 BOOTP 协议

Cisco IOS 集成了 DHCP（动态主机配置协议）的服务器与客户机功能。DHCP 协议基于 BOOTP 协议，它们共享 UDP 67 端口。可以在全局配置模式下分别使用命令"no ip bootp server"和"no service dhcp"禁用这两个协议。

4. 自动加载设备配置

Cisco IOS 支持设备从网络中的服务器上自动加载配置文件。因为配置文件在传输过程中以明文方式传递，所以该功能不宜使用。禁用该功能的配置方法为：

```
Router(config)# no service config
Router(config)# no boot network
```

5. IP 源路由

IP 协议允许源 IP 主机指定一条路由来穿越网络，这种方式被称为源路由。源路由通过 IP 头部的一个可选项来指定。当指定了源路由之后，Cisco IOS 就会根据其来发送数据包，而不按照路由表中的路由信息来选择传输路径。IP 源路由可以被网络攻击者利用来获取非法的路径。在 Cisco IOS 中，IP 源路由功能是默认启用的，可以在全局配置模式下使用"no ip source – route"命令禁用该功能。

6. 无故 ARP

无故 ARP 是设备主动提供的 ARP 广播，广播中包含了客户端主机的 IP 地址及路由器的 MAC 地址。当客户端通过 PPP 进行协商和建立连接时，Cisco 设备就会发送无故 ARP 消息。无故 ARP 默认情况下在所有接口启用。可以在全局配置模式下使用"no ip gratuitous – arps"命令禁用该功能。

7. IP 重定向

当网络设备在转发某数据包时发现其出站接口与入站接口相同，那么网络设备会发送一个 ICMP 重定向消息向主机通告一个新的网关，让主机把后续去往同一目的地址的数据包都发送给新的网关。在 Cisco IOS 12.1（3）T 及后续版本中，如果配置了 HSRP（热备份路由器协议），将默认启用 ICMP 重定向消息。建议不要在不信任的接口上使用该功能，可以在接口配置模式下使用"no ip redirect"命令在相应接口上禁用该功能。

8. ICMP 不可达

如果网络设备收到了一个以自己为目的的非广播数据包，并且发现该数据包使用了无法识别的协议，就会向数据包的源地址发送一个 ICMP 不可达消息。除此之外，网络设备还可以用 ICMP 不可达消息向主机通告自己无法将数据包转发给目的地址。网络攻击者可以向网络设备发送大量伪造的数据包，这些数据包的源地址各不相同且是随机的，如果网络设备对其都进行响应，会严重影响性能。要禁用 ICMP 不可达消息，可以在接口配置模式下使用"no ip unreachables"命令。

> **注意**
>
> 网络设备支持功能和协议很多，需根据具体的网络环境和安全要求对其开启或禁用，限于篇幅以上只给出了禁用部分功能和协议的方法，其他内容请查阅相关技术资料和产品手册。

【技能拓展】

1. 认识和使用 SDM

SDM（Security Device Manager，安全设备管理器）是 Cisco 公司提供的一套易用的、基于浏览器的设备管理工具。该工具利用 Java 技术和交互配置向导使用户无须了解命令行接口（CLI）就可以完成对 IOS 设备的状态监控、安全审计和功能配置。使用 SDM 可以方便快捷地完成像 QoS、Easy VPN Server、IPS、DHCP Server、动态路由协议等较为复杂的配置任务，从而简化管理员的工作量和出错概率。在使用 SDM 进行管理时，用户到 IOS 设备之间将使用加密的 HTTP 连接及 SSH v2 协议，安全可靠。目前 Cisco 的大部分中低端路由器都可以支持 SDM。请查阅相关技术资料和产品手册，了解 SDM 的安装和使用方法。

2. 认识和使用 Cisco Secure ACS

在 Windows 操作系统中安装和运行的 Cisco Secure ACS 软件能够提供一种可扩展的、集中式的访问控制解决方案。ACS 可以实现 AAA 安全服务体系中服务器的功能，能够针对不同用户分别实施安全策略，以实现对用户访问网络和网络资源更细化的管理。请查阅相关技术资料和产品手册，了解 Cisco Secure ACS 的安装和使用方法。

任务5.3　路由协议安全管理

【任务目的】

（1）了解路由协议安全管理的一般方法；

（2）熟悉增强 RIP 安全的基本设置方法；

（3）熟悉增强 OSPF 安全的基本设置方法。

【工作环境与条件】

（1）交换机和路由器（本任务以 Cisco 系列路由器和交换机为例，也可选用其他设备；部分内容也可使用 Cisco Packet Tracer、Boson Netsim 等模拟软件完成）；

（2）Console 线缆和相应的适配器；

（3）安装 Windows 操作系统的 PC；

（4）组建网络的其他设备和部件。

【相关知识】

在目前的网络结构中，主要由路由协议控制数据的流动方向，所以必须确保路由协议

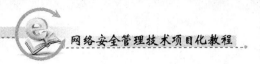

与网络安全管理的需求相一致，安全的路由体系结构会使网络更不容易受到攻击。

5.3.1　路由控制与过滤

路由过滤是指对进出站路由进行控制，在路由更新中抑制某些路由不被发送和接收，从而使得路由器只学到必要、可预知的路由，并只向其信任路由器通告必要的、可预知的路由。适当的路由过滤对于网络安全管理是非常重要的。对于一个有路由连接到 Internet 的局域网来说，可以使用路由过滤以过滤那些进入专用网络的路由和不受欢迎的路由，确保只有真正包含在内部网络的路由才允许被通告。

路由过滤对距离矢量路由选择协议和对链路状态路由选择协议的影响稍有不同。运行距离矢量协议的路由器是基于自身路由表通告路由的，因此路由过滤会对路由器通告给邻居路由器的路由有影响。运行链路状态协议的路由器是基于自身链路状态数据库确定路由的，由于路由过滤对链路状态的通告或链路状态数据库没有影响，所以路由过滤只会对配置了过滤的路由器的路由表产生影响，而不会对邻居路由器的路由表有任何影响。正因为这种特性，路由过滤主要被用在进入链路状态域的重新分配点上，例如 OSPF 的 ASBR（自治系统边界路由器），在那里路由过滤可以控制进入或离开该域的路由。

实现路由控制和过滤的方法很多，不同的路由协议也有所不同。例如通常可以通过在路由器上配置被动接口（passive‑interface），不允许路由更新消息从该接口发送，从而使该接口所连接的路由器无法获得路由信息，实现路由控制和过滤。在 OSPF 路由域中，如果路由器接口被配置为被动接口，则该接口将不发送 OSPF 的 Hello 报文，所以该接口不可能有邻居存在，也不会交换路由。而 RIP 路由器接口在被配置为被动接口后，虽然不能发送路由更新消息，但还可以接收路由更新消息，而且 RIP 还可以通过定义邻居的方式实现只给指定的路由器发送更新报文。

5.3.2　路由协议的认证

发布虚假路由是网络攻击常用的一种手段。例如某些路由协议会采用组播的方式发送路由更新消息，网络监听者就可以采用相同的方式伪造组播报文，使被攻击的路由器将数据发送到不正确的地址。目前大部分路由协议在进行路由更新消息交换时，可以通过携带特定的消息字段来进行认证，从而保证安全。不同路由协议的认证配置有较大不同，通常可以使用明文认证和密文认证两种方式。

1. 明文认证

明文认证是在路由器上设置一个明文字符串（Key），将其随路由更新消息一起发送到其他路由器，如果在其他路由器上设置了相同的字符串，则认证成功，该路由器将获取路由更新消息。明文认证并不是安全的认证方式，很容易被网络攻击者截获并用来伪造消息。

2. 密文认证

密文认证采用了数据加密技术，具有更高的安全性。目前路由协议的加密认证主要采用 MD5 – HMAC 算法。在密文认证中，发送端路由器会将路由更新消息作为输入文本，利用设置的密钥和散列函数进行计算得到一个散列值，并将该散列值和路由更新消息一起发送给其他路由器。接收路由器将收到的路由更新消息作为输入文本，把自身的密钥放入散列函数，计算出一个新的散列值，将其与发送路由器传来的散列值进行比较，如果相同则认证成功，该路由器将获取路由更新消息。

【任务实施】

操作 1　RIP 安全设置

RIP（Routing Information Protocol，路由信息协议）是一种分布式的基于距离矢量的路由选择协议，是 Internet 的标准内部网关协议。通常可以采用以下措施确保 RIP 的安全。

1. 配置 RIP 认证

RIP 支持明文认证和 MD5 密文认证两种认证方式。例如在图 5 – 3 所示的网络中，路由器 RTA 和 RTB 之间已通过 RIP 实现了网络正常通信，如果要在路由器 RTA 和 RTB 之间配置 RIP 认证以确保安全，则配置过程如下。

（1）定义密钥库

```
RTA(config)# key chain RTA          //在路由器上定义一个密钥库
RTA(config-keychain)# key 1
RTA(config-keychain-key)# key-string mike      //定义并设定第一个密钥
RTA(config-keychain-key)# key 2
RTA(config-keychain-key)# key-string mary
//可以在一个密钥库定义多个密钥,并可以设定每个密钥的有效时间
```

（2）将密钥库应用于接口

```
RTA(config)# interface Serial0/0/0
RTA(config-if)# ip rip authentication key-chain RTA      //指定接口使用的密钥库
RTA(config-if)# ip rip authentication mode md5          //指定接口使用 MD5 密文认证
```

认证必须在两台路由器上都进行配置，如果只配置一台，那么两台路由器都不能接收对方的路由更新信息。路由器 RTB 的配置过程与 RTA 相同，这里不再赘述。

▼ 注 意

默认情况下 RIP 认证会采用明文认证，发送方会将密钥库中 key ID 最小的密钥以明文方式（不携带 key ID）发送给接收方，接收方会将其与应用于本地接口的密钥库中的所有密钥进行匹配，如果匹配成功则认证通过。如果采用 MD5 认证，则发送方也会将 key ID 最小的密钥（携带 key ID）发送给接收方，接收方在进行验证时，如果有 key ID 匹配，则检查密钥，若匹配则通过认证，不匹配则认证失败；如果没有 key ID 匹配，则查找 key ID 大的密钥，若匹配则通过认证，不匹配则认证失败。

2. 配置被动接口

在图 5 - 3 所示的网络中，路由器 RTA 的 F0/0 端口没有与其他路由器相连，如果该端口也发送路由更新消息的话，那么连接在该端口上的网络用户将很容易截获网络路由信息，并利用其对网络进行攻击。因此可将该端口配置为被动接口，配置过程为：

```
RTA(config)# router rip                          //启用 RIP 路由协议
RTA(config - router)# version 2                  //使用 RIPv2
RTA(config - router)# passive – interface FastEthernet0/0
//将 FastEthernet0/0 配置为被动接口
```

> **注 意**
>
> 可以在特权模式下使用 "debug ip rip" 命令查看 RIP 路由更新消息的发送和接收情况。该命令会影响路由器性能，可使用 "no debug ip rip" 命令关闭调试信息。

操作 2   OSPF 安全设置

OSPF（Open Shortest Path First，开放最短路径优先协议）是一种典型的链路状态路由协议，一般用于一个自治系统内。自治系统是指一组通过统一的路由协议互相交换路由信息的网络。在自治系统内，所有的 OSPF 路由器都维护一个相同的描述自治系统结构的数据库，该数据库中存放的是自治系统相应链路的状态信息，OSPF 路由器正是通过这个数据库计算出其 OSPF 路由表的。通常可以采用以下措施确保 OSPF 的安全。

1. 配置 OSPF 认证

由于 OSPF 有区域的概念，所以其认证比较灵活，既可以在区域进行认证也可以在接口上进行认证。在区域配置明文认证的方法为：

```
Router(config)# router ospf 1
Router(config - router)# area 0 authentication     //在区域 0 启用明文认证
Router(config - router)# exit
Router(config)# interface FastEthernet0/0
Router(config - if)# ip ospf authentication – key mary   //配置认证密钥
```

在区域配置 MD5 认证的方法为：

```
Router(config)# router ospf 1
Router(config - router)# area 0 authentication message – digest   //在区域 0 启用 MD5 认证
Router(config - router)# exit
Router(config)# interface FastEthernet0/1
Router(config - if)# ip ospf message – digest – key 1 md5 mike   //配置认证 key ID 和密钥
```

在接口配置 MD5 认证的方法为：

```
Router(config)# interface FastEthernet1/0
Router(config-if)# ip ospf authentication message-digest    //接口启用认证
Router(config-if)# ip ospf message-digest-key 1 md5 rose    //配置认证 key ID 和密钥
```

2. 配置被动接口

对于不需要发送路由更新消息的接口，可以将其配置为被动接口，配置方法为：

```
Router(config)# router ospf 1
Router(config-router)# passive-interface FastEthernet0/1
```

3. 配置路由器 ID

默认情况下，OSPF 进程会选择路由器所有接口中最高的 IP 地址作为路由器的 ID。如果该接口受到攻击而崩溃，则路由器将不得不重新选择路由器 ID，然后重新计算路由信息，这将极大降低网络的稳定性和收敛速度。如果路由器配置了回环接口，则路由器将优先采用回环接口的 IP 地址作为路由器 ID，从而提高稳定性。配置路由器回环接口的方法为：

```
Router(config)# interface loopback 0
Router(config-if)# ip address 1.1.1.1 255.255.255.0
```

当然也可以通过直接指定路由器 ID 达到相同效果，配置方法为：

```
Router(config)# router ospf 1
Router(config-router)# router-id 1.1.1.1    //指定路由器 ID
```

4. 配置 SPF 计时器

在 OSPF 中，如果网络拓扑结构发生变化，路由器将利用 SPF（Shortest Path First，最短路径优先算法）重新计算路由。由于网络中的冗余设计需要较长时间才能发挥作用，因此可以利用 SPF 计时器抑制路由器进行 SPF 计算的时间，增加网络在受到攻击时的稳定性。SPF 计时器有以下两个参数。

- SPF-delay：延迟时间（单位为秒），指 OSPF 从收到拓扑变化到开始 SPF 计算的时间间隔，默认时间为 5 秒。
- SPF-interval：间隔时间（单位为秒），指两个连续的 SPF 计算之间的最小时间间隔，默认时间为 10 秒。

配置 SPF 计时器的方法为：

```
Router(config)# router ospf 1
Router(config-router)#timers spf 10 20    //配置 SPF 延迟时间为 10 秒,间隔时间为 20 秒
```

5. 配置 OSPF 非广播邻居

OSPF 路由器通常采用广播方式发送路由更新消息，为了防止攻击，可以将一些链路的通信方式设定为组播或单播方式。配置方法为：

```
Router(config)# interface Serial0/0/0
Router(config-if)# ip ospf network point – to – multipoint non – broadcast
//OSPF 使用多点传送方式在网络上发送协议数据包
Router(config)# router ospf 1
Router(config-router)# neighbor 172.1.1.1    //在路由器 OSPF 进程中配置邻居
```

> **注 意**
>
> 限于篇幅，以上只完成了增强 RIP 和 OSPF 安全的基本设置，RIP 和 OSPF 安全的其他设置方法请查阅相关技术手册。

【技能拓展】

网络中常用的路由协议除 RIP、OSPF 外，还有 IGRP（Interior Gateway Routing Protocol，内部网关路由协议）、EIGRP（Enhanced Interior Gateway Routing Protocol，增强的内部网关路由协议）、BGP（Border Gateway Protocol，边界网关协议）等，请查阅相关技术资料和产品手册，了解其他常用路由协议的基本安全管理方法。

任务5.4　网络接入层安全管理

【任务目的】

（1）熟悉基于端口的流量控制的相关概念和管理方法；

（2）熟悉私有 VLAN 的相关概念和管理方法；

（3）能够利用交换机的安全特性实现网络接入层的安全管理。

【工作环境与条件】

（1）交换机和路由器（本任务以 Cisco 系列路由器和交换机为例，也可选用其他设备；部分内容也可使用 Cisco Packet Tracer、Boson Netsim 等模拟软件完成）；

（2）Console 线缆和相应的适配器；

（3）安装 Windows 操作系统的 PC；

（4）组建网络的其他设备和部件。

【相关知识】

在目前的网络结构中，交换机将直接面向大量用户提供接入服务，而数据链路层本身存在着诸多缺陷，因此要实现网络的整体安全，必须充分利用交换机提供的安全特性来保护网络中的数据和设备自身，降低网络接入层的风险。

5.4.1　端口安全和端口阻塞

1. 端口安全

端口安全可以识别哪些主机 MAC 地址允许访问交换机端口，从而限制访问交换机的行为。端口安全可以使用以下方法来实施。

- 静态的安全 MAC 地址：由管理员手动配置，相关地址会保存在 MAC 地址表及配置文件中。
- 动态的安全 MAC 地址：由交换机动态学习，相关地址会存储在 MAC 地址表中，当交换机掉电或重启，这些地址会消失。
- Sticky 安全 MAC 地址：这类 MAC 地址既可以动态学习，也可以手动指定，并且会存储在 MAC 地址表中。如果保存了系统配置文件，那么即使交换机重启，也无须重新发现这些 MAC 地址。

如果将安全的 MAC 地址分配给某个端口，那么当数据包源 MAC 地址不在安全地址之列时，交换机将不会转发该数据包，并可自动进入以下模式。

- 保护（Protect）：在这种模式下，所有源 MAC 地址未知的单播和组播数据包都会被丢弃，不会有任何通告信息发送出来。
- 限制（Restrict）：当安全 MAC 地址的数量达到端口设定数量上限时，所有源 MAC 地址未知的数据包都会被丢弃，除非安全 MAC 地址的数量减少到上限以下。在这种模式下，设备会对事件发送通告并保存系统日志。
- 关闭（Shutdown）：在这种模式下，端口会进入 Error – disable 状态，状态指示灯随之熄灭。在这种模式下，设备也会保存系统日志。

2. 端口阻塞

当数据包到达交换机时，交换机会查看 MAC 地址表，以判断应将该数据包从哪一个端口转发出去。如果交换机在其 MAC 地址表中找不到符合的地址，那么交换机就会向同一个广播域（VLAN）中的所有端口广播该数据包。而发送未知单播/组播流量到一个隔离端口是存在着安全隐患的。可以用端口阻塞可以用来防止端口转发未知单播/组播流量。

5.4.2　风暴控制和端口隔离

1. 风暴控制

如果恶意数据包在局域网内部广播，产生超过网络承载能力的多余流量并影响了网络性能，那么就认为发生了一次网络风暴。目前很多交换机都会提供风暴控制功能，该功能可以让物理接口的广播、组播和单播流量无法对正常的网络流量形成干扰。风暴控制功能会不断监控端口的入站流量，并根据以下两种方式来衡量相应流量是否需要进行抑制。

- 传输流量占端口总带宽的百分比。可以单独对广播、组播和单播流量进行监控。
- 接口接收广播、组播和单播数据包的流量速率，即该接口每秒收到了多少数据包。

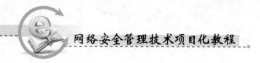

无论使用哪种方式，只要监控所得数值超过了限定值，端口就会被阻塞，所有的后续流量都将被过滤。而且只要端口处于阻塞状态，它就会不断地丢弃数据包，直到监控所得数值降低到限定值之下，端口才会恢复到正常状态。

2．端口隔离

端口隔离可以建立一道如防火墙般的屏障来隔离通信，具有以下特性：

• 交换机不能为隔离端口之间转发流量（无论是广播、组播还是单播），它们之间的数据转发必须通过三层设备以路由的方式来完成；

• 诸如路由更新之类的管理流量可以直接在隔离端口间通过交换机转发；

• 隔离端口和未隔离端口之间的流量以默认形式正常转发。

需要注意的是，端口隔离只具有本地意义，也就是说不能在位于两台不同交换机的两个端口上起到这种隔离效果。

5.4.3　PVLAN

PVLAN 即私有 VLAN（Private VLAN），它采用两层 VLAN 隔离技术，可以阻止同一个 VLAN 内端口间的相互通信，提供端口级别的安全功能，而不管这些端口是否位于同一交换机上。PVLAN 中的端口只能和某个指定的路由器接口进行通信（大多数情况下会指定与其默认网关进行通信）。PVLAN 可以和普通 VLAN 在同一台交换机中共存，当然很多情况下使用了 PVLAN 的网络就没有必要再额外添加 VLAN 了。PVLAN 通常由主 VLAN、辅助 VLAN（包括孤立 VLAN 和团体 VLAN）以及杂合端口组成。

• 杂合端口：杂合端口可以和 PVLAN 中的所有端口通信，包括孤立端口和团体端口。杂合端口通过访问控制列表来判断哪些 VLAN 之间的流量可以通过自己。

• 孤立 VLAN：孤立 VLAN 中的端口称为孤立端口。孤立端口只能与同一个 PVLAN 中的杂合端口进行通信，同其他端口的通信将一概被隔离。孤立 VLAN 承载了从孤立端口去往杂合端口的流量。

• 团体 VLAN：团体 VLAN 中的端口称为团体端口。处于同一团体 VLAN 中的端口相互之间可以通信，也可以和杂合端口进行通信，但无法同其他团体 VLAN 及孤立 VLAN 中的端口进行通信。团体 VLAN 承载了同一团体 VLAN 中不同团体端口间的流量，也承载了从这些团体端口去往杂合端口的流量。

• 主 VLAN：承载了从杂合端口去往孤立端口和团体端口的流量，也承载了同一个主 VLAN 中不同杂合端口之间的流量。

5.4.4　交换机访问控制列表

交换机支持通过以下 4 种 ACL 进行流量过滤。

1．路由器 ACL

路由器 ACL 用来在交换机虚拟接口（SVI）上进行流量过滤。所谓 SVI 接口就是三层 VLAN 接口，工作在三层的物理接口或工作在三层的 Ether Channel 接口。路由器 ACL 既支持标准 ACL，也支持扩展 ACL，配置方法与任务 5.1 相同。

2．端口 ACL

端口 ACL 可以配置在交换机的二层端口上，它既可以对 IP 流量进行过滤，也可以对非 IP 流量（利用 MAC ACL）进行过滤，并且只能过滤入站流量。交换机处理端口 ACL 的过程与处理路由器 ACL 类似，它会检查某个特定端口上的 ACL 及其特征，然后根据该 ACL 的包过滤原则决定哪些包应该放行，哪些包应该丢弃。如果把 ACL 应用在 Trunk 端口上，它会对通过该端口的所有 VLAN 流量进行有选择的过滤。

> **注 意**
>
> Ether Channel 接口不支持端口 ACL。

3．VLAN ACL（VACL）

VLAN ACL（也称为 VLAN Map）可以对所有类型的流量进行相应过滤，只要这些流量位于指定 VLAN 中，或者这些流量需要通过路由的方式流入、流出该 VLAN。VACL 是由硬件来处理的，无论访问列表有多庞大，也不会影响网络性能，因此也被称为线速 ACL。

4．MAC ACL

MAC ACL 也称为以太网 ACL，可以通过 MAC 地址信息来过滤某个 VLAN 或二层物理端口中的流量。MAC ACL 也只能过滤入站的流量。

5.4.5　动态 ARP 监控（DAI）

地址解析协议（ARP）工作在数据链路层，可以用 ARP 缓存建立 IP 地址到 MAC 地址的映射关系。恶意用户可以拦截同一个网段中去往其他主机的数据包，并在网络中广播伪造的 ARP 响应，从而毒化该网段中其他设备的 ARP 缓存。所谓毒化就是在其他设备的 ARP 缓存中会生成一条错误的 ARP 条目，并最终导致将数据发往错误的目的地。

动态 ARP 监控可以用来核实网络中的 ARP 数据包，它可以把一个 IP 到 MAC 地址绑定的映射关系储存进一个可靠的数据库（如 DHCP Snooping 绑定表），并在将数据包转发到目的地之前，用这个数据库对其进行核实。如果发现 ARP 数据包的 IP – MAC 地址映射关系是无效的，它就会丢弃这个数据包。当 DHCP Snooping 特性在 VLAN 或者交换机上启用时，DHCP Snooping 绑定表就会生成。动态 ARP 监控可以保护网络免受多种已知的中间人攻击，确保交换机只转发有效的 ARP 请求/响应。

> **注 意**
>
> 动态 ARP 监控只监控入站数据包，而不监控出站数据包。另外 DHCP Snooping 绑定表只存在于 DHCP 环境，而在非 DHCP 环境中，用户需要通过自定义 ARP ACL 来静态配置主机的 IP – MAC 地址映射，动态 ARP 监控根据 ARP ACL 对数据包进行检查。

【任务实施】

操作 1　配置端口安全

在如图 5 – 7 所示的网络中，两台交换机通过 FastEthernet0/1 端口相连，如果要使得交换机 SWB 只转发 PC1 和 PC2 的数据包，不转发交换机 SWA 连接的其他计算机的数据包，则配置过程为：

```
SWB(config)# interface FastEthernet0/1
SWB(config-if)# switchport mode access                //设置端口工作于 Access 模式
SWB(config-if)# switchport port-security              //启用端口安全功能
SWB(config-if)# switchport port-security maximum 3
//设置该端口安全 MAC 地址的最大数为 3
SWB(config-if)# switchport port-security mac-address 0001. ca7a. abd6
//设置 PC1 的 MAC 地址为静态安全 MAC 地址
SWB(config-if)# switchport port-security mac-address 0001. ca7a. abd7
//设置 PC2 的 MAC 地址为静态安全 MAC 地址
SWB(config-if)# switchport port-security violation restrict
//当源 MAC 地址不是安全 MAC 地址时,接口会进入受限制模式,默认为关闭模式
SWB(config-if)# end
SWB# show port-security address     //查看安全 MAC 地址
                    Secure Mac Address Table
- - - - - - - - - - - - - - - - - - - - - - - - - - - - - - - - - - - - - - - - -

Vlan    Mac Address          Type            Ports        Remaining Age(mins)
- - -   - - - - - -          - - - -         - - - -      - - - -
  1     0001. CA7A. ABD6     SecureConfigured   FastEthernet0/1    -
  1     0001. CA7A. ABD7     SecureConfigured   FastEthernet0/1    -
  1     0007. ECDB. AB03     DynamicConfigured  FastEthernet0/1    -
```

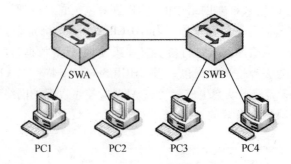

图 5 – 7　端口安全配置示例

> **注意**
>
> 通过上述列表，可以看到 0001. CA7A. ABD6 和 0001. CA7A. ABD7 是设置在端口 Fast Ethernet0/1 的静态安全 MAC 地址，而 0007. ECDB. AB03 是 SWB 动态学习到的交换机 SWA 的端口 FastEthernet0/1 的 MAC 地址。Remaining Age 为老化时间，默认情况下安全 MAC 地址不会老化，会一直存储在地址表中。可以使用 switchport port – security aging 命令设置老化时间。

操作2 配置 PVLAN

启用 PVLAN 之前，要先把交换机配置成 VTP 透明模式，PVLAN 只能在单独的交换机上进行配置。配置 PVLA 的基本操作步骤为：

```
Switch(config)# vlan 101
Switch(config - vlan)# private – vlan primary          //将 VLAN101 配置成主 VLAN
Switch(config - vlan)# vlan 201
Switch(config - vlan)# private – vlan community         //将 VLAN201 配置成团体 VLAN
Switch(config - vlan)# vlan 202
Switch(config - vlan)# private – vlan community         //将 VLAN202 配置成团体 VLAN
Switch(config - vlan)# vlan 301
Switch(config - vlan)# private – vlan isolated          //将 VLAN202 配置成孤立 VLAN
Switch(config - vlan)# vlan 101
Switch(config - vlan)# private – vlan association 201 – 202,301
//将辅助 VLAN 关联到主 VLAN
Switch(config - vlan)# exit
Switch(config)# interface vlan 101
Switch(config - if)# private – vlan mapping add 201 – 202,301
//将辅助 VLAN 映射进 SVI 接口,为 PVLAN 的入站流量进行三层交换。
Switch(config - if)# exit
Switch(config)# interface FastEthernet0/11
Switch(config - if)# switchport mode private – vlan host
Switch(config - if)# switchport private – vlan host – association 101 201
//将 FastEthernet0/11 端口加入到团体 VLAN 201 中
Switch(config - if)# interface FastEthernet0/12
Switch(config - if)# switchport mode private – vlan host
Switch(config - if)# switchport private – vlan host – association 101 201
//将 FastEthernet0/12 端口加入到团体 VLAN 201 中
Switch(config - if)# interface FastEthernet0/13
Switch(config - if)# switchport mode private – vlan host
Switch(config - if)# switchport private – vlan host – association 101 301
```

//将 *FastEthernet0/13* 端口加入到孤立 *VLAN 301* 中
Switch(config-if)# **interface FastEthernet0/15**
Switch(config-if)# **switchport mode private-vlan promiscuous**
Switch(config-if)# **switchport private-vlan mapping 101 201-202,301**
//将 *FastEthernet0/15* 端口配置成杂合端口
Switch(config-if)# **end**
Switch# **show interface private-vlan mapping**   //查看相关配置

▌注 意▐

不同类型的 Cisco 交换机及 IOS 版本对 PVLAN 的支持不同，配置前请认真查阅相关技术手册。

操作3 配置交换机访问列表

1. 配置 MAC ACL

如果要限定只有特定计算机才能通过交换机的某端口进行通信，可以在交换机上利用 IP 访问列表和 MAC ACL 实现端口、IP 地址和 MAC 地址的绑定。操作步骤为：

Switch(config)# **ip access-list extended ip_ext**   //定义 1 个名为 *ip_ext* 的扩展 ACL
Switch(config-ext-nac1)# **permit ip host 192.168.10.25 any**
Switch(config-ext-nac1)# **permit ip any host 192.168.10.25**
//允许主机 *192.168.10.25* 接收和发送来自任何主机的 *IP* 数据包
Switch(config-ext-nac1)# **exit**
Switch(config)# **mac access-list extended mac_ext**   //定义 1 个名为 *mac_ext* 的 MAC ACL
Switch(config-ext-mac1)# **permit host 0001.ca7a.ab10 any**
//允许主机 *0001.ca7a.ab10* 向任何主机发送 *MAC* 数据帧
Switch(config-ext-mac1)# **permit any host 0001.ca7a.ab10**
//允许向主机 *0001.ca7a.ab10* 发送来自任何主机的 *MAC* 数据帧
Switch(config-ext-mac1)# **exit**
Switch(config)# **interface FastEthernet0/15**
Switch(config-if)# **ip access-group ip_ext in**
Switch(config-if)# **mac access-group mac_ext in**
//将 *MAC* 访问控制列表 *mac_ext* 应用于进入 *FastEthernet0/15* 的流量

设置完毕后，只有当计算机的 IP 地址为 192.168.10.25，MAC 地址为 0001.ca7a.ab10 时才能通过交换机 FastEthernet0/15 端口进行通信。

2. VLAN 间的访问控制

要实现 VLAN 间的访问控制，在三层交换机上既可以将 ACL 直接应用到 VLAN 的虚端口，也可以通过配置 VLAN ACL（VACL）实现。例如在如图 5-8 所示网络中，如果要使 VLAN10 和 VLAN20 之间不能相互访问，都只能访问 VLAN30，则可采用以下方法。

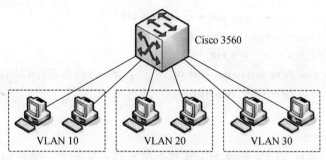

图 5 – 8 VLAN 间访问控制配置示例

（1）将 ACL 直接应用到 VLAN

```
Switch(config)# vlan 10
Switch(config-vlan)# vlan 20
Switch(config-vlan)# vlan 30
Switch(config-vlan)# exit
Switch(config)# int vlan 10
Switch(config-if)# ip address 192.168.10.1 255.255.255.0
Switch(config-if)# int vlan 20
Switch(config-if)# ip address 192.168.20.1 255.255.255.0
Switch(config-if)# int vlan 30
Switch(config-if)# ip address 192.168.30.1 255.255.255.0
Switch(config-if)# exit
Switch(config)# access-list 101 permit ip 192.168.10.0 0.0.0.255 192.168.30.0 0.0.0.255
Switch(config)# access-list 102 permit ip 192.168.20.0 0.0.0.255 192.168.30.0 0.0.0.255
Switch(config)# int vlan 10
Switch(config-if)# ip access-group 101 in
Switch(config-if)# int vlan 20
Switch(config-if)# ip access-group 102 in
```

（2）配置 VACL

创建 VLAN 与配置 VLAN 虚端口 IP 地址的步骤与前相同，配置 VACL 的操作步骤为：

```
Switch(config)# access-list 101 permit ip 192.168.10.0 0.0.0.255 192.168.30.0 0.0.0.255
Switch(config)# access-list 101 permit ip 192.168.30.0 0.0.0.255 192.168.10.0 0.0.0.255
//VACL 对数据流没有 in 和 out 之分,所以需要允许通过 VLAN 的所有 IP 数据流
Switch(config)# access-list 102 permit ip 192.168.20.0 0.0.0.255 192.168.30.0 0.0.0.255
Switch(config)# access-list 102 permit ip 192.168.30.0 0.0.0.255 192.168.20.0 0.0.0.255
Switch(config)# vlan access-map rule1     //定义一个 vlan access map,取名为 rule1
Switch(config-vlan-access)# match ip address 101     //设置匹配规则为 acl 101
Switch(config-vlan-access)# action forward          //匹配规则将转发数据流
Switch(config)# vlan access-map rule2
```

```
Switch(config-vlan-access)# match ip address 102
Switch(config-vlan-access)# action forward
Switch(config-vlan-access)# exit
Switch(config)# vlan filter rule1 vlan-list 10          //将 rule1 应用到 VLAN10
Switch(config)# vlan filter rule2 vlan-list 20
```

> **注意**
>
> 　　一般情况下，通过 VLAN 之间 ACL 实现访问控制比较方便，但当 VLAN 的端口比较分散时，采用 VACL 相对而言会简单很多。不同类型的 Cisco 交换机及 IOS 版本对 VACL 的支持不同，配置前请认真查阅相关技术手册。

操作 4　配置 DAI

1. DHCP 环境中配置 DAI

在 DHCP 环境下，DAI 需要调用 DHCP Snooping 绑定表来对 IP-MAC 地址绑定关系进行判断。若 DHCP 服务器与交换机 FastEthernet0/1 端口相连，则配置方法为：

```
Switch(config)# interface FastEthernet0/1
Switch(config-if)# ip dhcp snooping trust     //将该端口配置成信任端口
Switch(config-if)# ip dhcp snooping limit rate 100
//对该端口进行限速(每秒钟100个数据包),确保 DHCP 服务器不会被淹没
Switch(config-if)# exit
Switch(config)# ip dhcp snooping vlan 10,20
Switch(config)# ip dhcp snooping
//将 DHCP Snooping 功能在全局启用,并应用在 VLAN10 和 VLAN20 上
Switch(config)# ip arp inspection vlan 10          //对 VLAN10 进行动态 ARP 监控
Switch(config)# interface FastEthernet0/10
Switch(config-if)# ip arp inspection trust
//将该端口定义为信任端口,信任端口的数据不受 ARP 监控的检查
Switch(config-if)# end
Switch# show ip dhcp snooping              //查看 DHCP Snooping 的相关配置
Switch# show ip dhcp snooping binding      //查看不信任端口的绑定情况
Switch# show ip arp inspection vlan        //查看 VLAN 的 DAI 配置情况
```

2. 非 DHCP 环境中配置 DAI

在非 DHCP 环境中，需要通过定义 ARP ACL 来静态配置主机的 IP-MAC 地址映射，DAI 根据 ARP ACL 对 ARP 数据包进行检查。基本配置过程为：

```
Switch(config)# arp access - list arp_acl      //定义 1 个名为 arp_acl 的 ARP ACL
Switch(config - arp - acl)# permit ip host 192.168.20.3 mac host 0009.6b88.d387
//允许 IP 地址为 192.168.20.3,MAC 地址为 0009.6b88.d387 的数据流量
Switch(config - arp - acl)# exit
Switch(config)# ip arp inspection filter arp_acl vlan 30
//将创建的 ARP ACL 应用到 VLAN30
Switch(config)# interface FastEthernet0/20
Switch(config - if)# no ip arp inspection trust      //将该端口定义为不信任端口
```

【技能拓展】

本次任务只完成了交换机部分安全特性的配置,目前很多交换机还会提供诸如桥协议数据单元防护、EtherChannel 防护、环路防护、IP 源地址防护等安全特性。请查阅相关技术资料和产品手册,了解交换机相关安全特性的作用和配置方法。

> **注意**
>
> 本项目只完成了网络设备(路由器和交换机)的部分安全管理设置。网络设备安全管理涉及的内容很多,而且不同品牌和型号的设备其所提供的相关功能和配置方法也不相同,配置前必须认真查阅相关技术手册。

习 题 5

1. 思考与问答

(1) 什么是 ACL? 简述 ACL 的执行过程。

(2) 目前网络设备主要有哪些管理访问方式?

(3) 验证用户身份主要依靠用户名和密码的组合,Cisco IOS 提供了哪些密码类型?

(4) 简述 AAA 安全体系结构包括的安全功能。

(5) 简述利用 RADIUS 协议进行认证和授权的通信过程。

(6) 简述 TACACS + 与 RADIUS 协议的主要区别。

(7) RIP 路由协议可以采用哪两种认证方式? 简述这两种认证方式的不同。

(8) 简述端口安全的主要作用和实施方法。

2. 技能操作

(1) 配置路由器 ACL 及路由协议安全

【内容及操作要求】

构建如图 5 - 9 所示的网络,要求交换机均为 Cisco 2960 交换机,路由器为 Cisco 2811 路由器,路由器之间使用串行端口相连,并完成以下操作。

- 为网络中的相关设备分配 IP 地址,利用 RIP 实现网络的连通。

- 在各路由器之间配置 MD5 认证,并使得网络中的 PC 不能捕获路由更新消息。

● 配置标准 ACL 使 PC5 不能访问 PC0 和 PC1 所在的网段，PC0 不能访问其所在网段以外的计算机。

● 在交换机 SW3 上启用 Telnet，通过配置扩展 ACL 使得 PC2 可以通过 Telnet 远程配置该交换机，而交换机 SW3 所在网段以外的其他计算机都不能对其远程配置。

● 通过配置扩展 ACL 使得 PC3 拒绝对来自 PC4 的 Ping 命令进行响应。

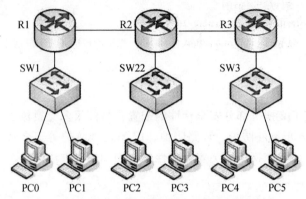

图 5-9　配置路由器 ACL 操作练习

【准备工作】

3 台 Cisco 2960 交换机，3 台 Cisco 2811 路由器，6 台安装 Windows 操作系统的计算机，组建网络的其他设备。

【考核时限】

60min。

（2）配置路由器安全管理访问

【内容及操作要求】

在图 5-9 所示的网络中，对路由器 R1 实施以下安全策略。

● 该路由器使用的 enable secret 口令为：BlackH2O +。

● 该路由器在 Console 链路上使用口令：RedH2O +。

● 在 5 分钟内如果没有活动，中断与路由器的 Console 连接。

● 对路由器上的所有口令强制加密。

● 登录时使用 RADIUS 认证，ACS 服务器安装在 PC0，密钥为 future236key。若认证失败，就用本地用户账户进行认证，默认本地用户为 aaaadmin，密码为 aaais123 +。

● 在路由器上禁用 CDP 协议。

【准备工作】

3 台 Cisco 2960 交换机，3 台 Cisco 2811 路由器，6 台安装 Windows 操作系统的计算机，组建网络的其他设备。

【考核时限】

30min。

（3）交换机安全特性配置

【内容及操作要求】

构建如图 5-10 所示的网络，要求交换机 SW1 为 Cisco 2960 交换机，交换机 SW2 为

Cisco 3560 交换机，交换机之间通过快速以太网端口相连。并完成以下操作。

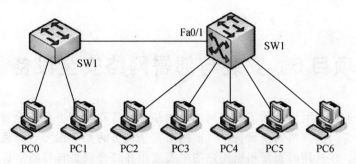

图 5 – 10　交换机安全特性配置操作练习

- 将整个网络划分为 3 个 VLAN，PC0、PC1 和 PC2 属于 VLAN10，PC3 和 PC4 属于 VLAN20，PC5 和 PC6 属于 VLAN30。
- 为网络中的计算机和网络设备分配 IP 地址，实现网络的连通。
- 对交换机 SW2 进行设置，使其 FastEthernet0/1 只发送来自 PC0 和 PC1 的数据包，而不转发来自交换机 SW1 连接的其他计算机的数据包。
- 使 VLAN10 和 VLAN20 之间不能相互访问，都只能访问 VLAN30。
- 将 PC6 所连接的交换机端口与 PC6 的 IP 地址和 MAC 地址进行绑定，使该端口只能转发 PC6 的数据包。

【准备工作】

1 台 Cisco 2960 交换机，1 台 3560 交换机，7 台安装 Windows 操作系统的计算机，组建网络的其他设备。

【考核时限】

50min。

项目6　安装与部署网络安全设备

　　要建立一个安全的网络，除了要对网络中的基本设备和设施进行安全管理设置外，还需要安装和部署专门的网络安全设备。目前网络安全设备的类型很多，而且很多安全设备的功能是多样的，在选用时需要根据用户的主要应用并结合设备自身特点综合考虑。本项目的主要目标是认识常用的网络安全设备，掌握防病毒系统、企业级防火墙、入侵检测系统等典型网络安全产品的安装和部署方法。

任务6.1　安装与部署防病毒系统

【任务目的】
　　(1) 了解计算机病毒的特征和传播方式；
　　(2) 理解局域网中常用的防病毒方案；
　　(3) 掌握企业级防病毒系统的安装和部署方法。

【工作环境与条件】
　　(1) 安装好 Windows Server 2003 或其他 Windows 操作系统的计算机；
　　(2) 能够正常运行的网络环境 (也可使用 VMware 等虚拟机软件)；
　　(3) 典型的企业级防病毒系统 (本次任务以 Symantec Endpoint Protection 为例，也可选择其他产品)。

【相关知识】

6.1.1　计算机病毒及其防御

1. 计算机病毒及其传播方式

　　一般认为，计算机病毒是指编制或者在计算机程序中插入的破坏计算机功能或者数据，影响计算机使用并且能够自我复制的一组计算机指令或者程序代码。由此可知，计算机病毒与生物病毒一样具有传染性和破坏性，但是计算机病毒不是天然存在的，而是一段比较精巧严谨的代码，按照严格的秩序组织起来，与所在的系统或网络环境相适应并与之配合，是人为特制的具有一定长度的程序。计算机病毒的传播主要有以下几种方式。

　　• 通过不可移动的计算机硬件设备进行传播，即利用专用的 ASIC 芯片和硬盘进行传播。这种病毒虽然很少，但破坏力极强，没有太好的检测手段。

　　• 通过移动存储设备进行传播，即利用 U 盘、移动硬盘、软盘等进行传播。

　　• 通过计算机网络进行传播。通过网络传播已经成为计算机病毒传播的第一途径。传播方式主要有通过共享资源传播、通过网页恶意脚本传播、通过电子邮件传播等。

　　• 通过点对点通信系统和无线通道传播。

2．防御计算机病毒的原则

为了使用户计算机不受病毒侵害，或是最大限度地降低损失，通常在使用计算机时应遵循以下原则，做到防患于未然。

- 建立正确的防毒观念，学习有关病毒与防病毒知识。
- 不要随便下载网络上的软件，尤其是不要下载那些来自无名网站的免费软件。
- 使用防病毒软件，及时升级防病毒软件的病毒库，开启病毒实时监控。
- 不使用盗版软件。
- 不随便使用他人的 U 盘或光盘，尽量做到专机专盘专用。
- 不随便访问不安全的网络站点。
- 使用新设备和新软件之前要检查病毒，未经检查的外来文件不能复制到硬盘，更不能使用。
- 有计划地备份重要数据和系统文件，用户数据不应存储到系统盘上。
- 按照防病毒软件的要求制作应急盘/急救盘/恢复盘，以便恢复系统急用。在应急盘/急救盘/恢复盘上存储有关系统的重要信息数据，如硬盘主引导区信息、引导区信息、CMOS 的设备信息等。
- 随时注意计算机的各种异常现象，一旦发现应立即使用防病毒软件进行检查。

3．计算机病毒的解决方法

不同类型的计算机病毒有不同的解决方法。对于普通用户来说，一旦发现计算机中毒，应主要依靠防病毒软件对病毒进行查杀。查杀时应注意以下问题。

- 在查杀病毒之前，应备份重要的数据文件。
- 启动防病毒软件后，应对系统内存及磁盘系统等进行扫描。
- 发现病毒后，一般应使用防病毒软件清除文件中的病毒，如果可执行文件中的病毒不能被清除，一般应将该文件删除，然后重新安装相应的应用程序。
- 某些病毒在 Windows 系统正常模式下可能无法完全清除，此时可能需要通过重新启动计算机、进入安全模式或使用急救盘等方式运行防病毒软件进行清除。

6.1.2 局域网防病毒方案

通过计算机网络传播是目前计算机病毒传播的主要途径，目前在局域网中主要可以采用以下两种防病毒方案。

1．分布式防病毒方案

分布式防病毒方案如图 6-1 所示。在这种方案中，局域网的服务器和客户机分别安装单机版的防病毒软件，这些防病毒软件之间没有任何联系，可以是不同厂家的产品。

分布式防病毒方案的优点是用户可以对客户机进行分布式管理，客户机之间互不影响，而且单机版的防病毒软件价格比较便宜。其主要缺点是没有充分利用网络，客户机和服务器在病毒防护上各自为战，防病毒软件之间无法共享病毒库。每当病毒库升级时，每个服务器和客户机都需要下载新的病毒库，对于有上百台或更多计算机的局域网来说，这

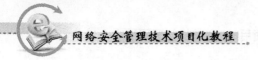

一方面会增加局域网对 Internet 的数据流量，另一方面也会增加网络管理的难度。

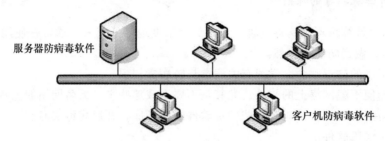

服务器防病毒软件

客户机防病毒软件

图 6-1　分布式防病毒方案

2. 集中式防病毒方案

集中式防病毒方案如图 6-2 所示。集中式防病毒方案通常由防病毒软件的服务器端和工作站端组成，通常可以利用网络中的任意一台主机构建防病毒服务器，其他计算机安装防病毒软件的工作站端并接受防病毒服务器的管理。

在集中式防病毒方案中，防病毒服务器自动连接 Internet 的防病毒软件升级服务器下载最新的病毒库升级文件，防病毒工作站自动从局域网的防病毒服务器下载并更新自己的病毒库文件，因此不需要对每台客户机进行维护和升级，就能够保证网络内所有计算机的病毒库的一致和自动更新。

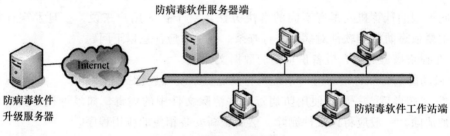

防病毒软件服务器端

Internet

防病毒软件工作站端

防病毒软件升级服务器

图 6-2　集中式防病毒方案

6.1.3　企业级防病毒系统的选择

一般情况下对于大中型局域网应该采用集中式防病毒方案，而对于采用对等模式组建的小型局域网，考虑到成本等因素，一般可以采用分布式防病毒方案。目前各大防病毒软件厂商都提供集中式的防病毒系统，在选择时应注意以下问题。

（1）对已知病毒和未知病毒的检测率和清除率

应该参照权威机构定期或不定期公布的测试报告，选购对已知病毒和未知病毒具有较高检测率和清除率的防病毒产品。

（2）产品性能

集中式的防病毒产品是用来保障网络安全的，因此应具备一些体贴、周到的设计，例如杀毒前备份、监控邮件、自动预定扫描作业、检测压缩文件、检测变形病毒、关机前扫描以及灾难恢复等。此外，好的防病毒产品在启用时对用户正常业务的影响应很小，因此选购时应注意考查其病毒查杀速度、延时和资源占用率等性能。

（3）管理能力

集中式的防病毒产品通常应具有自动化管理功能，如集中式安全系统安装、集中式安全系统配置、集中式安全任务管理、集中式报告管理、智能化病毒源追踪、智能查找和填补漏洞、实时报警管理、跨平台管理、自动化智能升级和安全性验证等。

（4）可靠性

防病毒产品的可靠性体现在与操作系统的结合和与其他安全产品的兼容方面。好的防病毒产品应该取得当前流行操作系统公司的可靠性认证。

（5）易操作性

在一个复杂的网络环境中，部署和使用安全防护体系的难度很大。防病毒产品的易操作性可以减少出错的机会，也减少不安全因素。

（6）厂商的服务体系

厂商的售后服务包括升级频率、怎样将最新升级文件发送到用户手中、如何解答用户的疑难问题、怎样处理突发事件以及能否为用户提供数据恢复和技术培训等。随着病毒出现速度的加快，用户急需对病毒突发事件的应急服务和对丢失数据进行恢复的服务。从某种意义上说，用户不仅需要购买网络防病毒产品，而且需要购买厂商的售后服务。

【任务实施】

不同厂商提供的企业级防病毒系统的部署方法并不相同，下面以 Symantec Endpoint Protection（SEP）为例，完成企业级防病毒系统的安装和部署。

操作1 认识 Symantec Endpoint Protection

Symantec Endpoint Protection 是 Symantec 公司的企业级防病毒产品，采用的防护技术主要包括防病毒与防间谍软件、防火墙、入侵防护、设备控制与网络访问控制（可选加载项）。表6-1列出了 Symantec Endpoint Protection 的组件。

表6-1 Symantec Endpoint Protection 的组件

组 件	说 明
Symantec Endpoint Protection Manager	可集中管理连接至网络的客户端计算机，包括下列软件： ● 控制台软件用于协调及管理安全策略与客户端计算机 ● 服务器软件用于实现传出和传至客户端计算机及控制台的安全通信
数据库	存储各项安全策略及事件的数据库。数据库安装在承载 Symantec Endpoint Protection Manager 的计算机上。默认情况下，会自动安装自带的嵌入式数据库，也可以使用 Microsoft SQL Server
Symantec Endpoint Protection 客户端	会在客户端计算机上强制运行防护技术。应安装到网络中要防护的每台服务器、台式机及便携式计算机上
LiveUpdate Server（选用）	可从 Symantec LiveUpdate 服务器下载定义、特征和产品更新，并将更新派送至客户端计算机
中央隔离区（选用）	从 Symantec Endpoint Protection 客户端接收可疑文件及未修复的受感染条目，并将示例转发到 Symantec 安全响应中心进行分析，如果是新的威胁，Symantec 安全响应中心会生成安全更新

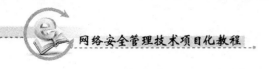

操作 2   安装与配置 Symantec Endpoint Protection Manager

1. 安装前的准备工作

在安装 Symantec Endpoint Protection Manager 前应做好以下准备工作。

● 检查操作系统：要求操作系统应为 Windows 2000 Server SP 3 或更高版本、Windows XP Professional SP1 或更高版本、Windows Server 2003、Windows Server 2008。

● 检查硬件：最低要求为 1GB 内存（建议使用 2～4GB）；8GB 硬盘空闲空间（服务器和数据库各需要 4GB）。

● 检查是否已安装数据库：Symantec Endpoint Protection Manager 包含嵌入式数据库，也可以使用 Microsoft SQL Server 2005 SP2 或 Microsoft SQL Server 2008。

● 检查系统是否已安装 IIS 5.0 或更高版本，并启用 Web 服务。

● 检查系统是否已安装 Internet Explorer 6.0 或更高版本。

● 检查网络连接情况，建议使用静态 IP 地址。

● 检查是否安装了其他防病毒软件，如有应先将其卸载。

2. 安装 Symantec Endpoint Protection Manager

安装 Symantec Endpoint Protection Manager 的基本操作步骤如下。

（1）在 CD/DVD 驱动器中插入 Symantec Endpoint Protection 光盘，光盘会自动运行，打开 "Symantec Endpoint Protection 安装程序" 对话框，如图 6-3 所示。

（2）在 "Symantec Endpoint Protection 安装程序" 对话框中，单击 "安装 Symantec Endpoint Protection Manager" 按钮，安装程序将首先检查计算机是否满足系统最低要求，如果不满足要求，会出现提示信息。若没有问题，将出现 "欢迎使用 Symantec Endpoint Protection 安装向导" 对话框。

（3）在 "欢迎使用 Symantec Endpoint Protection 安装向导" 对话框中，单击 "下一步" 按钮，打开 "授权许可协议" 对话框。

（4）在 "授权许可协议" 对话框中，选择 "我接受该许可证协议中的条款" 单选框，单击 "下一步" 按钮，打开 "目标文件夹" 对话框。

（5）在 "目标文件夹" 对话框中，接受或更改安装目录，单击 "下一步" 按钮，打开 "选择网站" 对话框，如图 6-4 所示。

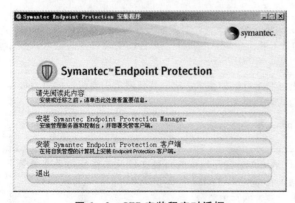

图 6-3 SEP 安装程序对话框

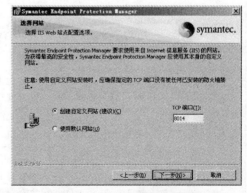

图 6-4 "选择网站" 对话框

（6）在"选择网站"对话框中，若要将 Symantec Endpoint Protection Manager IIS Web 配置为这台计算机上唯一的 Web 服务器，可选中"创建自定义网站"，然后接受或更改"TCP 端口"；若要让 Symantec Endpoint Protection Manager IIS Web 服务器与其他网站一起运行，则可选中"使用默认网站"。单击"下一步"按钮，打开"准备安装程序"对话框。

（7）在"准备安装程序"对话框中，单击"安装"按钮，系统将安装所选的程序功能，安装完成后，将出现"安装向导已完成"对话框。

（8）在"安装向导已完成"对话框中，单击"完成"按钮，完成安装。

3. 配置 Symantec Endpoint Protection Manager 和嵌入式数据库

Symantec Endpoint Protection Manager 安装完成后，会出现"欢迎使用管理服务器配置向导"对话框，如图 6 - 5 所示。"管理服务器配置向导"提供了两种配置类型，通常如果要管理 100 个以下的客户端并使用嵌入式数据库，则应选择"简单"；若要管理 100 个以上的客户端或自定义配置，则应选择"高级"。利用"简单"模式的配置过程如下。

（1）在"欢迎使用管理服务器配置向导"对话框中，选择"简单"单选框，单击"下一步"按钮，打开"创建系统管理员账户"对话框，如图 6 - 6 所示。

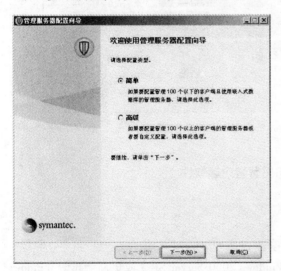

图 6 - 5　"欢迎使用管理服务器配置向导"对话框

图 6 - 6　"创建系统管理员账户"对话框

（2）在"创建系统管理员账户"对话框中，提供并确认密码，也可选择提供电子邮件地址，单击"下一步"按钮，打开"管理服务器使用以下设置"对话框。

注意

系统管理员用户名为"admin"。密码是用来登录 Symantec Endpoint Protection Manager 控制台的管理员账户密码，必须为 6 个或更多字符；此密码还可用以进行灾难恢复和添加可选 Enforcer 所需的加密密码；安装完成后，即使 admin 账户的密码更改，加密密码也不会更改。

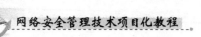

（3）在"管理服务器使用以下设置"对话框中，可以打印设置的副本，若无问题，单击"下一步"按钮，此时安装程序将创建数据库，这可能需要几分钟的时间。数据库安装完成后，将出现"管理服务器配置向导已完成"对话框。

（4）在"管理服务器配置向导已完成"对话框中，若要使用"迁移和部署向导"部署客户端软件，可选择"是"单选框；若要登录 Symantec Endpoint Protection Manager 控制台后再部署客户端软件，可选择"否"单选框。单击"完成"按钮，此时 Symantec Endpoint Protection Manager 控制台会自动启动，登录后的窗口如图 6-7 所示。

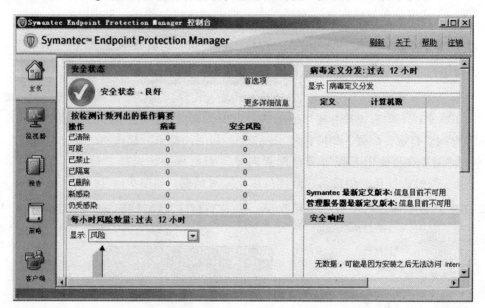

图 6-7　Symantec Endpoint Protection Manager 控制台

操作 3　配置和部署客户端软件

1. 安装前的准备工作

在部署客户端软件前应做好以下准备工作。

- 检查操作系统：要求操作系统应为 Windows 2000 Server SP 3 或更高版本、Windows XP Professional SP1 或更高版本、Windows Server 2003、Windows Server 2008、Windows Vista、Windows 7。
- 检查硬件：Windows XP 系统至少需要 256 MB 内存（建议 1 GB），其他系统最低要求为 1GB 内存（建议使用 2～4GB）；600 MB 硬盘空闲空间。
- 检查系统是否已安装 Internet Explorer 6.0 或更高版本。
- 检查网络连接情况。
- 检查是否安装了其他防病毒软件，如有应先将其卸载。
- 对于要远程部署的客户机操作系统应更改其部分设置，如表 6-2 所示。

表6-2 用于远程部署的客户端操作系统配置设置

客户端操作系统	所需的配置
工作组中的 Windows XP	禁用简单文件共享（简单文件共享可能会使客户端软件无法部署）
Windows Vista、Windows Server 2008 和 Windows 7	禁用文件共享向导 使用网络和共享中心启用网络搜索 确认账户拥有更高的用户权限
Windows Vista、Windows Server 2008 和 Windows 7（位于 Active Directory 域中）	用来部署客户端软件的账户必须是域管理员，并在客户端计算机上有更高的权限

2. 配置客户端软件

可以在安装有 Symantec Endpoint Protection Manager 的计算机上，通过以下两种办法启动"迁移和部署向导"程序：

- 依次选择"开始"→"程序"→Symantec Endpoint Protection Manager→"迁移和部署向导"命令；
- 在"管理服务器配置向导已完成"对话框，选择"是"单选框。

通过"迁移和部署向导"程序，可以完成客户端软件的配置，操作过程如下。

（1）在"欢迎使用迁移和部署向导"对话框中，单击"下一步"按钮，打开"您选择何种操作"对话框。

（2）在"您选择何种操作"对话框中，选择"部署客户端"单选框，单击"下一步"按钮，打开"指定您要部署客户端的新组名"对话框。

（3）在"指定您要部署客户端的新组名"对话框中，输入要部署客户端的组名，单击"下一步"按钮，打开"选择要包含的功能"对话框，如图6-8所示。

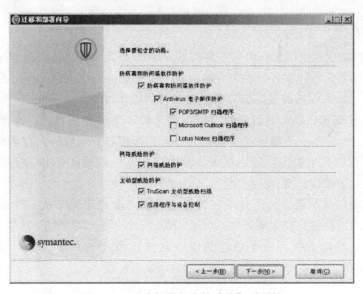

图6-8 "选择要包含的功能"对话框

（4）在"选择要包含的功能"对话框中，可以选择安装的防护软件，单击"下一步"按钮，打开"设置客户端安装软件包"对话框，如图6-9所示。

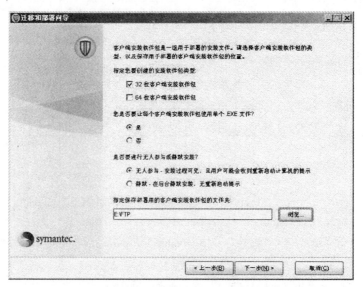

图6-9　"设置客户端安装软件包"对话框

（5）在"设置客户端安装软件包"对话框中，选择客户端安装软件包的类型并指定保存路径，单击"下一步"按钮，打开"现已定义客户端安装软件包"对话框。

（6）在"现已定义客户端安装软件包"对话框中，若选择"是"单选框并单击"完成"按钮，系统将创建并导出安装软件包，并显示"推式部署向导"对话框；若选择"否，只要创建即可……"单选框并单击"完成"按钮，则此时系统将创建并导出安装软件包，并启动 Symantec Endpoint Protection Manager 控制台。

3. 部署客户端软件

要完成客户端软件的部署，可在安装有 Symantec Endpoint Protection Manager 的计算机上通过"推式部署向导"实现，也可在客户机上直接运行系统创建并导出的安装软件包。

（1）通过"推式部署向导"部署客户端软件的操作过程为：

● 在"推式部署向导"对话框的"可用计算机"下展开树目录，选择要安装客户端软件的计算机，然后单击"添加＞"按钮，打开"远程客户端验证"对话框；

● 在"远程客户端验证"对话框中，输入该计算机或域具有相应权限的用户名和密码，单击"确定"按钮；

● 选择其他的计算机，使所有客户机都出现在"推式部署向导"对话框的右侧窗格中，单击"完成"按钮，完成部署。

（2）可在客户机上找到系统创建的安装软件包所在的共享目录，运行其中的 set-up. exe 文件，也可完成客户端软件的安装。

4. 安装后的验证

登录 Symantec Endpoint Protection Manager 控制台，单击导航菜单中的"客户端"按

钮，在"查看客户端"中选择相应的组，可确认客户端是否存在，如图 6 – 10 所示。

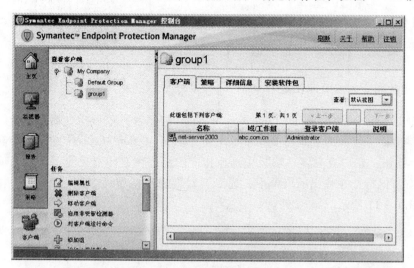

图 6 – 10　查看客户端

操作 4　管理 Symantec Endpoint Protection

Symantec Endpoint Protection Manager 控制台提供了图形用户界面供管理员使用。可以通过控制台来管理策略和计算机、监控端点防护状态以及创建和管理管理员账户。

1. 登录 Symantec Endpoint Protection Manager 控制台

可以使用已安装管理服务器的计算机从本地登录控制台，也可以从另一台符合远程控制台系统要求的计算机进行远程登录。从本地登录控制台的操作步骤为：依次选择"开始"→"程序"→"Symantec Endpoint Protection Manager"→"Symantec Endpoint Protection Manager 控制台"命令，打开 Symantec Endpoint Protection Manager 登录提示对话框；输入在安装期间所配置的用户名（默认为 admin）和密码后即可登录。

远程登录控制台的操作步骤如下。

• 打开 Web 浏览器，在地址框中输入"http：//hostname：9090"，其中，hostname是管理服务器的主机名或 IP 地址，默认情况下，控制台会使用 9090 端口。

• 看到 Symantec Endpoint Protection Manager 控制台网页后，单击用于显示登录屏幕的链接。

• 登录时可能会出现警告主机名不匹配的消息。若出现此消息，可单击"是"按钮。

• 在显示的 Symantec Endpoint Protection Manager "下载"窗口中，单击相应链接下载Symantec Endpoint Protection Manager。

• 当系统提示是否要创建桌面并启动菜单快捷方式时，请根据需要选择。

• 在显示的 Symantec Endpoint Protection Manager "控制台登录"窗口中，输入用户名和密码，单击"登录"按钮，完成登录。

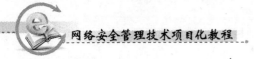

网络安全管理技术项目化教程

注意

远程登录控制台的计算机必须安装 Java 2 Runtime Environment（JRE）并启用 Active X 及脚本。

2. 通过控制台在客户端上运行命令

可以通过 Symantec Endpoint Protection Manager 控制台对单个客户端或整个组上远程运行命令，具体操作步骤为：单击 Symantec Endpoint Protection Manager 控制台导航菜单上的"客户端"按钮，在"查看客户端"中选择相应的组，在右侧窗格的客户端选项卡中选择客户端，右击鼠标，在弹出的菜单中，选择"对客户端运行命令"，然后单击相应的命令即可，如图 6-11 所示。

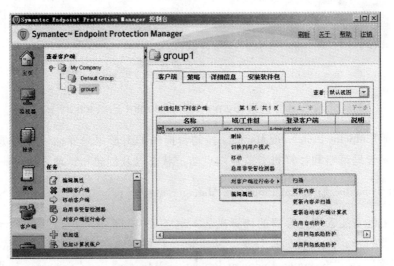

图 6-11　通过控制台在客户端上运行命令

3. 添加策略

可以使用不同类型的安全策略来管理网络安全性。许多策略是在安装期间自动创建的。也可自定义策略以符合特定环境的需要。添加策略的操作步骤如下。

（1）在 Symantec Endpoint Protection Manager 控制台导航菜单上，单击"策略"按钮，如图 6-12 所示。

（2）在"查看策略"下，选择策略类型，如"防病毒和防间谍软件"。

（3）在"任务"下，单击"添加防病毒和防间谍软件策略"，打开"防病毒和防间谍软件策略"页面，如图 6-13 所示。

（4）在"防病毒和防间谍软件策略"页面右侧窗格中，输入策略的名称和说明。

（5）若要配置策略，应在"防病毒和防间谍软件策略"页面左侧窗格中单击相关选项。

（6）配置完此策略后，单击"确定"按钮，此时系统会提示是否分配策略。

（7）在"分配策略"对话框中，选中要应用策略的组和位置，单击"分配"按钮，完成策略的分配。此时在 Symantec Endpoint Protection Manager 控制台可以看到所添加的策略。

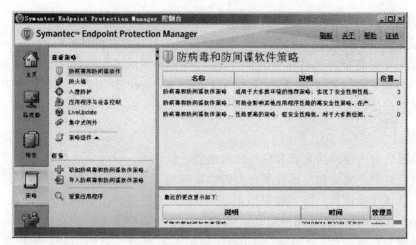

图 6 – 12　添加策略

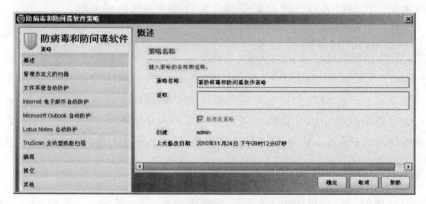

图 6 – 13　"防病毒和防间谍软件策略"页面

注 意

　　限于篇幅，以上只完成了 Symantec Endpoint Protection Manager 的基本安装和部署以及一些简单的管理操作，更具体的其他部署和操作，请参考相关的技术手册。

【技能拓展】

　　请通过 Internet 访问国内外主要防病毒系统厂商网站，查阅相关资料和产品手册，了解其主要防病毒系统产品特别是企业级集中式防病毒系统的功能特点及安装和部署方法。

任务6.2　安装与部署企业级防火墙

【任务目的】

　　（1）了解常见的企业级防火墙产品；

（2）理解企业级防火墙的基本功能和网络结构；

（3）掌握企业级防火墙的安装和部署方法。

【工作环境与条件】

（1）安装好 Windows Server 2003 或其他 Windows 操作系统的计算机；

（2）能够正常运行的网络环境（也可使用 VMware 等虚拟机软件）；

（3）典型的企业级防火墙产品（本次任务以 Microsoft 公司的 ISA Server 2006 为例，也可选择其他产品）。

【相关知识】

防火墙可以分为硬件防火墙和软件防火墙。一般来说，软件防火墙具有比硬件防火墙更灵活的性能，但是需要相应硬件平台和操作系统的支持；而硬件防火墙经过厂商的预先包装，启动及运作要比软件防火墙快得多。

ISA Server 是 Microsoft 公司推出的企业级防火墙。从字面上看，I 代表 Internet，表示其具有代理服务器的功能；S 代表 Security，表示其具有防火墙的功能；A 代表 Acceleration，表示其可以利用缓存服务器加速对 Internet 的访问。所以 ISA Server 不仅仅是防火墙，而且是集防火墙、代理服务器、缓存服务器三大功能于一体的服务器。

6.2.1 ISA Server 的多网络结构

ISA Server 引入了多网络的概念，使用 ISA Server 的多网络功能，可以将网络中的计算机组织成网络集，并针对各个网络集配置特定的访问策略，还可以定义各个网络之间的关系，从而确定各个网络中的计算机如何通过 ISA Server 彼此通信，防止网络受到内部和外部的安全威胁。ISA Server 主要支持 5 种多网络结构，并提供与其对应的网络配置模板。

1. 边缘防火墙结构

边缘防火墙结构主要采用以 ISA Server 为网络边缘，ISA Server（本地主机）装有两块网卡，分别连接到内部网络和外部网络（Internet），如图 6-14 所示。当选择该结构时，内外网络之间不可直接通信，但都可以和 ISA Server 进行通信，可以在 ISA Server 对内外网络之间的通信进行限制，以保证网络安全。

2. 三向外围网络结构

三向外围网络结构采用 ISA Server 连接到内部网络、外部网络和外围网络（也称 DMZ 区、网络隔离区或被筛选的子网）的网络拓扑，ISA Server 装有三块网卡，分别与内外网及外围网络相连，如图 6-15 所示。

外围网络是为了解决安装防火墙后外部网络不能访问内部网络服务器的问题而设立的一个非安全系统与安全系统之间的缓冲区，这个缓冲区位于企业内部网络和外部网络之间的小网络区域内，在这个小网络区域内可以放置一些必须公开的服务器设施，如 Web 服务器、FTP 服务器等。通过外围网络，可以更加有效地保护内部网络。

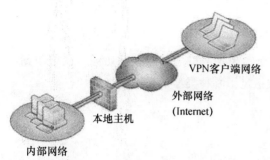

图6-14　边缘防火墙结构

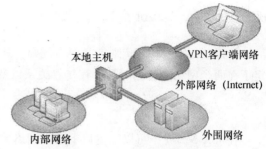

图6-15　三向外围网络结构

3. 前端防火墙结构

前端防火墙结构采用 ISA Server 在网络边缘、另一个防火墙配置在后端（保护内部网络）的网络拓扑，ISA Server 装有两块网卡，分别连接到外围网络和外部网络，如图6-16所示。当选择该结构时，如果攻击者试图攻击内部网络，必须破坏两个防火墙，必须重新配置连接三个网的路由，难度很大。因此这种结构具有很好的安全性，但成本较高。

4. 后端防火墙结构

后端防火墙结构采用 ISA Server 保护内部网络，另一个防火墙在网络边缘的网络拓扑，ISA Server 装有两块网卡，分别连接到外围网络和内部网络，如图6-17所示。实际上前端防火墙结构和后端防火墙结构是同一种网络结构，只不过 ISA Server 所在的位置不同，当然可以同时使用2台 ISA Server 分别充当前端防火墙和后端防火墙。

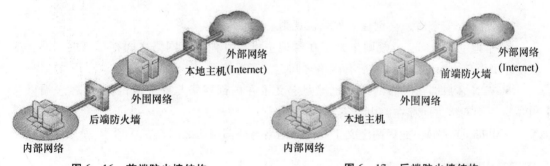

图6-16　前端防火墙结构　　　　　图6-17　后端防火墙结构

5. 单一网络适配器结构

单一网络适配器结构采用在外围网络或内部网络配置单一网络适配器的方法，ISA Server 只有一块网卡，连接到外围网络或内部网络中，如图6-18所示。在这种配置中，ISA Server 主要作为 Web 代理和缓存服务器使用。

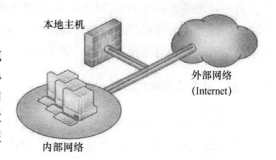

图6-18　单一网络适配器结构

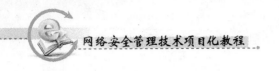
6.2.2 ISA Server 的网络规则

可以使用 ISA Server 来定义网络规则，从而实现各网络之间的相互访问。网络规则确定了在两个网络实体之间是否存在着关系以及指定了哪种类型的关系。

1. 网络关系

在 ISA Server 中可以配置以下两种网络关系。

（1）路由

当指定这种类型的连接时，来自源网络的客户端请求将被直接转发到目标网络，源客户端地址仍然包含在请求中。路由关系意味着不执行地址转换，网络间的路由是双向的，也就是说，如果在从网络 A 到网络 B 这一方向上定义了路由关系，那么在从网络 B 到网络 A 这一方向上也存在着路由关系。

（2）网络地址转换（NAT）

当指定这种类型的连接时，ISA Server 将用自己的 IP 地址替换源网络中的客户端的 IP 地址。例如，若源网络 A 到目标网络 B 这一方向上存在着 NAT 网络关系，则 ISA Server 在将请求传递到目标网络 B 中的计算机之前，将用自己 IP 地址替换源网络 A 中的 IP 地址。另一方面，当来自网络 B 的数据包返回给网络 A 中的计算机时，ISA Server 将不会转换网络 B 中的 IP 地址，网络 A 中的计算机可以看到网络 B 中的 IP 地址。NAT 关系有效地确保了网络 A 中的内部地址结构不会被公开，并且对于网络 B 而言是不可访问的。

2. 默认规则

ISA Server 安装时，会创建下列默认规则。

- 本地主机访问：此规则定义了在本地主机与其他所有网络之间存在路由关系。这样便在 ISA Server 与其连接的所有网络之间定义了连接性。
- VPN 客户端到内部网络：此规则定义了在内部网络与被隔离的 VPN 客户端以及 VPN 客户端网络之间存在路由关系。
- Internet 访问：此规则定义了在内部网络与外部网络之间存在 NAT 关系。

3. 处理顺序

网络规则是有顺序的，ISA Server 按照优先级顺序处理网络规则，查找与地址匹配的规则，地址关系由匹配的第一条规则指定。这意味着可以在两个网络之间定义具有路由关系的网络规则，然后再通过创建一条优先级更高的网络规则来替代特定地址的这一关系。

6.2.3 ISA Server 的防火墙策略

使用 ISA Server 可以创建包含一组发布规则和访问规则的防火墙策略。这些规则与网络规则一起，共同决定了客户端如何访问跨网络的资源。

1. 防火墙策略的工作方式

（1）传出请求

ISA Server 的一个主要功能是连接源网络与目标网络，同时阻止恶意访问。为了帮助 ISA Server 建立此连接，可使用 ISA Server 来创建允许源网络中的客户端访问目标网络中的特定计算机的访问策略。此访问策略决定了客户端如何访问其他网络。当 ISA Server 处理传出请求时，将检查网络规则和防火墙策略规则以确定是否允许访问。

（2）传入请求

ISA Server 可以使服务器安全地接收来自其他网络客户端的访问。发布策略包含网站发布规则、非 Web 服务器协议发布规则等。

2. 防火墙策略规则

（1）访问规则

访问规则决定源网络上的客户端如何访问目标网络上的资源。可以针对协议、用户、源网络、目的网络等方面来配置访问规则，如图 6－19 所示。需要注意的是，在安装 ISA Server 时将创建一条默认规则，用于拒绝出入所有网络的全部访问，不能修改或删除该默认规则。

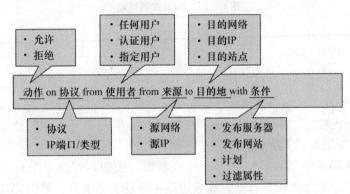

图 6－19　配置访问规则

（2）网站发布规则

网站发布规则可以让外部用户访问企业的 Web 服务器，同时又不危及内部网络的安全性。它决定了 ISA Server 将如何拦截对 Web 服务器上的传入请求，以及 ISA Server 将如何代表 Web 服务器进行响应。允许的传入请求将被转发到位于 ISA Server 后的 Web 服务器，如果可能应从 ISA Server 缓存中提供所请求的对象。

（3）非 Web 服务器协议发布规则

ISA Server 使用非 Web 服务器协议发布规则来处理内部非 Web 服务器的传入请求，如文件传输协议（FTP）服务器、结构化查询语言（SQL）服务器等。

（4）邮件服务器发布规则

当创建邮件服务器发布规则时，ISA Server 将创建允许客户端访问其邮件服务器所需的必要发布规则。根据所指定的邮件服务器类型，ISA Server 将配置网站发布规则或非 Web 服务器协议发布规则，以便允许使用指定的协议访问邮件服务器。

【任务实施】

操作 1　安装 ISA Server

1. 构建网络环境

ISA Server 的安装需要依据一定的网络环境，本次任务的安装环境如图 6 – 20 所示：ISA Server 作为边缘防火墙；内部网络中的客户端 1 的 IP 地址为 192.168.16.2/24，客户端 2 的 IP 地址为 192.168.16.3/24，外部客户端的 IP 地址为 10.10.1.3/24；ISA Server 安装有两块网卡，内网地址为 192.168.16.4/24，外网地址为 10.10.1.2/24。

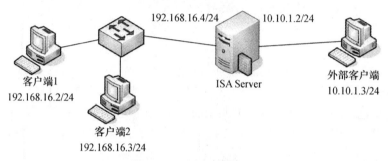

图 6 – 20　构建实训环境

2. 安装 ISA Server

（1）双击 ISA Server 的安装文件，打开 ISA Server 的安装窗口。在安装向导提示下，接受许可协议、输入客户信息及产品序列号后，会打开"安装类型"对话框。

（2）在"安装类型"对话框中，选择安装类型，单击"下一步"按钮，打开"内部网络"对话框，如图 6 – 21 所示。

（3）在"内部网络"对话框中，单击"添加"按钮，打开"地址"对话框，如图 6 – 22 所示。单击"添加范围"按钮，输入内部网络地址范围后，单击"确定"按钮，返回"内部网络"对话框。

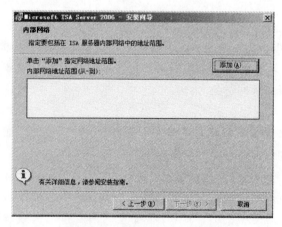

图 6 – 21　"内部网络"对话框

图 6 – 22　"地址"对话框

（4）在"内部网络"对话框中，单击"下一步"按钮，打开"防火墙客户端连接设置"对话框。

（5）在"防火墙客户端连接设置"对话框中，如果客户机上使用了早期ISA Server版本的防火墙客户端，可勾选"允许运行早期版本的防火墙客户端软件的计算机连接"，单击"下一步"按钮，打开"服务警告"对话框。

（6）在"服务"对话中，单击"下一步"按钮，打开"可以安装程序了"对话框。

（7）在"可以安装程序了"对话框中，单击"安装"按钮，开始安装ISA Server。

（8）安装完毕后，在弹出的"安装向导完成"对话框中，选中"在向导关闭时运行ISA服务器管理"复选框，单击"完成"按钮，完成安装。

3．查看默认配置

默认情况下防火墙将被配置为边缘防火墙。可依次运行"开始"→"程序"→"Microsoft ISA Server"→"ISA服务器管理"命令，打开"ISA服务器管理"窗口。在左侧窗格中，依次选择"配置"→"网络"命令，在右侧窗格中可以看到其默认配置，如图6-23所示。

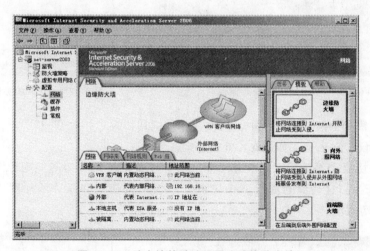

图6-23　防火墙的默认配置为边缘防火墙

在中间窗格的"网络"标签卡中可以查看ISA Server默认创建的5个网络，如果要更改内部网络的IP地址范围，可以双击"内部"，打开"内部属性"对话框，选择"地址"选项卡即可。在"ISA服务器管理"窗口的中间窗格中，选择"网络规则"标签卡，可以查看ISA Server创建的3个默认网络规则。

操作2　新建访问规则

在ISA Server配置为边缘防火墙时，系统会创建一条默认的访问规则。在"ISA服务器管理"窗口左侧窗格中选择"防火墙策略"，此时在右侧窗格中可以看到该默认访问规则，它将拒绝出入所有网络的访问。此时若在内网的计算机上使用Ping命令测试客户机与ISA Server的连通性，将会显示超时错误。如果要让ISA Server对内网计算机使用的Ping命令进行响应，则可以创建一条新的访问规则，操作步骤如下。

（1）在"ISA 服务器管理"窗口中，选择"防火墙策略"，单击鼠标右键，在弹出的菜单中，依次选择"新建"→"访问规则"命令，打开"欢迎使用新建访问规则向导"对话框。

（2）在"欢迎使用新建访问规则向导"对话框中，输入访问规则名称，单击"下一步"按钮，打开"规则操作"对话框，如图 6-24 所示。

（3）在"规则操作"对话框中，选中"允许"单选框，单击"下一步"按钮，打开"协议"对话框。在"协议"中，单击"添加"按钮，打开"添加协议"对话框，如图 6-25 所示。

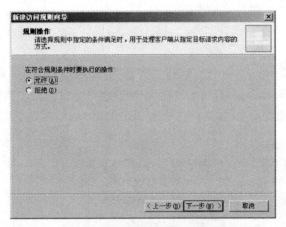

图 6-24 　"规则操作"对话框

图 6-25 　"添加协议"对话框

（4）在"添加协议"对话框中，依次选择"通用协议"→"Ping"，单击"添加"按钮，返回"协议"对话框，如图 6-26 所示。

（5）在"协议"对话框中，单击"下一步"按钮，打开"访问规则源"对话框。在"此规则应用于来自这些源的通讯"中单击"添加"按钮，打开"添加网络实体"对话框，如图 6-27 所示。

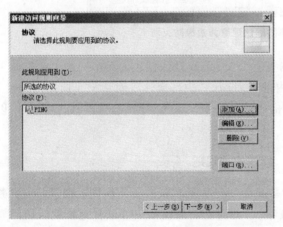

图 6-26 　"协议"对话框

图 6-27 　"添加网络实体"对话框

（6）在"添加网络实体"对话框中，依次选择"网络"→"内部"，单击"添加"

按钮，返回"访问规则源"对话框，如图6-28所示。

（7）在"访问规则源"对话框中，单击"下一步"按钮，打开"访问规则目标"对话框，在"此规则应用于发送到这些目标的通讯"中单击"添加"按钮，打开"添加网络实体"对话框。

（8）在"添加网络实体"对话框中，依次选择"网络"→"本地主机"，单击"添加"按钮，返回"访问规则目标"对话框，如图6-29所示。

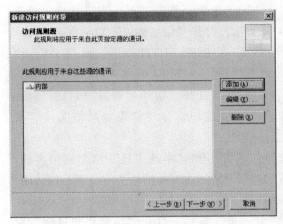
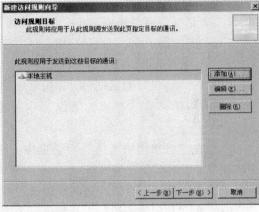

图6-28　"访问规则源"对话框　　　　图6-29　"访问规则目标"对话框

（9）在"访问规则目标"对话框中，单击"下一步"按钮，打开"用户集"对话框，默认情况下，该规则将应用于来自所有用户的请求。

（10）在"用户集"对话框中，单击"下一步"按钮，打开"正在完成新建访问规则向导"对话框。单击"完成"按钮。此时在"防火墙策略"中可以看到增加了一个策略，该策略将允许内网所有用户对本地主机进行 Ping 操作，如图6-30所示。单击"应用"按钮，使该策略生效。

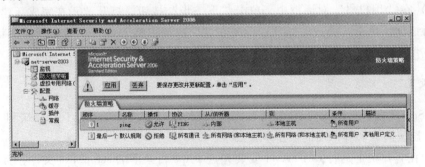

图6-30　新建的访问规则

操作3　配置 ISA 客户端接入 Internet

1. 设置访问规则

ISA Server 安装完毕后，在初始状态下，客户端是不能通过 ISA Server 代理接入 Internet 的，为了保证客户端接入 Internet，需要在 ISA Server 上进行如下设置。

（1）在"ISA 服务器管理"窗口中，选择"防火墙策略"，单击鼠标右键，在弹出的菜单中，依次选择"新建"→"访问规则"命令，打开"欢迎使用新建访问规则向导"对话框。

（2）在"欢迎使用新建访问规则向导"对话框中，输入访问规则名称，单击"下一步"按钮，打开"规则操作"对话框。

（3）在"规则操作"对话框中，选中"允许"单选框，单击"下一步"按钮，打开"协议"对话框。在"协议"中，单击"添加"按钮，打开"添加协议"对话框。

（4）在"添加协议"对话框中，从"通用协议"中选择"HTTP"协议和"DNS"协议，如需增加其他网络服务可选择相应协议。单击"添加"按钮，返回"协议"对话框。

（5）在"协议"对话框中，单击"下一步"按钮，打开"访问规则源"对话框。在"此规则应用于来自这些源的通讯"中单击"添加"按钮，打开"添加网络实体"对话框。

（6）在"添加网络实体"对话框中，选择"内部"和"本地主机"两个网络实体，这样就指定了内部客户端和 ISA Server 能够访问外部网络，而其他网络实体，则不能访问。单击"添加"按钮，返回"访问规则源"对话框。

（7）在"访问规则源"对话框中，单击"下一步"按钮，打开"访问规则目标"对话框，在"此规则应用于发送到这些目标的通讯"中单击"添加"按钮，打开"添加网络实体"对话框。

（8）在"添加网络实体"对话框中，添加"外部"网络实体。如果要对访问的外部网站进行限制，可以在"添加网络实体"窗口中，依次单击"新建"→"URL 集"命令，打开"新建 URL 集规则元素"对话框，在其中添加可以被访问的网站的 URL 即可。单击"添加"按钮，返回"访问规则目标"对话框。

（9）在"访问规则目标"对话框中，单击"下一步"按钮，打开"用户集"对话框。

（10）在"用户集"对话框中，单击"下一步"按钮，打开"正在完成新建访问规则向导"对话框。单击"完成"按钮，此时在"防火墙策略"中可以看到新建的访问规则，单击"应用"按钮，使规则生效。

2. 设置防火墙客户端

ISA Server 支持三种类型的客户端，分别是防火墙客户端、SNAT 客户端和 Web 代理客户端。设置防火墙客户端的操作步骤如下。

（1）在客户机上运行 ISA Server 安装光盘中 fpc 目录下的 setup.exe 文件，打开"欢迎使用 Microsoft Firewall Client 的安装向导"对话框。

（2）在"欢迎使用 Microsoft Firewall Client 的安装向导"对话框中，单击"下一步"按钮，即可在该向导的引导下安装防火墙客户端。在安装过程中，可以指定客户机连接哪一台 ISA Server。

（3）安装成功后，可以看到在客户机屏幕右下角的任务栏中增加了 ISA 客户端图标。

（4）双击 ISA 客户端图标，弹出防火墙客户端设置菜单，单击"Web"浏览器标签，可以通过勾选"启用 Web 浏览器自动配置"复选框设置 Web 代理客户端。

（5）单击"立即配置"命令，客户端浏览器将自动完成配置。

3. 设置 SNAT 客户端和 Web 代理客户端

配置 SNAT 客户端，要先将安装在客户机的防火墙客户端软件删除或者停用，然后在"Internet 协议（TCP/IP）属性"对话框中，填入内部网络客户机的 IP 地址、子网掩码、默认网关和 DNS 服务器的 IP 地址。其中默认网关是 ISA Server 的地址，DNS 服务器的 IP 地址可以填写外网的 DNS 服务器，也可以填写内网已有的 DNS 服务器。

在一台没有安装防火墙客户端软件的客户机上，可以直接在 IE 浏览器的代理设置中，填入 ISA Server 的 IP 地址或者是主机名，端口填入 8080，即可设置 Web 代理客户端。

操作4　发布内部网络服务

1. 发布内部网络的网站

若要把内部网络中的一台 Web 服务器发布给 Internet 中的客户端计算机，操作步骤如下。

（1）在"ISA 服务器管理"窗口中，选择"防火墙策略"，单击鼠标右键，在弹出的菜单中，依次选择"新建"→"网站发布规则"命令，打开"欢迎使用新建 Web 发布规则向导"对话框。

（2）在"欢迎使用新建 Web 发布规则向导"对话框中，输入 Web 发布规则名称，单击"下一步"按钮，打开"请选择规则操作"对话框。

（3）在"请选择规则操作"对话框中，选择"允许"单选框，单击"下一步"按钮，打开"发布类型"对话框，如图 6-31 所示。

（4）在"发布类型"对话框中，选择"发布单个网站或负载平衡器"单选框，单击"下一步"按钮，打开"服务器连接安全"对话框，如图 6-32 所示。

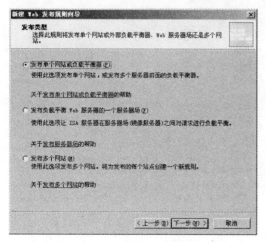

图 6-31　"发布类型"对话框

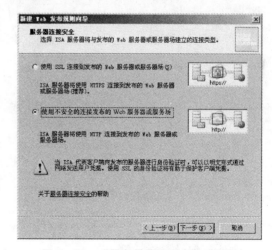

图 6-32　"服务器连接安全"对话框

（5）在"服务器连接安全"对话框中，选择"使用不安全的连接发布的 Web 服务器或服务器场"单选框，单击"下一步"按钮，打开"发布内部详细信息"对话框，如图

6-33所示。

（6）在"内部发布详细信息"对话框中，输入内部站点的名称，单击"下一步"按钮，打开如图6-34所示的对话框。

（7）在如图6-34所示的对话框中，将"路径"文本框留空，单击"下一步"按钮，打开"公共名称细节"对话框，如图6-35所示。

（8）在"公共名称细节"对话框的"接受请求"文本框中选择"此域名（在以下输入）"，在"公用名称"文本框中输入内部站点的公用名称，单击"下一步"按钮，打开"选择Web侦听器"对话框，如图6-36所示。

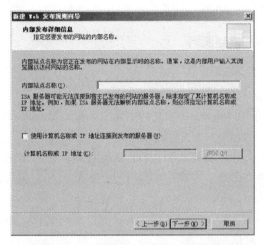

图6-33 指定发布网站的内部名称

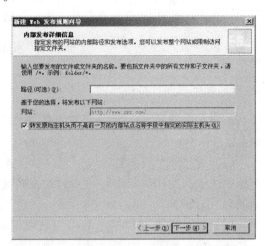

图6-34 指定发布网站的内部路径和发布选项

图6-35 "公共名称细节"对话框

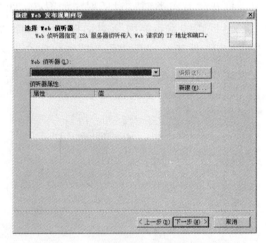

图6-36 "选择Web侦听器"对话框

（9）在"选择Web侦听器"对话框中，单击"新建"按钮，打开"欢迎使用新建Web侦听器向导"对话框。

（10）在"欢迎使用新建Web侦听器向导"对话框中，输入Web侦听器名称，单击"下一步"按钮，打开"客户端连接安全设置"对话框，如图6-37所示。

（11）在"客户端连接安全设置"对话框中，选择"不需要与客户端建立SSL安全连接"单选框，单击"下一步"按钮，打开"Web 侦听器 IP 地址"对话框，如图 6-38 所示。

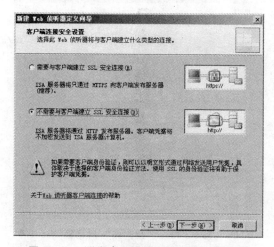

图 6-37　"客户端连接安全设置"对话框	图 6-38　"Web 侦听器 IP 地址"对话框

（12）在"Web 侦听器 IP 地址"对话框的"侦听这些网络上的传入 Web 请求"中，选择"外部"，单击"下一步"按钮，打开"身份验证设置"对话框，如图 6-39 所示。

（13）在"身份验证设置"对话框的下拉列表框中，选择"没有身份验证"，单击"下一步"按钮，打开"单一登录设置"对话框，如图 6-40 所示。

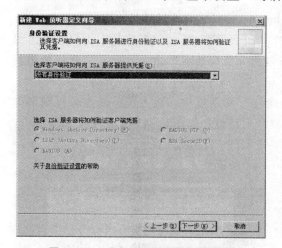
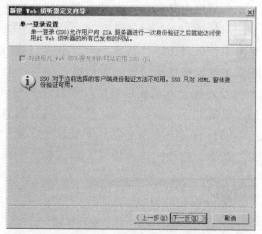

图 6-39　"身份验证设置"对话框	图 6-40　"单一登录设置"对话框

（14）在"单一登录设置"对话框中，单击"下一步"按钮，打开"正在完成新建 Web 侦听器向导"对话框。

（15）在"正在完成新建 Web 侦听器向导"对话框中，单击"完成"按钮，完成 Web 侦听器的创建，返回"选择 Web 侦听器"对话框，可以看到已经创建的 Web 侦听器及其属性。单击"下一步"按钮，打开"身份验证委派"对话框，如图 6-41 所示。

（16）在"身份验证委派"对话框中，选择"不委派，客户端无法直接进行身份验证"，单击"下一步"按钮，打开"用户集"对话框，如图 6-42 所示。

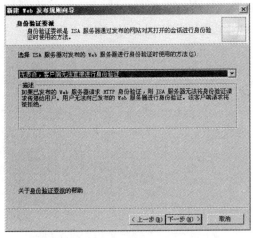

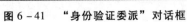

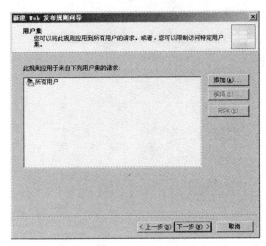

图 6 – 41　"身份验证委派"对话框　　　图 6 – 42　"用户集"对话框

（17）在"用户集"对话框中，选择所有用户，单击"下一步"按钮，打开"正在完成新建 Web 发布规则向导"对话框。单击"完成"按钮，此时在"防火墙策略"中可以看到新建的 Web 发布规则，单击"应用"按钮，使规则生效。

2. 发布内部网络的 FTP 服务器

若要把内部网络中的 FTP 服务器发布给 Internet 中的客户端计算机，则操作步骤如下。

（1）在"ISA 服务器管理"窗口中，选择"防火墙策略"，单击鼠标右键，在弹出的菜单中，依次选择"新建"→"非 Web 服务器协议发布规则"命令，打开"欢迎使用新建服务器发布规则向导"对话框。

（2）在"欢迎使用新建服务器发布规则向导"对话框中，输入服务器发布规则名称后，单击"下一步"按钮，打开"选择服务器"对话框，如图 6 – 43 所示。

（3）在"选择服务器"对话框中，指定要发布的 FTP 服务器的 IP 地址，单击"下一步"按钮，打开"选择协议"对话框，如图 6 – 44 所示。

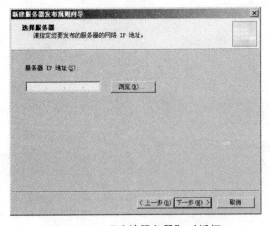

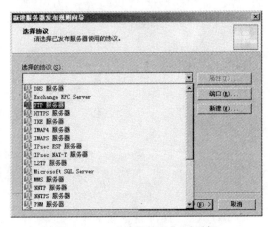

图 6 – 43　"选择服务器"对话框　　　图 6 – 44　"选择协议"对话框

（4）在"选择协议"对话框中，选择要发布的协议为"FTP 服务器"，单击"下一步"按钮，打开"网络侦听器 IP 地址"对话框。

（5）在"网络侦听器 IP 地址"对话框的"侦听来自这些网络的请求"中，选择"外部"，单击"下一步"按钮，打开"正在完成新建服务器发布规则向导"对话框。

（6）在"正在完成新建服务器发布规则向导"对话框中，单击"完成"按钮，此时在"防火墙策略"中可以看到新建的服务器发布规则，单击"应用"按钮，使规则生效。

▎注 意▕

　　限于篇幅，以上只完成了 ISA Server 被配置为边缘防火墙时的一些基本操作，关于 ISA Server 的其他应用方法和操作步骤，请参考相关的技术手册。

【技能拓展】

1. 认识 Cisco 防火墙产品

Cisco 防火墙技术是一种模块化的按需设计的解决方案，可以为中小型企业网络提供丰富的高级安全功能和网络服务功能。基于软件的 Cisco IOS 防火墙是集成在 Cisco IOS 内部的功能，它可以实现状态化监控，并可以深入到应用层对网络实施保护。Cisco 硬件防火墙主要有 PIX 系列安全设备、ASA 系列自适应安全设备以及防火墙服务模块（FWSM）。请查阅 Cisco 防火墙产品的相关技术资料，了解其主要功能及安装和部署方法。

2. 认识 Juniper 防火墙产品

Juniper 公司提供适用于整个网络的创新安全技术，从而降低由连接和提供关键网络服务和商业应用所带来的风险。Juniper 的防火墙产品主要是 NetScreen 系列安全设备，该产品集成了防火墙、VPN、流量管理、拒绝服务防御以及分布式拒绝服务防御等功能。请查阅 Juniper 防火墙产品的相关技术资料，了解其主要功能及安装和部署方法。

任务6.3　安装与部署入侵检测系统

【任务目的】

（1）理解入侵检测系统的作用和类型；

（2）理解入侵检测系统的工作流程；

（3）了解入侵检测系统的安装和部署方法。

【工作环境与条件】

（1）安装好 Windows Server 2003 或其他 Windows 操作系统的计算机；

（2）能够正常运行的网络环境（也可使用 VMware 等虚拟机软件）；

（3）典型的入侵检测系统（本次任务以 Snort 入侵检测系统为例，也可选择其他产品）。

【相关知识】

入侵检测系统（IDS）是一套监控计算机系统或网络系统中发生的事件，根据规则进行安全审计的软件或硬件系统。

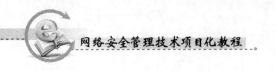

6.3.1 入侵检测系统的作用

在网络安全体系中，有一个非常形象的比喻，防火墙就像一幢大楼的门卫，可以阻止一类人群的进入，但无法阻止直接从大楼内部发起的破坏行为；入侵检测系统则像这幢大楼里的监视系统，一旦破坏分子已通过某种方式进入大楼，或内部人员有越界行为，只有通过实时监视系统才能发现情况并发出警告。入侵检测系统是防火墙的合理补充，它通过从网络中若干关键节点收集并分析信息，可以实现以下功能。

- 入侵行为检测：通过实时监控和分析信息，发现网络中是否有违反安全策略的行为和遭到攻击的迹象。
- 入侵追踪定位：利用入侵检测的事件分析和定位功能追踪定位攻击来源。
- 网络病毒监控：通过对蠕虫病毒的代码特征检测、网络流量健康状况分析，对蠕虫病毒进行预警和及时发现，及时定位出感染病毒的系统或区域。
- 拒绝服务攻击发现和追踪：通过对网络包分布状态的分析以及拒绝服务特征的比较，及时发现拒绝服务攻击，并进一步追踪入侵来源。
- 网络行为审计：对正常的网络行为进行审计，如审计关键服务器的网络访问等。
- 主机行为审计：监控审计关键服务器的主机操作、注册表/配置文件变动等。
- 网络状态分析：通过在重要网络区域部署入侵检测系统，可以监控网络健康状况以及整体网络的安全状况。

6.3.2 入侵检测系统的分类

根据检测对象的不同，入侵检测系统可以分为以下类型。

1. 基于主机的 IDS

基于主机的 IDS（HIDS）通常运行于被重点检测的主机上，通过查询、监听当前主机系统各种资源的使用运行状态，发现系统资源被非法使用和修改的事件，并进行上报和处理。其监测的资源主要包括日志、错误消息、服务和应用程序权限等。

基于主机的 IDS 的优点在于它拥有对主机的访问特权，能够监视所有的系统行为，系统误报率低，性价比高，非常适用于加密和交换环境。其缺点主要包括不能监视网络活动状况，会占用系统资源，管理和实施比较复杂，需要安装在每一台危险主机上等。

2. 基于网络的 IDS

基于网络的 IDS（NIDS）通常设置在网络基础设施的关键区域，一般需要将其网卡设置为混杂模式，从而不停地监视网段内传输的各种数据包，并对每个数据包进行特征分析和判断。如果数据包符合系统内置的某些规则，NIDS 就会发出警报甚至直接切断网络连接。

基于网络的 IDS 的优点包括：能够检测来自网络的攻击和非法访问；无须改变主机配置和性能；不依赖主机的操作系统；成本低，实时性好等。其缺点主要包括：不利于加密通信；不能检测不同网段的数据包；对带宽要求高；很难检测需要大量计算的攻击等。

3．混合式 IDS

HIDS 和 NIDS 各有优点，单纯使用某一类入侵检测系统都会造成防御体系的不全面，但如果将这两类系统结合起来部署，则可以构成一套完整的防御体系。通常可以使用 HIDS 为承担重要任务的主机提供协助防护，使用 NIDS 保护网络基础设施。

6.3.3　入侵检测系统的工作流程

入侵检测系统的工作流程由数据采集、数据分析和数据处理三个过程组成。

1．数据采集

入侵检测系统数据采集的内容包括网络系统、数据及用户活动的状态和行为。

（1）网卡的工作模式

通常网卡有以下接收模式。

- 广播模式：接收网络中的广播数据帧。
- 组播模式：接收网络中的组播数据帧。
- 直接模式：只接收目的 MAC 地址为自己的数据帧。
- 混杂模式：接收一切通过网卡的数据帧。

网卡的默认接收模式包含广播模式和直接模式，即网卡只接收广播帧和发送给自己的数据帧。若要进行数据采集，则需将其设置为混杂模式。

（2）数据包捕获机制

数据包捕获机制是在数据链路层增加一个旁路处理，对发送和接收到的数据包进行相应处理，然后将其传递给应用程序。数据包捕获机制不会影响操作系统对数据包的正常处理，对用户而言，它提供了一个统一的接口，使用户程序只需要简单地调用若干函数就能获得所期望的数据包。目前在操作系统平台上实现对底层数据包的截取过滤技术主要有两种，一种是 Unix/Linux 系统下的 Libpacp 技术，一种是 Windows 系统下的 WinPcap 技术。

2．数据分析

入侵检测系统的数据分析主要包括模式匹配、统计分析和完整性分析。

（1）模式匹配

模式匹配就是将收集到的数据与已知网络入侵和系统误用模式数据库进行比较，从而发现违反安全策略的行为。该方法的优点是算法简单，效率高，可以减少系统的负担；缺点是不能检测未出现过的攻击行为，需要不断地升级数据库以应对不断出现的网络攻击。

（2）统计分析

统计分析也称为异常检测，主要是利用统计分析方法为系统对象（如用户、文件、目录等）创建一个统计描述，统计正常使用时的一些测量属性（如访问次数、操作失败次数、延时等），这些测量属性的平均值将用来与网络、系统的行为进行比较，如果观察值在正常值范围之外，就认为有入侵行为发生。该方法的优点是可以检测到未知的攻击行为，缺点是误报率和漏报率高，统计算法的计算量庞大，不能适应用户正常操作的突然改变。

（3）完整性分析

完整性分析就是通过检查系统的当前系统配置（如系统某个文件或对象）来检查系统

是否遭到破坏。该方法的优点是能够发现导致文件或其他对象发生任何改变的攻击行为，缺点是一般以批处理方式实现，不适用于实时响应。

3．数据处理

如果入侵检测系统发现异常，通常可以采用以下方式进行处理：

- 弹出报警窗口；
- 电子邮件通知；
- 切断网络连接；
- 执行自定义程序；
- 与其他网络安全设施（如防火墙）进行交互或者联动。

6.3.4　入侵检测系统的部署方式

通常入侵检测系统的检测器（Sensor）应部署在网络中的以下位置。

- 防火墙的 DMZ 区域：可以查看 DMZ 区域主机的被攻击情况；可以看出防火墙系统的安全策略是否合理。
- 路由器和边界防火墙之间：可以审计来自 Internet 的网络攻击类型和数量。
- 网络中枢：可以监控网络中的主要数据流量以提高检测网络攻击的可能性。
- 安全级别高的网段：对非常重要的系统和资源进行入侵检测。

图 6-45 给出了一种入侵检测系统在网络中的部署方式。在该网络中，入侵检测系统的检测器被布置在网络核心交换机的镜像端口。在重要的服务器或者有必要的客户机上应安装代理程序，以收集系统信息，寻找具有攻击特性的数据包。在网络管理员工作站上应安装入侵检测系统的控制台，对来自主机的和网络的检测信息进行分析和监控。

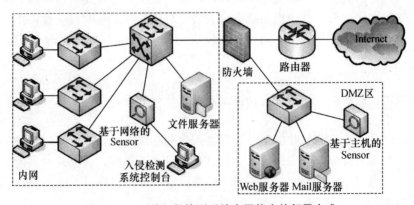

图 6-45　一种入侵检测系统在网络中的部署方式

【任务实施】

操作 1　认识与部署 Snort

Snort 是一种开放源代码的应用程序，最初只是一个简单的网络管理工具，后来发展成一个遍布世界的企业分布式入侵检测系统。Snort 不需要昂贵的特殊设备，能够支持几乎所有的硬件平台和操作系统。Snort 的代码编写得非常出色，自身占用空间很小，对安装资源的要求很低，可以在满负荷运行的百兆网络中对每一个数据包进行监控，而不会出现丢包现象。在网络中部署 Snort 时可以采用三层结构，也可以采用单层结构。

1. 三层结构

三层结构是 Snort 在企业级网络中的典型安装模式，由检测器层、服务器层和分析控制台组成，如图 6 - 46 所示。

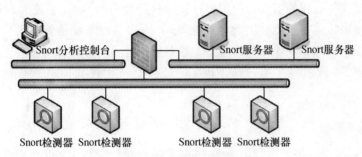

图 6 - 46　Snort 三层结构

● 检测器层：检测器必须被放置在要监控入侵的网段。检测器一般应有两块网卡：一块不必分配 IP 地址，连接到要监控的网段，工作于混杂模式，用于捕获数据包；另一块分配 IP 地址，用于向服务器层传送警报信息。Snort 应用程序运行在检测器上，负责对捕获的数据包进行分析并发送警报。

● 服务器层：负责从检测器收集报警数据并将其转换为用户可读的形式。通常报警数据将被导入一个关系数据库，以便更好地管理数据和进行复杂的查询。Snort 支持许多不同的数据库，如 MySQL、Oracle 等。

● 分析控制台：用户在分析控制台读取数据。通常服务器层能够支持以 GUI 形式显示数据，因此分析控制台一般需要安装支持 SSL 的网页浏览器。

在网络安全体系中，入侵检测系统本身的安全非常重要，因此在 Snort 三层网络结构中，除需要利用防火墙将其与其他网络部分进行隔离之外，还必须在 Snort 各层之间采用加密通信和健壮的认证机制，以保证数据传输的安全。

2. 单层结构

单层结构就是将 Snort 的所有组件安装在一台服务器上。单层结构就功能而言与三层结构相似，但其扩展性、性能和安全性不如三层结构，适用于网络设备较少的小型网络。在以集线器为中心的共享式网络中，只需要将 Snort 服务器安置在所需监控子网中的任意位置即可。而在以交换机为中心的网络中，必须将 Snort 服务器安装在交换机的镜像端口，否则它仅能捕获本机数据。在 Cisco 交换机上启用端口镜像的过程如下所示：

```
Switch (config)# no monitor session all          //清除先前配置的所有会话
Switch (config)# monitor session 1 source interface FastEthernet0/1 both
Switch (config)# monitor session 1 destination interface FastEthernet0/24
//将 FastEthernet0/1 接口的数据流量镜像到 FastEthernet0/24 接口
```

以上只给出了在 Cisco 网络设备上启用端口镜像的基本设置过程，如要进行更复杂的设置，请查阅相关的技术手册。

操作 2   安装 Snort

Snort 本身只能完成对网络入侵行为的检测，要让 Snort 的运行更加有效、管理更加方便，则需要安装其他的相关工具和应用程序。开放源代码的 Linux 系统为 Snort 提供了丰富的工具和高效稳定的运行环境，因此是构建 Snort 入侵检测系统最好的操作系统平台。当然，由于 Windows 系统在其他方面的优势，也可以选择 Windows 作为操作系统平台，但需要安装的工具较多，工作量较大。在 Windows 环境下，安装 Snort 入侵检测系统的操作步骤如下。

1. 安装 Apache

Apache 是一个 Web 服务器，原先为 Unix 系统设计，它比 IIS 更加安全和稳定。如果在 Windows Server 2003 或其他 Windows 网络操作系统上安装 Apache，建议不安装 IIS 或把已安装的 IIS 删除。Apache 的安装过程与其他 Windows 安装程序基本相同，这里不再赘述。安装完成后 Apache 服务会自动运行，在任务栏右下角可以看到相应图标，双击该图标，可以打开"Apache Service Monitor"窗口。默认情况下，Apache 安装目录下的"Apache2 \ htdocs"文件夹就是网站的默认主目录。如果在浏览器地址栏输入"http：// 127. 0. 0. 1"后看到默认主页面，则表示 Apache 已安装成功。

2. 安装 PHP

PHP 是一种功能强大的 Web 脚本语言。由于 ACID 是通过 Web 界面来分析查看 Snort 数据的主要工具，而 ACID 是用 PHP 编写的，因此为了使 ACID 发挥作用，必须安装 PHP。安装 PHP 并使 Apache 服务器对其支持的操作步骤如下。

（1）将从网络中下载的 PHP 压缩包解压到"C：\ php"。

（2）将文件"C：\ php \ php5ts. dll"复制到"% systemroot% \ system32"。

（3）将文件"C：\ php \ php. ini – dist"复制到"% systemroot%"并将其改名为"php. ini"。

（4）用记事本打开 Apache 安装目录下的文件"Apache2. 2 \ conf \ httpd. conf"，在语句"#LoadModule ssl_ module modules/mod_ ssl. so"后增加两条语句："LoadModule php5 _ module c：/php/php5apache2_ 2. dll（以 Module 方式加载 PHP）"；"AddType application/x – httpd – php . php（添加可以执行 PHP 的文件类型）"。

（5）将文件"C：\ php \ ext \ Php_ gd2. dll"复制到"% systemroot%"。打开文件"% systemroot% \ php. ini"，找到语句"; extension = php_ gd2. dll"，去掉前面的分号，使 PHP 能够直接调用刚才复制的模块，添加 Apache 对 gd 库的支持。

（6）重新启动 Apache 服务器，测试 PHP 安装是否成功。

> **注 意**
>
> 可在 Apache 安装目录下的 "Apache2 \ htdocs" 文件夹中新建文件 "test. php",该文件的内容为 "<? phpinfo ( ) ; ? >",然后在浏览器地址栏输入 "http: // 127. 0. 0. 1/ test. php",测试 PHP 安装是否成功。

3. 安装 WinPcap

Snort 本身没有捕获数据包的功能,在 Windows 下它需要利用 WinPcap 程序实现该功能。WinPcap 的安装过程与其他 Windows 安装程序基本相同。

4. 安装 Snort

Snort 的安装过程与其他 Windows 安装程序基本相同,采用默认安装即可。安装完成后可以进入命令行模式,进入 Snort 安装目录的 "bin" 文件夹,输入 "snort - W" 命令验证 Snort 安装是否成功,如图 6 - 47 所示。

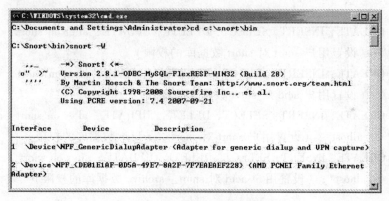

图 6 - 47 验证 Snort 安装是否成功

5. 安装和设置 MySQL

(1) 安装 MySQL

MySQL 是一种开放源代码的 SQL 数据库,是 Snort 最常用的数据库。MySQL 的安装过程与其他 Windows 安装程序基本相同,选择 "典型" 安装即可。安装完成后应选择启动 MySQL 配置向导,按提示进行设置即可,在该过程中会要求设置默认 root 用户密码。限于篇幅,具体操作过程这里不再赘述。

(2) 启用 PHP 对 MySQL 的支持

将文件 "C: \ php \ ext \ php_ mysql. dll" 复制到 "% systemroot%",将文件 "c: \ php \ libmysql. dll" 复制到 "% systemroot% \ system32"。打开文件 "% systemroot% \ php. ini",去掉 "; php_ mysql. dll" 语句前面的分号,使 PHP 能够直接调用刚才复制的模块。保存后,重启 Apache 服务器。

(3) 创建 Snort 数据库

进入命令行模式,进入 MySQL 安装目录的 "bin" 文件夹,输入 "mysql - u root - p"

命令，输入密码后，在 mysql 提示符下输入命令"create database snort"创建 snort 数据库，输入命令"create database snort_ archive"创建 snort_ archive 数据库。

（4）建立 Snort 数据表

将 Snort 安装目录下的文件"shcemas \ create_ mysql"复制到 MySQL 安装目录的"bin"文件夹。然后进入命令行模式，在 mysql 提示符下依次输入以下命令：

- use snort
- source create_ mysql
- use snort_ archive
- source create_ mysql

（5）生成数据库访问和授权用户

要生成数据库访问和授权用户，可在 mysql 提示符下依次输入以下命令：

- grant usage on *. * to " acid" @ " localhost" identified by " acidtest"；（创建用户 acid）
- grant usage on *. * to " snort" @ " localhost" identified by " snorttest"；（创建用户 snort）
- grant CREATE，INSERT，SELECT，DELETE，UPDATE，alter on snort. * to " snort" @ " localhost"；（设置用户 snort 对 snort 数据库的权限）
- grant CREATE，INSERT，SELECT，DELETE，UPDATE，alter on snort . * to " acid" @ " localhost"；（设置用户 acid 对 snort 数据库的权限）
- grant CREATE，INSERT，SELECT，DELETE，UPDATE，alter on snort_ archive. * to " snort" @ " localhost"；（设置用户 snort 对 snort_ archive 数据库的权限）
- grant CREATE，INSERT，SELECT，DELETE，UPDATE，alter on snort_ archive . * to " acid" @ " localhost"；（设置用户 acid 对 snort_ archive 数据库的权限）

6．安装 ADODB

PHP 的数据库访问功能没有被标准化，为了使开发的 PHP 代码能够访问不同类型的数据库，可以使用 ADODB 为所有数据库提供一个通用的接口。ADODB 的安装非常简单，只要把下载的安装文件解压至"C：\ php \ adodb"目录下即可。

7．安装 JPGRAPH

JPGRAPH 是一个专门提供图表的类库，可以帮助 PHP 实现图表的快速开发。其安装也非常简单，只要把下载的安装文件解压至"C：\ php \ jpgraph"目录下即可。

8．安装 ACID

ACID 是一种通过 Web 界面来分析察看 Snort 数据的工具。它是用 PHP 编写的，与 Snort 和 MySQL 数据库一同工作。其安装方法为：将下载的安装文件解压至 Apache 安装目录下的"Apache2 \ htdocs \ acid"文件夹，利用写字板打开其中的文件"acid_ conf. php"并进行以下修改，保存后重新启动 Apache 服务器。

- $ DBlib_ path = " C：\ php \ adodb"；

- $ alert_ dbname = " snort";
$ alert_ host = " localhost";
$ alert_ port = " 3306";
$ alert_ user = " snort";
$ alert_ password = " snorttest";
- $ archive_ dbname = " snort_ archive";
$ archive_ host = " localhost";
$ archive_ port = " 3306";
$ archive_ user = " acid";
$ archive_ password = " acidtest";
- $ ChartLib_ path = " C：\ php \ jpgraph \ src";

此时可在浏览器地址栏输入"http：//127. 0. 0. 1/acid/acid_ main. php"后，打开 ACID 主页面。在该页面中单击"Setup page"链接，打开"DB Setup"页面，单击"Creat ACID AG"按钮，建立运行 ACID 必须的数据库。

操作3　配置和运行 Snort

1. 配置 Snort

Snort 的配置较为复杂，通常应完成以下操作。

（1）添加规则库

将 snortrules – snapshot – CURRENT. tar. gz 中的 doc 目录内容解压到 Snort 安装目录的 "doc"文件夹下，将 snortrules – snapshot – CURRENT. tar. gz 中的 rules 目录内容解压到 Snort 安装目录的"rules"文件夹下。

（2）修改 Snort 安装目录的"etc \ snort. conf"文件

修改该文件可以采用以下两种方法。

- 将 Snort 安装目录下"config"中的文件"snort. conf"复制到"etc"文件夹，覆盖原来的文件。
- 进入 Snort 安装目录下的"etc"文件夹，使用写字板打开 snort. conf 文件，更改内容如下所示：

原内容：var HOME_ NET any

修改后：var HOME_ NET 192. 168. 1. 0/24 （设置监控的 IP 地址范围）

原内容：var EXTERNAL_ NET any

修改后：var EXTERNAL_ NET ! $ HOME_ NET

原内容：var RULE_ PATH .. /rules

修改后：var RULE_ PATH C：\ snort \ rules

原内容：dynamicpreprocessor directory /usr/local/lib/snort_ dynamicpreprocessor/

修改后：dynamicpreprocessor directory C：\ snort \ lib \ snort_ dynamicpreprocessor

原内容：dynamicengine /usr/local/lib/snort_ dynamicengine/libsf_ engine. so

修改后：dynamicengine C：\ snort \ lib \ snort_ dynamicengine \ sf_ engine. dll

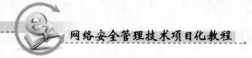

原内容：# output database：alert，mysql，user = root password = test dbname = db host = local-host

修改后：output database：alert，mysql，user = snort password = snorttest dbname = snort host = localhost（设置 snort 输出 alert 到 MySQL Server）

原内容：include classification. config

修改后：include c：\ snort \ etc \ classification. config

原内容：include reference. config

修改后：include c：\ snort \ etc \ reference. config

原内容：# include threshold. conf

修改后：include c：\ snort \ etc \ threshold. conf

2. 运行 Snort

（1）进入命令行模式，进入 Snort 安装目录的"bin"文件夹。输入"snort – W"命令查看有哪些接口可以监控。

（2）输入"snort – v – i 2"命令测试监控是否正常，其中"2"就是使用 – W 参数查看到的网卡的编号。

（3）输入"snort – c " c：\ snort \ etc \ snort. conf" – l " c：\ snort \ log" – i 2 – d – e – X"命令，开始监控。

（4）可以在命令行模式中使用"CTRL + C"或者通过任务管理器来结束 Snort 的运行。可以使用 ACID 查看监控结果，如图 6 – 48 所示。

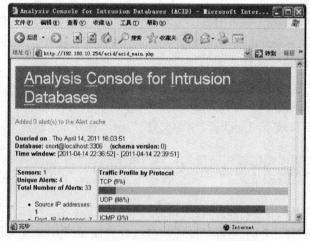

图 6 – 48 使用 ACID 查看 Snort 监控结果

注意

限于篇幅，这里只完成了 Snort 在 Windows 系统下的基本安装和设置。Snort 不是很难使用，但存在着较多的命令行选项，而且 Snort 可以通过一种简单的、轻量级的规则描述语言使用户能够自定义规则。要深入理解 Snort 的配置，进一步掌握 Snort 的应用，请查阅 Snort 使用手册或其他相关技术资料。

【技能拓展】

1．认识其他入侵检测系统

目前入侵检测系统的产品很多，有的是独立的产品，有的则是作为防火墙的一部分，其结构和功能各不相同。请查阅入侵检测系统产品的相关资料，了解其安装和部署方法。

2．认识其他网络安全产品

除了防病毒系统、防火墙和入侵检测系统以外，目前常用的网络安全产品主要还有能够实时检测与主动防御的入侵防御系统（IPS）以及同时将多种安全特性集成于一个硬件设备里的统一威胁管理平台（UTM）。请查阅相关资料，认识常用的 IPS 和 UTM 产品，了解其安装和部署方法。

习　题　6

1．思考与问答

（1）简述防御计算机病毒的原则。
（2）目前在局域网中主要可以使用哪两种防病毒方案？应如何选择？
（3）简述软件防火墙和硬件防火墙的特点。
（4）ISA Server 主要支持哪几种网络结构？分别有什么特点？
（5）在 ISA Server 中，可以配置哪两种网络关系？各有什么不同？
（6）简述入侵检测系统的作用和分类。
（7）简述入侵检测系统的工作流程。

2．技能操作

（1）部署防病毒系统
【内容及操作要求】
按照图 6-49 所示的结构组建网络，在该网络中部署集中式防病毒系统，并在服务器端对网络中的客户机进行扫描。

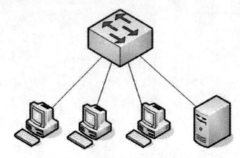

图 6-49　部署防病毒系统操作练习

【准备工作】
3 台安装 Windows XP Professional 的计算机，1 台安装 Windows Server 2003 企业版的计

算机，1 台交换机，集中式防病毒系统（如 Symantec Endpoint Protection），组建网络的其他设备。

【考核时限】

60min。

（2）部署防火墙

【内容及操作要求】

按照图 6-50 所示的结构组建网络，在防火墙上进行设置，要求 PC1 和 PC2 能够访问 Web 服务器和 FTP 服务器，PC3 只能访问 Web 服务器但不能访问 FTP 服务器。

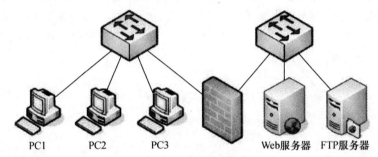

图 6-50　部署防火墙操作练习

【准备工作】

3 台安装 Windows XP Professional 的计算机，3 台安装 Windows Server 2003 企业版的计算机，2 台交换机，企业级防火墙软件（如 ISA Server 2006），组建网络的其他设备。

【考核时限】

60min。

项目7　保障数据传输安全

当数据在网络上传输时，有可能会被非法获取、篡改或执行各种不同类型的攻击。为了保证数据的传输安全，通常应对其采用加密和数字签名技术，这样能确保数据的来源真实可靠，即使数据被非法截取，获取者也无法得到有用信息。本项目的主要目标是理解加密和数字签名的相关概念，能够使用 PGP 加密工具实现数据加密与数字签名，掌握在 Windows 系统中安装 CA 及利用 SSL 实现网站安全连接的操作方法，掌握在 Windows 系统中启动和设置 IPSec 的基本方法，熟悉 VPN 的相关技术和实现方法。

任务 7.1　使用 PGP 加密工具

【任务目的】

（1）理解公开密钥加密的概念和作用；
（2）理解数字签名的概念；
（3）掌握使用 PGP 软件加密解密文件的方法；
（4）掌握使用 PGP 软件进行签名和验证的方法；
（5）掌握使用 PGP 软件加密邮件的方法。

【工作环境与条件】

（1）安装好 Windows Server 2003 或其他 Windows 操作系统的计算机；
（2）能够正常运行的网络环境（也可使用 VMware 等虚拟机软件）；
（3）PGP 软件。

【相关知识】

7.1.1　公开密钥加密

加密是通过特定算法和密钥，将明文转换为密文；解密是加密的相反过程，是使用密钥将密文恢复至明文。加密有传统加密和公开密钥加密两种方式。

1. 传统加密

发送方和接收方用同一密钥分别进行加密和解密的方式称为传统加密，也称作单密钥的对称加密。这种加密技术的优点是加密速度快、数学运算量小，但在有大量用户的情况下，密钥管理难度大且无法实现身份验证，很难应用于开放的网络环境。传统加密大致可分为字符级加密和比特级加密。

（1）字符级加密

字符级加密是以字符为加密对象，通常有替换密码和变位密码两种方式。在替换密码中，每个或每组字符将被另一个或另一组伪装字符所替换，例如最古老的凯撒密码是将每

个字母移动 4 个字符，如将 a 替换为 E、将 b 替换为 F、将 z 替换为 D。替换密码会保持明文的字符顺序，只是将明文隐藏起来，比较简单，很容易被破译。而变位密码是对明文字符作重新排序，但不隐藏它们，一般来说变位密码要比替换密码更安全一些。

（2）比特级加密

比特级加密是以比特为加密对象，首先将数据划分为比特块，然后通过编码/译码、替代、置换、乘积、异或、移位等数学运算方式进行加密。比特级加密仍然采用替换与变位的基本思想，但与字符级加密相比，其算法比较复杂，一般较难被破译。

典型的传统加密算法有 DES、DES3、RDES、IDEA、Safer、CAST - 128 等，其中应用较为广泛的是美国数据加密标准 DES。DES 算法由 IBM 研制，广泛应用于许多需要安全加密的场合，如 Unix 的密码算法就是以 DES 算法为基础的。DES 综合运用了置换、代替等多种加密技术，把明文分成 64 位的比特块，使用 64 位密钥（实际密钥长度为 56 位，另有 8 位的奇偶校验位），迭代深度达到 16。

2. 公开密钥加密

如果在加密和解密时，发送方和接收方使用的是相互关联的一对密钥，那么这种加密方式称为公开密钥加密。公开密钥加密也称为双密钥的不对称加密，需要使用一对密钥，其中用来加密数据的密钥称为公钥，通常存储在密钥数据库中，对网络公开，供公共使用；用来解密的密钥称为私钥，私钥具有保密性。典型的公开密钥加密算法有 RSA、DSA、PGP 和 PEM 等，其中 PGP 和 PEM 广泛应用于电子邮件加密系统。

公开密钥加密算法应满足三点要求。

- 由已知的公钥 K_p 不可能推导出私钥 K_s 的体制。
- 发送方用公钥 K_p 对明文 P 加密后，在接收方用私钥 K_s 解密即可恢复明文。可用 $DK_s（EK_p（P））= P$ 表示，其中 E 表示加密算法，D 表示解密算法。
- 由一段明文不可能破译出密钥以及加密算法。

考虑网络环境下各种应用的具体要求以及算法的安全强度、密钥分配和加密速度等因素，在实际应用中可以将传统密钥算法和公开密钥算法结合起来，这样可以充分发挥两种加密方法的优点，即公开密钥系统的高安全性和传统密钥系统的足够快的加解密速度。

7.1.2 数字签名

使用公开密钥加密的一大优势在于公开密钥加密能够实现数字签名。数字签名是一种认证方法，在公开密钥加密中，发送方可以用自己的私钥通过签名算法对原始信息进行数字签名运算，并将运算结果即数字签名发给接收方；接收方可以用发送方的公钥及收到的数字签名来校验收到的信息是否是由发送方发出，以及在传输过程中是否被他人修改。

上述的数字签名方法是把整个明文都进行加密，加密的速度较慢，因此目前经常使用一种叫做"信息摘要"的数字签名方法。这种方案基于单向散列函数的思想，通常使用哈希函数。哈希函数是一种单向的函数，即一个特定的输入将运算出一个与之对应的特定的输出，且无论输入信息的长短，都可以得到一个固定长度散列函数，这样就可以从一段很长的明文中计算出一个固定长度的比特串，这个固定长度的比特串就叫做信息摘要。发送方使用自己的私钥对要发送的明文的信息摘要进行加密就形成了数字签名。图 7 - 1 给出了"信息摘要"数字签名方法的基本流程。

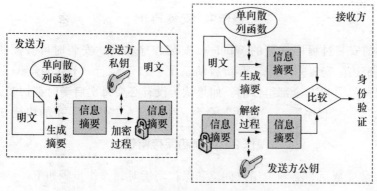

图7-1 "信息摘要"数字签名方法的基本流程

7.1.3 PGP 加密工具

PGP（Pretty Good Privacy）是一种在信息安全传输领域首选的加密软件，采用了非对称的公开密钥加密体系。该软件的主要使用对象为情报机构、政府机构、信息安全工作者。PGP 最初的设计主要是用于邮件加密，如今已经发展到可以加密硬盘、卷、文件、文件夹，可以集成邮件软件进行邮件加密，甚至可以对 ICQ 的聊天信息实时加密。

PGP 是基于 RSA 公开密钥加密体系的，RSA 算法是一种基于大数不可能质因数分解假设的公钥体系。简单地说就是找两个很大的质数，一个公开，即公钥，另一个不告诉任何人，即私钥，这两个密钥是互补的。PGP 采用 MD5 单向散列算法，产生一个 128 位的二进制数作为"信息摘要"从而实现数字签名。

PGP 中的每个公钥和私钥都伴随着一个密钥证书，它一般包含以下内容：

- 密钥内容（用长达百位的大数字表示的密钥）；
- 密钥类型（表示该密钥为公钥还是私钥）；
- 密钥长度（密钥的长度，以二进制位表示）；
- 密钥编号（用以唯一标识该密钥）；
- 创建时间；
- 用户标识（密钥创建人的信息，如姓名、电子邮件等）；
- 密钥指纹（为 128 位的数字，是密钥内容的提要，表示密钥唯一的特征）；
- 中介人签名（中介人的数字签名，声明该密钥及其所有者的真实性，包括中介人的密钥编号和标识信息）。

PGP 把公钥和私钥存放在密钥环（KEYR）文件中，并提供有效的算法查找用户需要的密钥。PGP 在很多情况下需要用到密码，密码主要起保护私钥的作用。由于私钥太长且无规律，很难记忆，PGP 将其用密码加密后存入密钥环，这样用户就可以用易记的密码间接使用私钥。PGP 的每个私钥都有一个相应的密码加密，以下情况需要用户输入密码：

- 需要解开收到的加密信息时，需要输入密码取出私钥解密信息；
- 当用户要为文件或信息进行数字签名时，需要输入密码取出私钥加密；
- 对磁盘上的文件进行加密时，需要输入密码。

【任务实施】

操作1　安装 PGP

PGP 软件的安装过程同一般的 Windows 安装程序相同，安装时可查阅相关的说明文档，这里不再赘述。安装完毕后，重新启动系统会自动运行 "PGPtray. exe" 程序，该程序是用来控制和调用 PGP 全部组件的。如果认为没有必要每次启动时都加载该程序，可依次选择 "开始" → "程序" → "启动" 命令，删除其在 "启动" 中的快捷方式即可。

操作2　创建和保存密钥对

在 PGP 安装完成后，必须为用户创建和保存密钥对，操作步骤如下。

（1）依次选择 "开始" → "程序" → "PGP" → "PGPkeys" 命令，打开 PGP 密钥管理窗口，如图7-2所示。

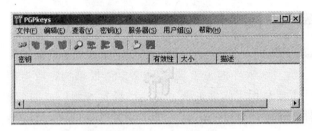

图7-2　PGP 密钥管理窗口

（2）在 PGP 密钥管理窗口中，单击工具栏最左边的 "生成新密钥对" 图标，打开 "欢迎来到 PGP 密钥生成向导" 对话框。

> **注　意**
>
> 在 PGP 首次安装并注册完毕后，会直接运行密钥生成向导。

（3）在 "欢迎来到 PGP 密钥生成向导" 对话框中，单击 "下一步" 按钮，打开 "分配姓名和电子信箱" 对话框，如图7-3所示。

（4）在 "分配姓名和电子信箱" 对话框中，输入用户名和邮件地址，单击 "下一步" 按钮，打开 "分配密码" 对话框，如图7-4所示。

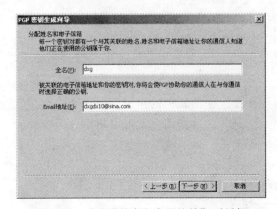

图7-3　"分配姓名和电子信箱" 对话框

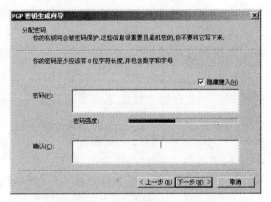

图7-4　"分配密码" 对话框

（5）在"分配密码"对话框中，输入保护私钥的 PIN 码。为了更好地保护私钥，密码至少要输入 8 个字符，并且应包含非字母字符。单击"下一步"按钮，密钥开始生成。

（6）密钥生成后，单击"下一步"按钮，打开"完成 PGP 密钥生成向导"对话框。

（7）在"完成 PGP 密钥生成向导"对话框中，单击"完成"按钮，返回 PGP 密钥管理窗口，此时可以看到刚才创建的密钥，如图 7-5 所示。

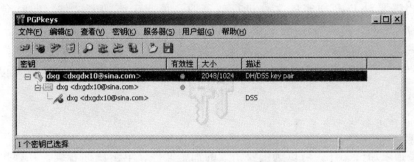

图 7-5   创建了密钥的 PGP 密钥管理窗口

（8）在关闭 PGP 密钥管理窗口时，系统弹出提示对话框，提示将密钥文件进行备份。

（9）单击"立即保存备份"按钮，首先保存公钥文件，扩展名为".pkr"。

（10）单击"保存"按钮，再保存私钥文件，扩展名为".skr"。

若通信双方要使用对方的公钥进行加密，则只要将各自的公钥文件交换，并在 PGP 密钥管理窗口中将对方的公钥文件导入即可。

操作3   加密、解密文件

1. 加密文件

使用 PGP 软件加密文件的操作步骤如下。

（1）打开资源管理器，选中要加密的文件，单击鼠标右键，在弹出的菜单中选择"PGP"→"加密"命令，打开"PGP 外壳-密钥选择对话框"窗口，如图 7-6 所示。

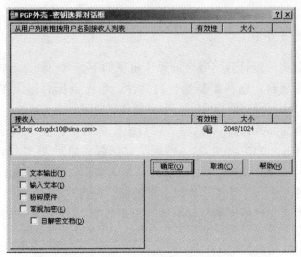

图 7-6   "PGP 外壳-密钥选择对话框"窗口

（2）在"PGP 外壳-密钥选择对话框"窗口中，确认加密文件阅读者，即接收人，单击"确定"按钮，此时在原文件所在的文件夹中会出现以".pgp"为后缀名的加密文件。

2. 解密文件

使用 PGP 软件解密文件的操作步骤如下。

（1）当需要对 PGP 加密的文件进行解密时，可双击该加密文件，此时会打开如图7-7所示的对话框，需要输入用户私钥的保护密码。

（2）输入正确的密码后，单击"确定"按钮，开始文件解密并弹出对话框，要求输入解密后的文件要存储的路径和文件名，输入后单击"保存"按钮。此后就可以打开保存后的已解密的文件了。

3. 使用 PGP 销毁加密文件

如果要销毁加密文件，可以选中要销毁的加密文件，单击鼠标右键，在弹出的快捷菜单中依次选择"PGP"→"粉碎"命令，打开安全删除加密文件确认对话框，如图7-8所示，单击"是"按钮，即可销毁加密文件。

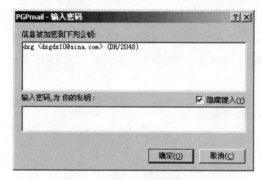

图7-7 输入用户私钥字段

图7-8 安全删除加密文件确认对话框

操作4 数字签名及验证

1. 对文件进行数字签名

使用 PGP 软件对文件进行数字签名的操作步骤如下。

（1）打开资源管理器，选择需要签名的文件，单击鼠标右键，在弹出的菜单中选择"PGP"→"签名"命令，打开"PGP 外壳-密钥选择对话框"窗口。

（2）在"PGP 外壳-密钥选择对话框"窗口中，确认加密文件阅读者，即接收人，单击"确定"按钮，打开"PGP 外壳-输入密码"对话框，如图7-9所示。

（3）在"PGP 外壳-输入密码"对话框的"签名密钥"文本框选择签名人，因为签名要使用签名人的私钥，所以需要在"为以上密钥输入密码"文本框中，输入私钥密码。单击"确定"按钮，在原文件所在的文件夹中会出现后缀为".sig"的签名文件。

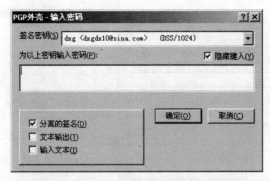

图 7－9　"PGP 外壳-输入密码"对话框

2．对数字签名进行验证

使用 PGP 软件对文件的数字签名进行验证的操作步骤为：打开资源管理器，选择需要验证的文件，单击鼠标右键，在弹出的菜单中选择"PGP"→"校验签名"命令，打开"PGPlog"窗口，如图 7－10 所示，即可核对签名人的身份。若文件在签名后被篡改过，则在"PGPlog"窗口中会显示签名错误，如图 7－11 所示。

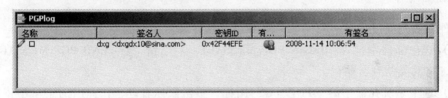

图 7－10　"PGPlog"窗口

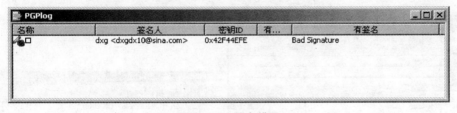

图 7－11　签名错误

操作5　加密、解密邮件

1．加密邮件

使用 PGP 软件加密邮件的操作步骤如下。

（1）使用 Outlook Express 写一封邮件，如图 7－12 所示。

（2）选中邮件的内容，将其复制至剪贴板。

（3）选中系统托盘中的"PGPtray"图标，单击鼠标右键，在弹出的菜单中依次选择"剪贴板"→"加密"命令，打开"PGPtray-密钥选择对话框"窗口，如图 7－13 所示。

图 7 – 12 用 Outlook Express 写一封邮件

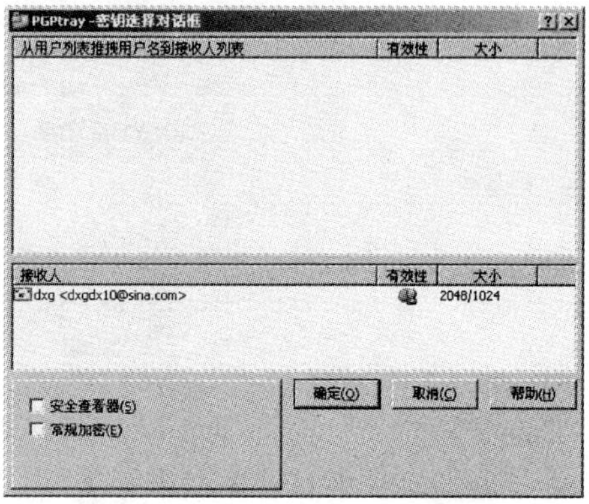

图 7 – 13 "PGPtray-密钥选择对话框"窗口

（4）在密钥选择对话框中，选择用来加密邮件的公钥，单击"确定"按钮，PGP 开始加密剪贴板中的内容。

（5）加密完毕后，在 Outlook Express 邮件内容处，粘贴剪贴板中加密过的内容，如图 7 – 14 所示。此时邮件的内容已经加密，可以将其发出了。

2. 解密邮件

收件人收到经过加密的邮件后，使用 PGP 软件解密邮件的操作步骤如下。

（1）选中邮件中"-----BEGIN PGP MESSAGE-----"到"-----END PGP MESSAGE-----"的内容，将其复制到剪贴板。

（2）选中系统托盘中的"PGP tray"图标，单击鼠标右键，在弹出的菜单中依次选择"剪贴板"→"解密 & 校验"命令，打开"PGPtray-输入密码"对话框，如图 7 – 15 所示。

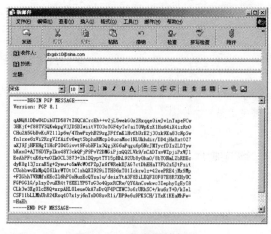

图 7 – 14 加密后的邮件

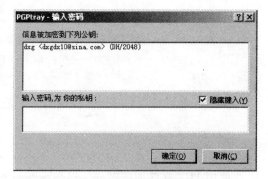

图 7 – 15 "PGPtray-输入密码"对话框

（3）在"PGPtray-输入密码"对话框中，输入相应私钥的密码，单击"确定"按钮，此时 PGP 开始解密剪贴板中的内容。

（4）解密完毕后，在文本查看器中，可以看到解密后的邮件内容，如图 7 – 16 所示。

图 7 - 16　解密后的邮件内容

【技能拓展】

目前能够实现数据加密和数字签名的工具较多，请查阅相关技术资料，了解其他常用加密工具的功能和使用方法。

任务7.2　安装CA与应用数字证书

【任务目的】

(1) 理解 PKI 的概念；

(2) 理解 CA 认证与数字证书的作用；

(3) 掌握在 Windows 系统下安装 CA 的方法；

(4) 掌握在 Windows 系统下申请和使用数字证书的方法；

(5) 了解在 Windows 系统下证书的管理方法。

【工作环境与条件】

(1) 安装好 Windows Server 2003 或其他 Windows 操作系统的计算机；

(2) 能够正常运行的网络环境（也可使用 VMware 等虚拟机软件）。

【相关知识】

7.2.1　PKI 概述

PKI（Public Key Infrastructure，公钥基础设施）是一个用公钥概念和技术来实施和提供安全服务的具有普遍适用性的安全基础设施。它能够为所有网络应用提供加密和数字签名等密码服务及所必需的密钥和证书管理体系。PKI 是信息安全技术的核心，其基础技术包括加密、数字签名、数据完整性机制、数字信封、双重数字签名等。一个完整的 PKI 应用系统至少应包括以下部分。

- 证书认证机构（CA）：CA 是数字证书的申请及签发机关，必须具备权威性。

- 数字证书库：用于存储已签发的数字证书及公钥，用户可由此获得所需的其他用户的证书及公钥。

- 密钥备份与恢复系统：如果用户丢失了用于解密数据的密钥，则数据将无法被解密。为避免这种情况，PKI 提供了备份与恢复密钥的机制。需要注意的是密钥的备份与恢复必须由可信机构完成，并且密钥的备份与恢复只能针对解密密钥，签名私钥为确保其唯一性是不能进行备份的。

● 证书作废系统：与日常生活中的各种身份证件一样，证书在有效期内也可能需要作废，为实现这一点，PKI 提供了作废证书的一系列机制。

● 应用接口（API）：PKI 的价值在于能够使用户方便地使用各种安全服务，因此 PKI 必须提供良好的应用接口系统，使相关应用能够以安全可靠的方式与 PKI 交互。

7.2.2　数字证书

数字证书是 PKI 的核心元素，它是由证书认证机构（Certificate Authority，CA）发行的，能提供在 Internet 上进行身份验证的一种权威性电子文档。人们可以利用数字证书来证明自己的身份和识别对方的身份。数字证书必须具有唯一性和可靠性，通常采用公钥体制，数字证书是公钥的载体。数字证书的颁发过程一般为：用户首先产生自己的密钥对，并将公钥及部分个人身份信息传送给 CA；CA 在核实用户身份后，会执行一些必要的步骤，以确信请求确实由用户发出，然后发给用户一个数字证书。目前数字证书的格式普遍采用 X.509 V3 国际标准，内容包括证书序列号、证书持有者名称、证书颁发者名称、证书有效期、公钥、证书颁发者的数字签名等。用户获得数字证书后就可以利用其进行相关的各种活动了。

数字证书通常有个人证书、企业证书、服务器证书等类型。个人证书有个人安全电子邮件证书和个人身份证书，前者主要用于安全电子邮件或向需要客户验证的 Web 服务器表明身份；后者主要用于网上银行、网上交易。企业证书包含企业信息和企业公钥，可用于网上证券交易等各类业务。服务器证书有 Web 服务器证书和服务器身份证书，前者用于 IIS 等各种 Web 服务器；后者用于表征服务器身份，以防止假冒站点。

7.2.3　证书认证机构（CA）

1. CA 概述

CA 是数字证书的签发机构，是 PKI 的核心。CA 是 PKI 系统中通信双方都信任的实体，它要制定政策和具体步骤来验证、识别用户身份，以确保证书持有者的身份和公钥的拥有权。在数字证书中会带有 CA 的名称和数字签名，以便于用户找到 CA 的公钥、验证证书上的数字签名。CA 的行为具有非否认性，用户如果因为数字证书的原因而遭受损失，数字证书可以作为有效证据以追究 CA 的法律责任。CA 的组成主要有证书签发服务器、密钥管理中心和目录服务器。证书签发服务器负责证书的签发和管理。密钥管理中心负责产生公钥私钥对，CA 的私钥将用于 CA 证书的签发。目录服务器负责证书和证书撤销列表的发布和查询。

2. Windows 系统中 CA 的架构

Windows 系统的 PKI 支持结构化的 CA。从架构上，CA 可以分为根 CA 和从属 CA。

● 根 CA：位于 CA 架构的最上层，虽然它也可以发放用来保护电子邮件安全的证书、提供网站 SSL 安全传输的证书、用来登录 Windows 域的智能卡证书等，但在大多数情况下，根 CA 主要用来给其从属 CA 发放证书。

● 从属 CA：从属 CA 适合用来发放保护电子邮件安全的证书、提供网站 SSL 安全传输的证书、用来登录 Windows 域的智能卡证书等，也可以发放证书给再下一层的从属 CA。从属 CA 必须从其父 CA 取得证书后才可以发放证书。

> **注意**
>
> 在 PKI 架构下，CA 必须得到通信计算机的信任，其颁发的数字证书才能正常使用。Windows 系统默认会信任一些知名 CA 发放的证书。如果 Windows 系统信任了根 CA，那么它会自动信任根 CA 下的所有从属 CA。

3. Windows 系统中 CA 的种类

如果要让 Windows 服务器扮演 CA 的角色，那么可以将其设为企业 CA 或独立 CA。

● 企业根 CA 或企业从属 CA：企业 CA 需要 Active Directory，因此必须建立域模式的网络，将企业 CA 安装到域控制器或成员服务器。企业 CA 发放证书的对象是域内的用户和计算机，非域内的成员无法向企业 CA 申请证书。

● 独立根 CA 或独立从属 CA：扮演独立 CA 角色的计算机可以是独立服务器，也可以是域控制器或成员服务器。无论是否是域内的用户和计算机，都可以向独立 CA 申请证书，不过在申请时必须自行输入相关信息，因为独立 CA 不会向 Active Directory 询问用户身份信息。

【任务实施】

操作1　安装证书服务并架设独立根 CA

由于用户只能利用 Web 浏览器向独立根 CA 申请证书，因此应首先在即将扮演独立根 CA 角色的 Windows 计算机内安装 IIS。IIS 安装完毕后就可以安装证书服务并架设独立根 CA 了，操作步骤如下。

（1）依次选择"开始"→"控制面板"→"添加或删除程序"→"添加/删除 Windows 组件"命令，打开"Windows 组件"对话框。

（2）在"Windows 组件"对话框中，选中"证书服务"复选框，在弹出的警告框中单击"是"按钮。关闭警告框，单击"下一步"按钮，打开"CA 类型"对话框，如图 7-17 所示。

（3）在"CA 类型"对话框中，选中"独立根 CA"单选框，单击"下一步"按钮，打开"CA 识别信息"对话框，如图 7-18 所示。

（4）在"CA 识别信息"对话框中，输入 CA 的名称和有效期限（默认为 5 年），单击"下一步"按钮，打开"证书数据库设置"对话框，如图 7-19 所示。

（5）在"证书数据库设置"对话框中，输入证书数据库、数据库日志和配置信息的位置，单击"下一步"按钮，系统会警告将停止 Internet 服务，单击"是"按钮，系统开始安装并配置相关组件，如图 7-20 所示。

（6）安装过程中，会出现如图 7-21 所示的警告框，提示用户启用"Active Server Page"，单击"是"按钮，启用该组件使用户可以利用 Web 浏览器申请证书。

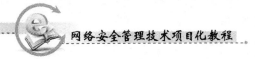

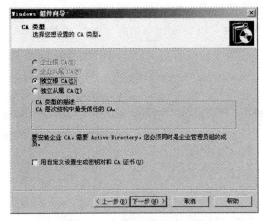

图 7-17　"CA 类型"对话框

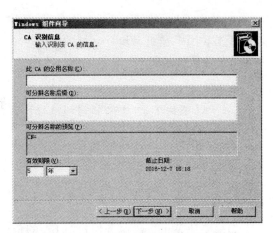

图 7-18　"CA 识别信息"对话框

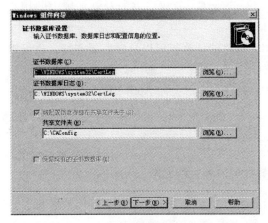

图 7-19　"证书数据库设置"对话框

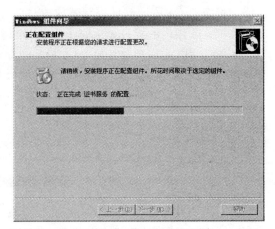

图 7-20　安装并配置相关组件

图 7-21　启用 Active Server Page

图 7-22　"证书颁发机构"窗口

（7）安装完毕后，将出现"完成 Windows 组件向导"对话框，单击"完成"按钮，完成证书服务的安装和独立根 CA 的架设。

安装完毕后，可依次选择"开始"→"管理工具"→"证书颁发机构"命令，打开"证书颁发机构"窗口，如图 7-22 所示。利用该窗口可以对刚才创建的 CA 进行管理。

操作 2 申请和颁发数字证书

1. 用户向独立根 CA 申请数字证书

无论是否是域用户，在向独立根 CA 申请数字证书时都需要利用 Web 浏览器。假设用户 Jack 要向独立根 CA 申请一个用来保护电子邮件的证书，其电子邮箱为 Jack@ abc. com，操作步骤如下。

（1）用户 Jack 在其计算机上登录，打开浏览器，在地址栏中输入"http：//证书颁发机构的 IP 地址/certsrv/"，打开"欢迎"页面，如图 7 – 23 所示。

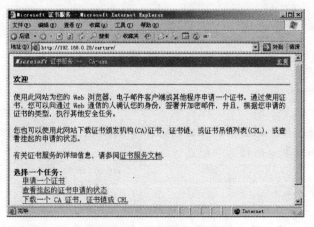

图 7 – 23 "欢迎"页面

（2）在"欢迎"页面中，单击"申请一个证书"链接，打开"申请一个证书"页面，如图 7 – 24 所示。

（3）在"申请一个证书"页面中，单击"电子邮件保护证书"链接，打开"电子邮件保护证书"页面，如图 7 – 25 所示。

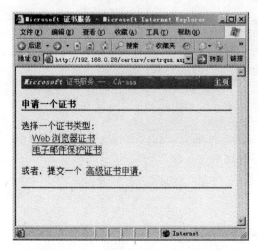

图 7 – 24 "申请一个证书"页面

图 7 – 25 "电子邮件保护证书"页面

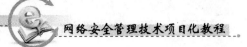

（4）在"电子邮件保护证书"页面中，输入相关的信息，单击"提交"按钮，打开"证书挂起"页面，如图 7 - 26 所示。该页面表示用户必须等待 CA 管理员检查其个人信息无误，手工颁发证书后，再返回网站检索证书。

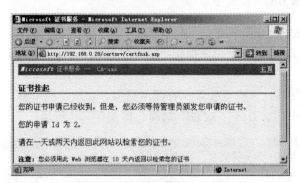

图 7 - 26　"证书挂起"页面

> **注 意**
>
> 　　在申请证书时，用户的公钥和私钥也同时建立完成，私钥会存储到用户计算机的注册表中，公钥会和证书申请信息一起发送给 CA。

2. 为用户颁发数字证书

在独立根 CA 中，管理员必须在核对用户证书申请信息后，手动颁发证书。操作步骤为：在独立根 CA 的计算机上依次选择"开始"→"管理工具"→"证书颁发机构"命令，打开"证书颁发机构"窗口；在左侧窗格中选择"挂起的申请"，此时在右侧窗格中可以看到用户的证书申请，核对用户信息后右击该申请，依次选择"所有任务"→"颁发"命令，完成证书的颁发。被颁发的证书会被存放到"颁发的证书"目录内，如图 7 - 27所示。

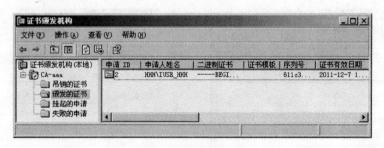

图 7 - 27　颁发的证书

3. 用户下载和安装数字证书

证书颁发后，用户就可以利用 Web 浏览器将其下载和安装了，操作步骤如下。

（1）用户 Jack 在其计算机上登录，打开浏览器，在地址栏中输入"http：//证书颁发机构的 IP 地址/certsrv/"，打开"欢迎"页面。

（2）在"欢迎"页面中，单击"查看挂起的证书申请的状态"链接，打开"查看挂起的证书申请的状态"页面，如图 7-28 所示。

图 7-28　"查看挂起的证书申请的状态"页面

（3）在"查看挂起的证书申请的状态"页面中，单击要查看的证书申请对应的链接，打开"证书已颁发"页面，如图 7-29 所示。

图 7-29　"证书已颁发"页面

（4）在"证书已颁发"页面中，单击"安装此证书"链接，此时会出现安全性警告信息，单击"是"按钮，系统会完成证书的安装，并出现"证书已安装"页面。

安装完成后，用户可以打开 Internet Explorer，依次选择"工具"→"Internet 选项"命令。在"Internet 选项"对话框中单击"内容"选项卡，单击"证书"按钮，打开"证书"对话框。在"个人"选项卡中可以看到安装的证书，如图 7-30 所示；在"受信任的根证书颁发机构"选项卡中可以看到用户计算机已信任独立根 CA，如图 7-31 所示。

> **注意**
>
> 可以在图 7-30 所示的对话框中完成证书的导入和导出。如果要导出其他用户的证书，则需选择"其他人"选项卡。

图 7 – 30   "个人"选项卡   　　　　　　图 7 – 31   "受信任的根证书颁发机构"选项卡

操作3   利用数字证书实现邮件加密和数字签名

假设用户 Jack（邮箱 Jack@ abc. com）和 Mary（邮箱 Mary@ abc. com）都已经申请了电子邮件保护证书，如果要利用数字证书保证这两个用户之间电子邮件传输的安全，则可以采用以下操作方法。

1. Jack 发送经过数字签名的邮件给 Mary

如果 Jack 要对邮件进行签名，确保邮件在传输过程中不会被篡改，则操作步骤如下。

（1）Jack 在其计算机上打开 Outlook Express，在"Outlook Express"窗口中依次选择"工具"→"账户"命令，打开"Internet 账户"对话框。在"邮件"选项卡中，选择 Jack 的账户，单击"属性"按钮，打开邮件账户属性对话框。在"安全"选项卡中，单击"签署证书"处的"选择"按钮，打开"选择默认账户数字 ID"对话框，如图 7 – 32 所示。

（2）在"选择默认账户数字 ID"对话框中，选择要使用的证书，单击"确定"按钮，返回"安全"选项卡，如图 7 – 33 所示。

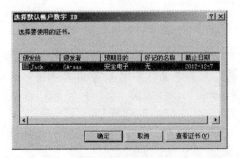

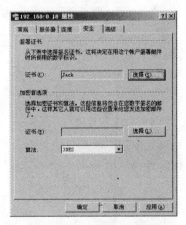

图 7 – 32   "选择默认账户数字 ID"对话框   　　图 7 – 33   "安全"选项卡

> **注意**
>
> 若 Jack 确实申请了证书，但在"选择默认账户数字 ID"对话框中却未出现该证书，则可能是电子邮件账户设置有误。另外"安全"选项卡的"加密首选项"部分通常不需设置，系统会自动选择与"签署证书"相同的证书。加密的首选项会随着经过签名的邮件一起发送，也就是说 Mary 会在收到邮件的同时，收到 Jack 的证书，利用该证书 Mary 可以验证签名并给 Jack 发送加密邮件。

（3）单击"确定"按钮，返回"Outlook Express"窗口，单击"创建邮件"按钮，打开"新邮件"窗口，完成邮件的创建。依次选择"工具"→"签名"命令，完成数字签名，如图 7-34 所示。单击"发送"按钮，发送该邮件。

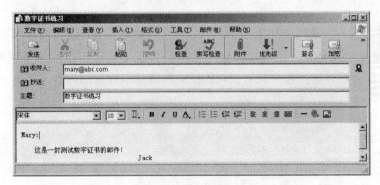

图 7-34　发送带有数字签名的电子邮件

（4）Mary 在其计算机上利用 Outlook Express 接收邮件。如果接收的邮件经过签名，则在收件箱可以看到该邮件发件人名字左侧会有一个代表签名的图形。打开该邮件，系统会出现图 7-35 所示的安全性说明，从说明可知该邮件是一封被签名的邮件。单击"继续"按钮，如果该邮件在传输过程中没有出现问题，则将显示邮件的内容。

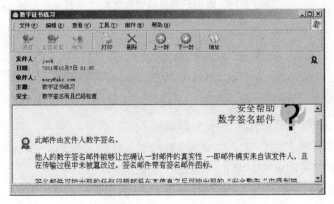

图 7-35　数字签名的安全性说明

（5）此时 Jack 已被加入 Mary 的通信簿，在"Outlook Express"窗口依次选择"工具"→"通信簿"命令。在"通信簿"对话框中打开 Jack 的属性对话框，选择"数字标识"选项卡，单击"属性"命令，可以看到 Jack 的数字证书。

2. Mary 发送经过加密和数字签名的邮件给 Jack

由于 Mary 已经获得了 Jack 的证书，所以可以利用 Jack 的公钥为其发送加密的电子邮件了。操作步骤如下。

（1）Mary 将其证书设置为"签署证书"。

（2）在"Outlook Express"窗口，单击"创建邮件"按钮，打开"新邮件"窗口，完成邮件的创建。依次选择"工具"→"签名"命令和"工具"→"加密"命令，单击"发送"按钮，发送该邮件。

> **注 意**
>
> 签名使用的是 Mary 的私钥，加密使用的是 Jack 的公钥。

（3）Jack 在其计算机上利用 Outlook Express 接收邮件。打开该邮件，系统会出现如图7-36所示的安全性说明，从说明可知该邮件是一封被加密和签名的邮件。单击"继续"按钮，如果该邮件在传输过程中没有出现问题，则将显示邮件的内容。

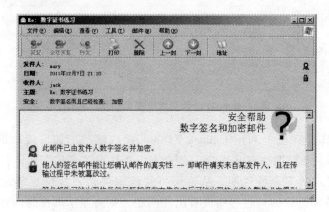

图 7-36　数字签名和加密的安全性说明

操作 4　利用数字证书对文档签名

可以使用数字证书对 Word、Excel 等文档进行签名。利用数字证书对 Word 文档进行签名的操作步骤为：打开要签名的 Word 文档，依次选择"工具"→"选项"命令，在"选项"对话框中选择"安全性"选项卡，如图7-37所示；单击"数字签名"按钮，打开"数字签名"对话框，如图7-38所示；单击"添加"按钮，在打开的"选择证书"对话框中选择用来签名的证书，单击"确定"按钮即可。

签名后的文档不能再修改，若要保存修改的内容，则会取消其签名。当其他人打开文档时，在文档"选项"对话框的"安全性"选项卡中就会看到添加的数字证书。

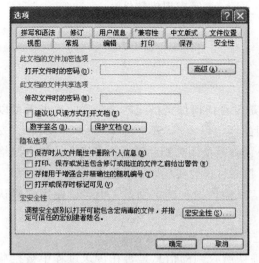

图 7-37 "选项"对话框

图 7-38 "数字签名"对话框

【技能拓展】

1. 架设企业根 CA

限于篇幅，以上只完成了独立根 CA 的架设，请参考 Windows 帮助文件或其他相关资料完成企业根 CA 的架设，并使用域用户向企业根 CA 申请数字证书，完成电子邮件的加密与数字签名。

2. 证书的管理

请参考 Windows 帮助文件或其他相关资料了解在 Windows 系统下 CA 及其证书的管理方法，熟悉 CA 备份还原、吊销证书、导入导出证书等相关操作。

3. Internet 数字证书的申请和应用

数字证书是目前 Intenrnet 电子交易及支付安全的主要保障，目前大部分网上银行都会用数字证书来认证用户身份。请通过 Internet 查阅相关资料，了解目前国内主要的证书认证机构，了解企业数字证书的申请和办理方法，了解网上银行数字证书及其他个人用户数字证书的申请和安装使用方法。

任务7.3　利用 SSL 实现网站安全连接

【任务目的】

（1）理解 SSL 的作用；

（2）掌握在 Windows 系统下利用 SSL 实现网站安全连接的方法。

【工作环境与条件】

（1）安装好 Windows Server 2003 或其他 Windows 操作系统的计算机；

（2）能够正常运行的网络环境（也可使用 VMware 等虚拟机软件）。

【相关知识】

7.3.1 SSL 的作用

默认情况下访问网站所使用的 HTTP 协议是没有任何加密措施的，恶意的攻击者可以通过安装监听程序来获得客户机和服务器之间的通信内容。SSL（Secure Socket Layer，安全套接层）是 Netscape 公司率先采用的一种协议，是使用公钥和私钥技术组合的安全网络通信协议。网站在安装了数字证书并启用 SSL 功能后，会实现以下功能。

- 验证身份：使用户的计算机能够确保信息被传送到确定网站，也可以使网站确认用户的身份。
- 加密：将用户与网站之间传送的信息进行加密，确保不会被窃取。
- 信息完整性：可以使用户和网站双方确认所收到的信息是否在传送过程中被拦截或篡改过。

7.3.2 SSL 的工作过程

SSL 是介于 HTTP 协议与 TCP 协议之间的一个可选层，它在 TCP 之上建立了一个加密通道，通过该通道的数据都经过了加密过程。具体来说 SSL 协议又可以分为两部分：握手协议（Handshake Protocol）和记录协议（Record Protocol）。其中握手协议用于协商密钥，记录协议则定义了传输的格式。

当计算机试图使用 SSL 建立连接时，要发生握手操作，SSL 默认只进行服务器端的认证，客户端的认证是可选的。握手操作的基本流程为：SSL 客户端在 TCP 连接建立后会发出一个消息，该消息中包含了 SSL 可实现的算法列表和其他一些必要信息。SSL 的服务器端将回应一个消息，该消息将确定这次通信要使用的算法，然后发出服务器端的数字证书（其中包含了身份和公钥）。客户端在收到该消息后会生成一个会话密钥，并用 SSL 服务器的公钥加密后传回给服务器。服务器用自己的私钥解密后得到会话密钥，至此协商成功，双方可以使用同一个会话密钥进行通信。

【任务实施】

由于 SSL 采用的是公钥密码体系，需要 CA 来颁发和管理密钥。因此要利用 SSL 实现网站安全连接，服务器应首先向 CA 申请数字证书，证书颁发后，服务器下载并安装证书，然后再选择对整个站点或某些文件夹进行 SSL 保护。如果网站要对外提供服务，则应向权威的 CA 申请证书；如果网站只是对内提供服务，则向自建的 CA 申请证书即可。

操作 1 在网站上建立证书申请文件

在扮演网站角色的服务器上完成以下操作。

（1）依次选择"开始"→"程序"→"管理工具"→"Internet 信息服务（IIS）管理器"，在"Internet 信息服务（IIS）管理器"窗口中选择要保护的网站，打开其"属性"对话框。在"属性"对话框中选择"目录安全性"选项卡。

（2）在"目录安全性"选项卡中单击"服务器证书"按钮，打开"欢迎使用 Web 服务器证书向导"对话框。

（3）在"欢迎使用 Web 服务器证书向导"对话框中，单击"下一步"按钮，打开"服务器证书"对话框，如图 7-39 所示。

（4）在"服务器证书"对话框中，选择"新建证书"，单击"下一步"按钮，打开"延迟或立即请求"对话框，如图 7-40 所示。

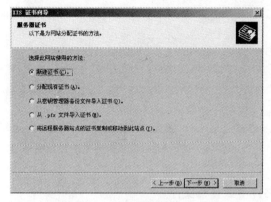

图 7-39 "服务器证书"对话框

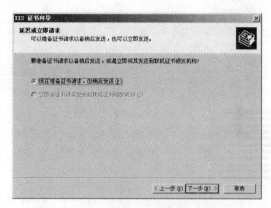

图 7-40 "延迟或立即请求"对话框

（5）在"延迟或立即请求"对话框中，选择"现在准备证书请求，但稍后发送"，单击"下一步"按钮，打开"名称和安全性设置"对话框，如图 7-41 所示。

（6）在"名称和安全性设置"对话框中，输入新证书的名称和密钥的位长，单击"下一步"按钮，打开"单位信息"对话框。

（7）在"单位信息"对话框中，输入单位的相关信息，单击"下一步"按钮，打开"站点公用名称"对话框，如图 7-42 所示。

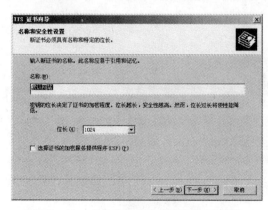

图 7-41 "名称和安全性设置"对话框

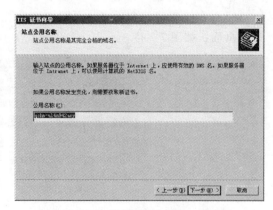

图 7-42 "站点公用名称"对话框

（8）在"站点公用名称"对话框中，单击"下一步"按钮，打开"地理信息"对话框，如图 7-43 所示。

（9）在"地理信息"对话框中，输入地理信息，单击"下一步"按钮，打开"证书请求文件名"对话框，如图 7-44 所示。

（10）在"证书请求文件名"对话框中，确定证书请求文件的名称和存储路径，单击

"下一步"按钮,打开"请求文件摘要"对话框。

(11)在"请求文件摘要"对话框中,核对相关内容,单击"下一步"按钮,打开"完成 Web 服务器证书向导"对话框。单击"完成"按钮,完成证书请求文件的创建。

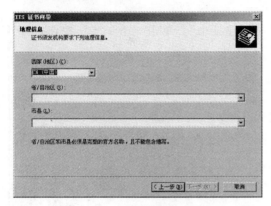

图 7-43 "地理信息"对话框

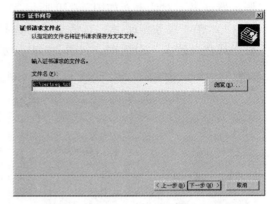

图 7-44 "证书请求文件名"对话框

操作 2 申请证书并下载证书文件

如果网络中已经建立了独立根 CA,则扮演网站角色的服务器向其申请数字证书并下载证书文件的操作步骤如下。

1. 申请证书

(1)在扮演网站角色的计算机上打开浏览器,在地址栏中输入"http://证书颁发机构的 IP 地址/certsrv/",打开"欢迎"页面。

(2)在"欢迎"页面中,单击"申请一个证书"链接,打开"申请一个证书"页面。

(3)在"申请一个证书"页面中,单击"高级证书申请"链接,打开"高级证书申请"页面,如图 7-45 所示。

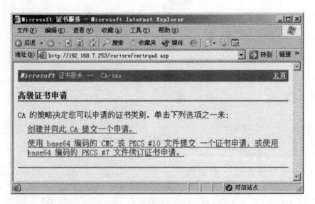

图 7-45 "高级证书申请"页面

(4)在"高级证书申请"页面中,单击"使用 base64 编码的 CMC 或 PKCS #10 文件提交一个证书申请,或使用 base64 编码的 PKCS #7 文件续订证书申请"链接,打开"提交一个证书申请或续订申请"页面。

（5）利用记事本程序打开刚才生成的证书请求文件（默认为 C：\ certreq. txt），将该文件的内容复制到"提交一个证书申请或续订申请"页面中的"保存的申请"选项区中，如图 7 - 46 所示。

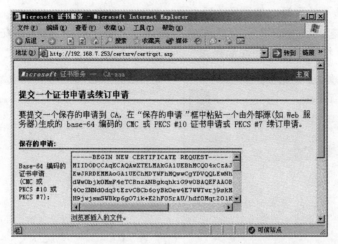

图 7 - 46　"提交一个证书申请或续订申请"页面

（6）单击"提交"按钮，打开"证书挂起"页面，该页面表示用户必须等待 CA 管理员检查其个人信息无误，手工颁发证书后，再返回网站检索证书。

2. 为用户颁发数字证书

在独立根 CA 中，管理员必须在核对用户证书申请信息后，手动颁发证书。颁发证书的操作步骤这里不再赘述。

3. 用户下载证书文件

（1）在扮演网站角色的计算机上打开浏览器，在地址栏中输入"http：//证书颁发机构的 IP 地址/certsrv/"，打开"欢迎"页面。

（2）在"欢迎"页面中，单击"查看挂起的证书申请的状态"链接，打开"查看挂起的证书申请的状态"页面。

（3）在"查看挂起的证书申请的状态"页面中，单击要查看的证书申请对应的链接，打开"证书已颁发"页面。

（4）在"证书已颁发"页面中，单击"下载证书"链接，打开"文件下载"提示框，单击"保存"按钮，设置文件路径后，完成证书文件的下载。

操作3　安装证书并启用 SSL

1. 安装证书

（1）在扮演网站角色的计算机上依次选择"开始"→"程序"→"管理工具"→"Internet 信息服务（IIS）管理器"命令，在"Internet 信息服务（IIS）管理器"窗口中选择想要保护的网站，打开其"属性"对话框。在"属性"对话框中选择"目录安全性"选项卡。

（2）在"目录安全性"选项卡中单击"服务器证书"按钮，打开"欢迎使用 Web 服务器证书向导"对话框。

（3）在"欢迎使用 Web 服务器证书向导"对话框中，单击"下一步"按钮，打开"挂起的证书请求"对话框，如图 7-47 所示。

（4）在"挂起的证书请求"对话框中，选择"处理挂起的请求并安装证书"，单击"下一步"按钮，打开"处理挂起的请求"对话框，如图 7-48 所示。

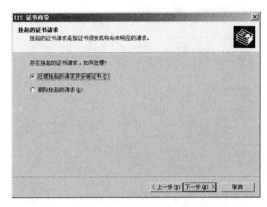

图 7-47　"挂起的证书请求"对话框

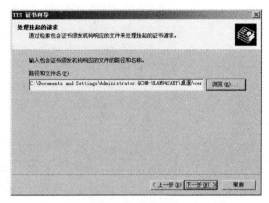

图 7-48　"处理挂起的请求"对话框

（5）在"处理挂起的请求"对话框中，输入下载的证书文件的路径和名称，单击"下一步"按钮，打开"SSL 端口"对话框，如图 7-49 所示。

（6）在"SSL 端口"对话框中，设定网站应该使用的 SSL 端口，默认为 443，单击"下一步"按钮，打开"证书摘要"对话框。

（7）在"证书摘要"对话框中，核对相关内容，单击"下一步"按钮，打开"完成 Web 服务器证书向导"对话框。单击"完成"按钮，完成证书的安装。

2. 启用 SSL

在要保护网站的"属性"对话框中选择"目录安全性"选项卡，单击"安全通信"中的"编辑"按钮，打开"安全通信"对话框，如图 7-50 所示。选中"要求安全通道（SSL）"复选框，单击"确定"按钮，启动 SSL。

图 7-49　"SSL 端口"对话框

图 7-50　"安全通信"对话框

启用 SSL 后，若在浏览器中使用 HTTP 协议访问受保护的网站则会出现如图 7 - 51 所示的页面，由该页面可知访问用 SSL 保护的网站必须使用 HTTPS 协议。

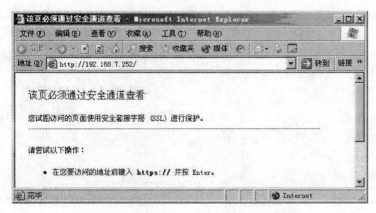

图 7 - 51　使用 HTTP 协议访问受保护的网站

操作 4　保存网站的证书

将网站的证书导出保存后，以后如果重新安装 IIS 或重新建立网站，只要将证书导入后就可以使其具有 SSL 的功能。将网站的证书导出保存的操作步骤如下。

（1）依次选择"开始"→"程序"→"管理工具"→"Internet 信息服务（IIS）管理器"，在"Internet 信息服务（IIS）管理器"窗口中选择想要导出证书的网站，打开其"属性"对话框。在"属性"对话框中选择"目录安全性"选项卡。

（2）在"目录安全性"选项卡中单击"服务器证书"按钮，打开"欢迎使用 Web 服务器证书向导"对话框。

（3）在"欢迎使用 Web 服务器证书向导"对话框中，单击"下一步"按钮，打开"修改当前证书分配"对话框，如图 7 - 52 所示。

（4）在"修改当前证书分配"对话框中，选择"将当前证书导出到一个 . pfx 文件"，单击"下一步"按钮，打开"导出证书"对话框，如图 7 - 53 所示。

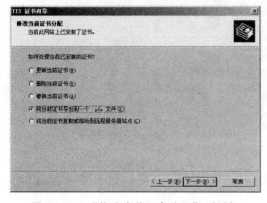

图 7 - 52　"修改当前证书分配"对话框

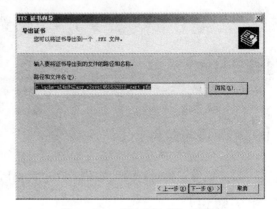

图 7 - 53　"导出证书"对话框

（5）在"导出证书"对话框中，输入要将证书导出的路径和名称，单击"下一步"按钮，打开"证书密码"对话框，如图 7 - 54 所示。

（6）在"证书密码"对话框中，输入证书密码，单击"下一步"按钮，打开"导出证书摘要"对话框，如图 7-55 所示。

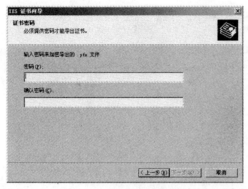
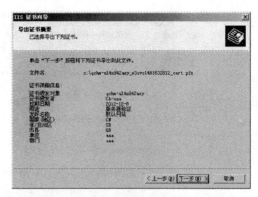

图 7-54 "证书密码"对话框	图 7-55 "导出证书摘要"对话框

（7）在"导出证书摘要"对话框中，核对相关内容，单击"下一步"按钮，打开"完成 Web 服务器证书向导"对话框。单击"完成"按钮，完成证书的导出。

> **注意**
>
> 通常导出的证书文件有.cer 和.pfx 两种类型，.cer 证书文件只包含相关信息和用户公钥，.pfx 证书文件会包含用户的私钥。

如果要将导出的证书导入网站，只需在打开"欢迎使用 Web 服务器证书向导"对话框后，单击"下一步"按钮；在打开的"服务器证书"对话框中，选择"从.pfx 文件导入证书"后按向导提示操作即可。

【技能拓展】

在本次任务中，网站是向独立根 CA 申请证书后完成证书安装和 SSL 启用的。请参考 Windows 帮助文件或其他相关资料，利用企业根 CA 向网站颁发证书并启用 SSL 实现网站的安全连接。

任务7.4   设置与应用 IPSec

【任务目的】

（1）理解 IPSec 的概念和作用；
（2）熟悉在 Windows 系统中设置和应用 IPSec 的方法。

【工作环境与条件】

（1）安装好 Windows Server 2003 或其他 Windows 操作系统的计算机；
（2）能够正常运行的网络环境（也可使用 VMware 等虚拟机软件）。

【相关知识】

7.4.1   IPSec 概述

IPSec（IP Security，IP 安全协议）是一种开放标准的框架结构，工作于 OSI 参考模型的网络层，通过使用加密的安全服务以确保在 TCP/IP 网络上进行保密而安全的通信。两台计算机之间如果启用了 IPSec，则基本通信流程如下。

● 在开始传输信息之前，双方必须先进行协商，以便双方同意如何交换和保护所传送的信息，这个协商的结果被称为 SA（Security Association，安全关联）。SA 内包含着用来验证身份和信息加密的密钥、安全通信协议、SPI（安全参数索引）等信息。协商时所采用的协议是 IKE（Internet Key Exchange，Internet 密钥交换）。

● 协商完成后，双方开始传输信息，并利用 SA 内的通信协议与密钥对所传输信息进行加密和解密，且可以用来确认其在传输过程中是否被截取或篡改过。

> **注 意**
>
> 如果一台计算机同时与多台计算机利用 IPSec 通信，则该计算机会有多个 SA，为了避免混淆，可以利用 SA 中的 SPI 进行判断。

7.4.2　IKE 协议

IKE 为双方协商验证身份提供了以下方法。

● 预共享密钥（PSK）：使用静态指定的密钥。这种方法部署简单，但在扩展性和安全性方面存在缺陷。

● 证书：最安全的方法，采用该方法的计算机必须向受信任的 CA 申请证书。

● Kerberos：Windows 系统默认的验证方法。

IKE 将协商工作分为以下两个阶段。

第 1 阶段：该阶段所产生的 SA 被称为"主要模式 SA"。在该阶段双方会首先交换一些基本信息，然后分别利用这些信息各自建立主密钥，并利用主密钥将双方计算机身份的信息加密。

第 2 阶段：该阶段所产生的 SA 被称为"快速模式 SA"，该阶段主要用来协商双方要如何建立会话密钥，双方在协商时所传输的信息会受到主要模式 SA 的保护。该阶段完成后，双方传输的信息会经过会话密钥来加密。会话密钥可以利用现有主密钥产生，也可以通过重新产生主密钥来建立。

简单地说，"主要模式 SA"用于在计算机之间建立一个安全的、经过身份验证的通信管道；而"快速模式 SA"用来确保双方传输的信息能够受到保护。

7.4.3　IPSec 的通信模式

IPSec 支持以下两种通信模式。

● 传输模式：传输模式是 IPSec 默认的通信模式，用于在主机到主机的环境中保护数据。在该模式中 IPSec 会保护原始 IP 数据包中的信息但会保留原始的 IP 数据包头，也就是 IPSec 头部将添加到原始 IP 包头与其负载之间。只有在 IPSec 的两个终端就是原始数据包的发送端和接收端时，才可以使用传输模式。

● 隧道模式：隧道模式用于在网络到网络的环境中保护数据。在隧道模式中，IPSec 会封装并保护整个原始 IP 数据包，并生成新的 IP 数据包头，也就是 IPSec 头部将添加到

新的 IP 包头与原始 IP 包头之间。

> **注意**
>
> 简而言之，传输模式主要适用于计算机与计算机之间的通信，隧道模式主要适用于路由器与路由器之间的通信。

【任务实施】

操作 1　启用 IPSec

在 Windows 系统中，IPSec 管理是通过"IPSec 策略"来完成的，可以利用"IP 安全策略管理"窗口来启动 IPSec。操作方法如下。

1. 启动 IPSec 策略

依次选择"开始"→"程序"→"管理工具"→"本地安全策略"命令，打开"本地安全设置"窗口。在"本地安全设置"窗口的左侧窗格中，选中"IP 安全策略，在本地计算机"，此时在右侧窗格可以看到 3 个系统内置的 IPSec 策略，如图 7-56 所示。

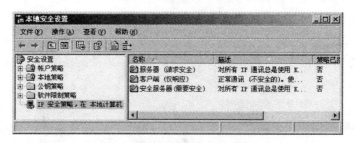

图 7-56　内置的 IPSec 策略

● 服务器（请求安全）：当本地计算机与其他计算机通信时，会请求对方使用 IPSec。若对方不支持 IPSec，本地计算机可以接受没有 IPSec 保护的通信。

● 客户端（仅响应）：只有当其他计算机要求与本地计算机利用 IPSec 通信时，本地计算机才会使用 IPSec。

● 安全服务器（需要安全）：当本地计算机与其他计算机通信时，会请求对方使用 IPSec。若对方不支持 IPSec，则双方无法通信。

> **注意**
>
> 系统内置的 IPSec 策略是针对所有 IP 通信协议设置的，但对于 ICMP 协议除外。也就是说系统内置的 IPSec 策略允许 ICMP 以没有 IPSec 的方式来通信。

若要启动计算机的 IPSec 策略，如"安全服务器（需要安全）"，只需选中该策略，单击鼠标右键，在弹出的菜单中选择"指派"命令即可。

2. 测试 IPSec

启动 IPSec 策略后，可以利用网络中另外一台没有启动 IPSec 策略的计算机来测试 IP-Sec 策略是否产生作用。

（1）在启动 IPSec 策略的计算机上打开"命令提示符"窗口，输入"ping 192.168.7.251"命令，其中192.168.7.251为没有启动 IPSec 策略计算机的 IP 地址。由于 ping 命令使用的是 ICMP 协议，所以此时会收到对方的响应。

（2）在"命令提示符"窗口中输入"net view \\ 192.168.7.251"命令，由于对方没有启动 IPSec 策略，因此会出现"找不到网络路径"的错误信息，如图7-57所示。

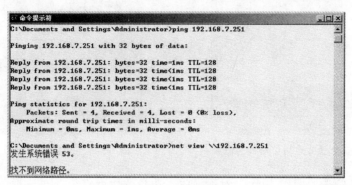

图7-57　测试 IPSec

操作2　设置 IPSec 策略

IPSec 策略通过安全规则来决定在什么情况下需要 IPSec，采用何种加密方式和身份验证方式，如何来确认所收到的信息是否被篡改等。可以对系统内置的 IPSec 策略进行修改，也可以自行建立 IPSec 策略。如图7-58所示是"安全服务器（需要安全）"策略的规则设置。该策略有3条规则，双方在通信时，如果符合规则定义的条件，就会遵照相应的限制。如果要自行建立一个 IPSec 策略，对本地计算机发往192.168.7.0/24网段的信息启用 IPSec 保护，则基本操作步骤如下。

（1）在"本地安全设置"窗口的左侧窗格中，选中"IP 安全策略，在本地计算机"，依次选择菜单栏中的"操作"→"创建 IP 安全策略"命令，创建新的 IP 安全策略。

（2）双击该 IP 安全策略，打开其属性对话框。

（3）在 IP 安全策略属性对话框中，不选择"使用添加向导"复选框，单击"添加"按钮，打开"新规则 属性"对话框。

（4）在"新规则 属性"对话框中，单击"添加"按钮，打开"IP 筛选器列表"对话框。

（5）在"IP 筛选器列表"对话框中，不选择"使用添加向导"复选框，单击"添加"按钮，打开"筛选器 属性"对话框。

（6）在"筛选器 属性"对话框的源地址中选择"我的 IP 地址"，在目标地址中选择"一个特定的 IP 子网"，输入 IP 地址和子网掩码，如图7-59所示。单击"确定"按钮，返回"IP 筛选器列表"对话框。

（7）单击"确定"按钮，返回"新规则 属性"对话框，可以看到在"IP 筛选器列表"中已经添加"新 IP 筛选器列表"，选中其左边的圆圈，表示已经激活。

（8）单击"筛选器操作"选项卡，不选择"使用添加向导"复选框，单击"添加"按钮，打开"新筛选器操作 属性"对话框。

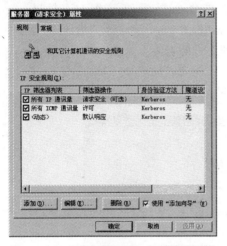

图 7-58 "安全服务器"策略规则设置

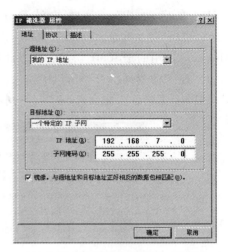

图 7-59 "筛选器 属性"对话框

（9）在"新筛选器操作 属性"对话框中，选择"协商安全"单选框，在"安全措施首选顺序"中单击"添加"按钮，打开"新增安全措施"对话框，如图 7-60 所示。

（10）在"新增安全措施"对话框中，选择添加相应的安全措施，单击"确定"按钮，返回"新筛选器操作 属性"对话框，如图 7-61 所示。单击"确定"按钮，返回"筛选器操作"选项卡，可以看到在"筛选器操作"增加了"新筛选器操作"，选中其左边的圆圈。

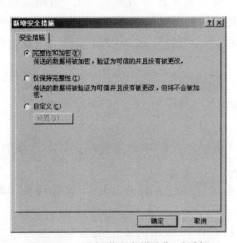

图 7-60 "新增安全措施"对话框

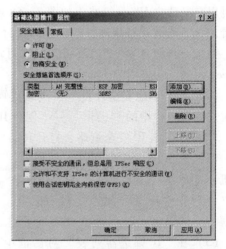

图 7-61 "新筛选器操作 属性"对话框

（11）在"新规则 属性"对话框中，选择"身份验证方法"选项卡，如图 7-62 所示。在此可以选择 IKE 执行密钥交换动作时双方用来验证对方身份的方法，默认为 Kerberos。

（12）在"新规则 属性"对话框中，选择"隧道设置"选项卡，如图 7-63 所示。在此可以选择 IPSec 的通信模式，默认为不指定 IPSec 隧道即采用传输模式。

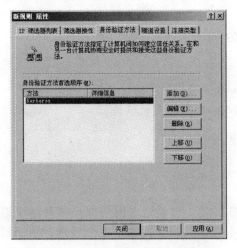

图 7 - 62　"身份验证方法"选项卡

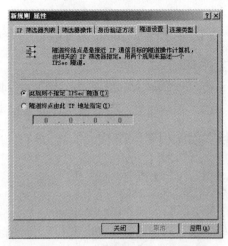

图 7 - 63　"隧道设置"选项卡

（13）单击"应用"按钮，返回 IP 安全策略属性对话框，可以看到在"IP 安全规则"中，增加了相应的规则。

（14）单击"应用"按钮，关闭 IP 安全策略属性对话框。在"本地安全设置"控制台的右侧窗格中，选中所创建的 IP 安全策略，单击鼠标右键，选择"指派"命令，使策略生效。

此时本地计算机发往 192.168.7.0/24 网段的所有信息都将启用 IPSec，ICMP 也不例外。如果 192.168.7.251 为没有启动 IPSec 策略计算机的 IP 地址，则在本地计算机的"命令提示符"窗口，输入"ping 192.168.7.251"命令，会出现如图 7 - 64 所示的画面。

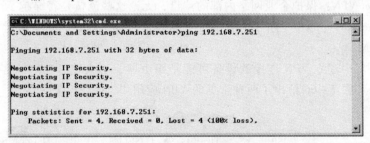

图 7 - 64　测试新增的 IPSec 策略

【技能拓展】

在 Windows 系统中，可以使用"IP 安全监视器"管理单元来监控 IPSec 的状态。打开该管理单元的操作方法为：在"运行"窗口中，输入"mmc"，打开"控制台 1"窗口，在"控制台 1"窗口中，依次选择"文件"→"添加/删除管理单元"命令，单击"添加"按钮，在"添加独立管理单元"对话框中选择添加"IP 安全监视器"即可。请查阅 Windows 帮助文件，了解 IP 安全监视器的使用方法。

任务7.5　配置 VPN 连接

【任务目的】

（1）理解 VPN 的概念和作用；

（2）理解 VPN 的相关技术和协议；

（3）熟悉在 Windows 系统中配置 VPN 连接的方法。

【工作环境与条件】

（1）安装好 Windows Server 2003 或其他 Windows 操作系统的计算机；

（2）能够正常运行的网络环境（也可使用 VMware 等虚拟机软件）。

【相关知识】

7.5.1　VPN 概述

VPN（Virtual Private Network，虚拟专用网络）是一种通过对网络数据的封包或加密传输，在公众网络（如 Internet）上传输私有数据、达到私有网络的安全级别，从而利用公众网络构筑企业专网的组网技术。

一个网络连接通常由客户机、传输介质和服务器三个部分组成。VPN 网络同样也需要这三部分，不同的是 VPN 连接不是采用物理的传输介质，而是使用"隧道"。隧道是建立在公共网络或专用网络基础之上的，对于传输路径中的网络设备来说是透明的，与网络拓扑相独立。VPN 客户机和 VPN 服务器之间所传输的信息会被加密，因此即使信息在远程传输的过程中被拦截，也会无法被识别，从而确保信息的安全性。

VPN 可以在多种环境中使用，主要包括以下几种。

● Internet VPN：这是 VPN 最常见的应用环境，用于保护穿越 Internet（公共的不安全的网络）的私有流量。

● Intranet VPN：保护企业网络内部的流量，无论这些流量是否穿越了 Internet。

● Extranet VPN：保护两个或两个以上分离网络之间的流量，这些流量穿越了 Internet 或者其他 WAN。

在这些环境中建立 VPN 连接的设备可能是路由器、防火墙、独立的客户机或者服务器。图 7 - 65 和图 7 - 66 给出了两种常见的 VPN 应用。

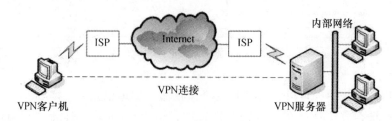

图 7 - 65　常见的 VPN 应用（1）

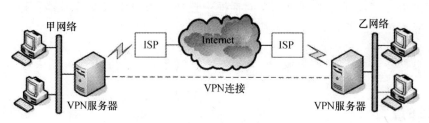

图 7 - 66　常见的 VPN 应用（2）

在图 7－65 所示的 VPN 应用中，可以概括地将 VPN 通信过程归纳为以下步骤。

● VPN 客户机向 VPN 服务器发出请求。

● VPN 服务器响应请求并向客户机发出身份质询，客户机将加密的用户身份验证响应信息发送到 VPN 服务器。

● VPN 服务器根据用户数据库检查该响应，如果用户身份有效，则 VPN 服务器将检查该用户是否具有远程访问权限；如果该用户拥有权限，则 VPN 服务器接受此连接。

● VPN 服务器和客户机将利用身份验证过程中产生的公钥，通过 VPN 隧道技术对数据进行封装加密，实现数据的安全传输。

7.5.2　VPN 的相关技术和协议

1．VPN 的相关技术

目前 VPN 主要采用隧道技术、加密解密技术、密钥管理技术和身份认证技术等来保证数据通信安全。在用户身份认证技术方面，VPN 主要使用点到点协议（PPP）用户级身份验证的方法，这些验证方法包括密码身份验证协议（PAP）、质询握手身份验证协议（CHAP）、Shiva 密码身份验证协议（SPAP）、Microsoft 质询握手身份验证协议（MS－CHAP）等。在数据加密和密钥管理方面，VPN 主要采用 Microsoft 的点对点加密算法（MPPE）和 IPSec 机制，并采用公、私密钥对的方法对密钥进行管理。对于采用拨号方式建立 VPN 连接的情况，VPN 连接可以实现双重数据加密，使网络数据传输更安全。

2．VPN 的相关协议

VPN 技术主要基于隧道原理，目前在各种隧道加密协议上，出现了大量的分支。VPN 的相关协议包括数据链路层的 PPTP、L2TP 协议，网络层的 IPSec 协议，传输层的 SOCKs v5 协议，会话层的 SSL 协议等。表 7－1 对 VPN 的部分相关协议进行了对比。

表 7－1　VPN 的相关协议

协　议	技术特点
PPTP/L2TP	与 Windows 兼容性好
IPSec	目前应用最广泛的 VPN 协议，安全性高
SOCKs v5	需要认证的防火墙协议，随着 SSL 的发展，应用越来越少。
SSL	随着电子商务与 B/S 结构发展起来的协议，对 Web 应用有优势

（1）PPTP（点到点隧道协议）

PPTP 是由 PPTP 论坛开发的点到点的安全隧道协议，是 PPP 协议的一种扩展，提供了在 IP 网络上建立多协议安全 VPN 的通信方式。通过 PPTP，拨号客户首先按常规方式拨号到 ISP 的接入服务器（NAS），建立 PPP 连接；在此基础上，客户进行二次拨号建立与PPTP 服务器的连接，该连接称为 PPTP 隧道，实质上是基于 IP 协议的另一个 PPP 连接。对于直接连接到 IP 网络的客户则不需要第一次的 PPP 拨号连接，可以直接与 PPTP 服务器建立虚拟通路。

PPTP 的优势是有 Microsoft 公司的支持，Windows NT 4.0 以后的操作系统都包括了

PPTP 客户机和服务器的功能。另外 PPTP 支持流量控制，可保证客户机与服务器之间的通信性能，最大限度减少数据包的丢失和重发现象。但 PPTP 把建立隧道的主动权交给了用户，用户需要自行配置 PPTP，这会增加用户的工作量，也会造成网络的安全隐患。另外，PPTP 仅工作于 IP 网络，不具有隧道终点的验证功能，需要依赖用户的验证。

（2）L2TP（第二层隧道协议）

L2TP 协议由 Cisco、Microsoft、3Com 等厂商共同制定，结合了 PPTP 和 Cisco 的 2 层转发协议（L2F）的优点，可以让用户从客户端或接入服务器端发起 VPN 连接。L2TP 定义了利用公共网络设施封装传输数据链路层 PPP 帧的方法，能够支持多种协议，还解决了多个 PPP 链路的捆绑问题。

> **注 意**
>
> L2TP 协议只能保证在隧道发生端及终止端进行认证及加密，并不能保证传输过程的安全。而 IPSec 加密技术则是在隧道外面再封装，可以保证隧道在传输过程中的安全性。

【任务实施】

操作 1　配置 PPTP VPN

下面以图 7-65 所示 VPN 应用环境为例实现 VPN 连接，其中 VPN 服务器使用 Windows Server 2003 操作系统，VPN 客户机使用 Windows XP Professional 操作系统。

1. 架设 VPN 服务器

VPN 服务器需要两个网络接口，分别连接内部网络和外部网络。架设 VPN 服务器的操作步骤如下。

（1）依次选择"开始"→"程序"→"管理工具"→"路由和远程访问"命令，打开"路由和远程访问"窗口。在左侧窗格选中本地服务器，单击鼠标右键，选择"配置并启动路由和远程访问"命令，打开"欢迎使用路由和远程访问服务器安装向导"对话框。

（2）在"欢迎使用路由和远程访问服务器安装向导"对话框中，单击"下一步"按钮，打开"配置"对话框，如图 7-67 所示。

（3）在"配置"对话框中，选中"远程访问（拨号或 VPN）"单选框，单击"下一步"按钮，打开"远程访问"对话框，如图 7-68 所示。

（4）在"远程访问"对话框中，选中"VPN"复选框，单击"下一步"按钮，打开"VPN 连接"对话框，如图 7-69 所示。

（5）在"VPN 连接"对话框中，选择将此服务器连接到 Internet 的网络接口，单击"下一步"按钮，打开"IP 地址指定"对话框，如图 7-70 所示。

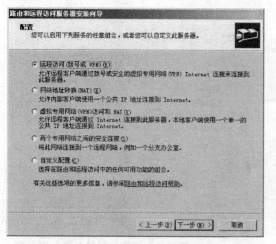

图 7-67　"配置"对话框

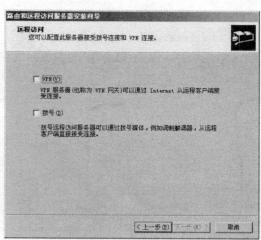

图 7-68　"远程访问"对话框

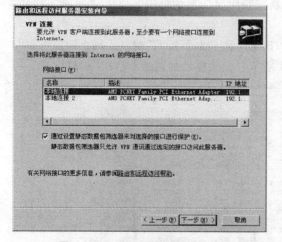

图 7-69　"VPN 连接"对话框

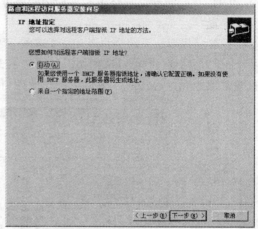

图 7-70　"IP 地址指定"对话框

（6）在"IP 地址指定"对话框中，如果选择"自动"，则由 VPN 服务器向 DHCP 服务器索取 IP 地址，然后指派给 VPN 客户端。选择"来自一个指定的地址范围"单选框，单击"下一步"按钮，打开"地址范围指定"对话框，如图 7-71 所示。

（7）在"地址范围指定"对话框中，单击"新建"按钮，在"新建地址范围"对话框中输入指派给 VPN 客户端的内部 IP 地址范围后，单击"下一步"按钮，打开"管理多个远程访问服务器"对话框，如图 7-72 所示。

（8）在"管理多个远程访问服务器"对话框中，选中"否，使用路由和远程访问来对连接请求进行身份验证"单选框，单击"下一步"按钮，打开"正在完成路由和远程访问服务器安装向导"对话框。

> **注意**
>
> 如果网络中有 RADIUS 服务器，则可以选择"是，设置此服务器与 RADIUS 服务器一起工作"单选框，此时 VPN 服务器会将身份验证请求转发到 RADIUS 服务器。

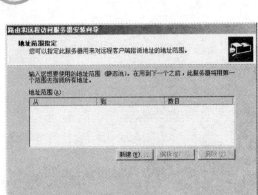 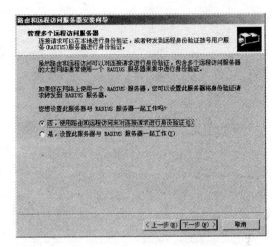

图7-71　"地址范围指定"对话框　　　　图7-72　"管理多个远程访问服务器"对话框

（9）在"正在完成路由和远程访问服务器安装向导"对话框中，单击"完成"按钮，完成设置。

设置完成后，系统会自动建立128个PPTP端口和128个L2TP端口，每个端口可以与一个VPN客户端建立VPN连接，如图7-73所示。如果要增加或减少VPN端口数量，可以在"路由和远程访问"窗口中打开"端口属性"对话框进行设置。

图7-73　VPN端口

2. 给用户远程访问权限

默认情况下，系统所有用户都没有拨号连接VPN服务器的权限。如果要赋予本地用户远程访问权限，则可以在"计算机管理"窗口的左侧窗格中依次选择"本地用户和组"→"用户"，在右侧窗格中双击要设置的用户，打开其属性对话框，单击"拨入"选项卡，如图7-74所示。在"远程访问权限（拨入或VPN）"中选择"允许访问"单选框，单击"应用"按钮即可。

注意

域用户的设置方法与本地用户相同，在"Active Directory用户和计算机"窗口中进行设置即可。

3. 在 VPN 客户端建立 VPN 拨号连接

在 VPN 客户端建立 VPN 拨号连接的操作步骤如下。

（1）选中"网上邻居"图标，单击鼠标右键，选择"属性"命令，在"网络连接"窗口中，单击"创建一个新的连接"打开"欢迎使用新建连接向导"对话框。

（2）在"欢迎使用新建连接向导"对话框中，单击"下一步"按钮，打开"网络连接类型"对话框，如图 7 - 75 所示。

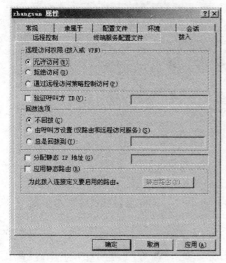

图 7 - 74 "拨入"选项卡

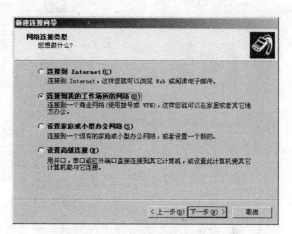

图 7 - 75 "网络连接类型"对话框

（3）在"网络连接类型"对话框中，选中"连接到我的工作场所的网络"单选框，单击"下一步"按钮，打开"网络连接"对话框，如图 7 - 76 所示。

（4）在"网络连接"对话框中，选中"虚拟专用网络连接"单选框，单击"下一步"按钮，打开"连接名"对话框，如图 7 - 77 所示。

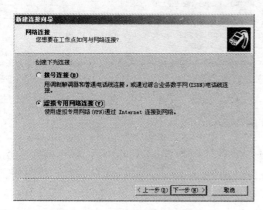

图 7 - 76 "网络连接"对话框

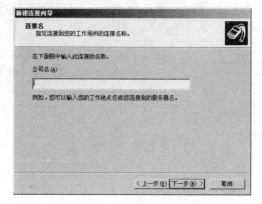

图 7 - 77 "连接名"对话框

（5）在"连接名"对话框中，输入 VPN 连接的名称，单击"下一步"按钮，打开"公用网络"对话框，如图 7 - 78 所示。

（6）在"公用网络"对话框中，选择在建立虚拟连接之前是否自动连接到 Internet 或其他公用网络的初始连接，单击"下一步"按钮，打开"VPN 服务器选择"对话框，如图 7 - 79 所示。

（7）在"VPN 服务器选择"对话框中，输入 VPN 服务器的名称或地址，单击"下一步"按钮，打开"正在完成新建连接向导"对话框。

（8）在"正在完成新建连接向导"对话框中，选中"在我的桌面上添加一个到此连接的快捷方式"复选框，单击"完成"按钮，完成设置并在桌面上创建相应快捷方式。

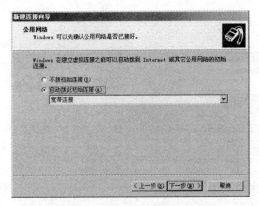 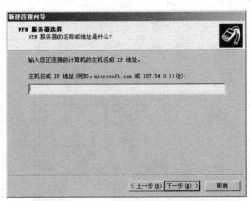

图 7 - 78　"公用网络"对话框　　　　　图 7 - 79　"VPN 服务器选择"对话框

双击创建的连接，在打开的窗口中输入用户名和密码，单击"连接"按钮，经过服务器验证后，会在任务栏右下角出现显示连接成功的图标。此时就可以访问相应网络内部的资源了。另外也可以在 VPN 客户机利用"ipconfig /all"命令查看 VPN 连接的 TCP/IP 信息，可以看到 VPN 客户机已被分配了内部网络的 IP 地址，如图 7 - 80 所示。

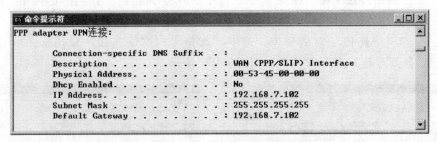

图 7 - 80　VPN 客户机被分配的内部网络 IP 地址

操作 2　配置 L2TP/IPSec VPN

由于 L2TP 需要通过 IPSec 来提供身份验证与信息加密功能，因此 VPN 客户端与服务器都必须启用 IPSec。IPSec 用来验证计算机身份的方法有 Kerberos、证书和预共享密钥，Windows Server 2003 的 L2TP/IPSec 支持证书和预共享密钥两种方法。下面主要利用 IPSec 证书来配置 L2TP VPN。

> **注　意**
>
> 由于 VPN 服务器和客户机在利用 L2TP 来建立连接时会自动启用 IPSec 策略，所以无须利用"IP 安全策略"来启用 IPSec。

1．建立 PPTP VPN 连接

在使用 IPSec 证书配置 L2TP VPN 之前首先要建立 PPTP VPN 连接，具体操作步骤如上所述，这里不再赘述。

2．向独立 CA 申请 IPSec 证书

VPN 客户机和 VPN 服务器都需要向 CA 申请证书，在 VPN 客户机上申请证书的操作步骤如下。

（1）在 VPN 客户机上，利用 VPN 连接内部网络。

（2）打开浏览器，在地址栏中输入"http：//证书颁发机构的 IP 地址/certsrv/"，打开"欢迎"页面。单击"申请一个证书"链接，打开"申请一个证书"页面。

（3）在"申请一个证书"页面中，单击"高级证书申请"链接，打开"高级证书申请"页面。单击"创建并向此 CA 提交一个申请"链接，打开"高级证书申请"页面，如图 7 - 81 所示。

（4）在"高级证书申请"页面的"识别信息"处输入申请者的个人信息，在"需要的证书类型"处选择"客户端身份验证证书"或"IPSec 证书"，在"密钥选项"处选中"将证书保存在本地计算机存储中"复选框，单击"提交"按钮，打开"证书挂起"页面，该页面表示用户必须等待 CA 管理员颁发证书后，再返回网站检索证书。

CA 管理员手工颁发证书后，VPN 客户机可以再次利用 VPN 连接内部网络，下载并安装证书，具体操作方法这里不再赘述。证书安装完毕后，可以利用"证书"管理单元来查看该证书。VPN 客户机安装证书后，还需要按照相同的步骤在 VPN 服务器上安装证书。

3．建立 L2TP/IPSec VPN

VPN 客户机和服务器都安装证书后，可以在 VPN 客户机上打开 VPN 连接的属性对话框，单击"网络"选项卡，在"VPN 类型"中选择"L2TP IPSec VPN"，如图 7 - 82 所示，单击"确定"按钮。此后 VPN 客户机就可通过该连接与服务器建立 L2TP/IPSec VPN。

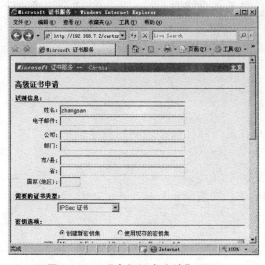

图 7 - 81　　"高级证书申请"页面

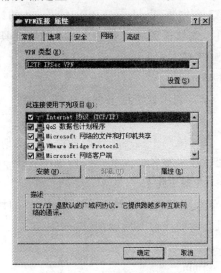

图 7 - 82　　"网络"选项卡

【技能拓展】

除了可以利用 Windows 系统实现 VPN 功能外，目前很多路由器和防火墙产品也支持 VPN 功能，另外很多网络供应商也为其客户提供 VPN 服务。请查阅相关产品手册和技术资料，了解主流路由器和防火墙产品对 VPN 的支持情况和相关配置方法。考察所在的校园网或其他企业网络，了解该网络 VPN 的部署情况和实现方法。

习　题　7

1. 思考与问答

（1）简述公开密钥加密与传统加密的区别。

（2）什么是数字签名？简述利用信息摘要进行数字签名的基本流程。

（3）什么是 PKI？简述一个完整的 PKI 应用系统至少应包括哪些部分。

（4）什么是 CA？简述根 CA 与从属 CA 的区别。

（5）简述 SSL 的作用。

（6）什么是 IPSec？简述 IPSec 的基本通信流程。

（7）简述 IPSec 传输模式和隧道模式的区别。

（8）简述 VPN 的作用。

2. 技能操作

（1）利用 PGP 对邮件加密

【内容及操作要求】

在局域网中构建邮件服务器，要求所有用户在发送邮件前必须利用 PGP 加密工具对其进行加密，并保证网络中密钥的安全。

【准备工作】

3 台安装 Windows XP Professional 的计算机，2 台安装 Windows Server 2003 企业版的计算机，能够连通的局域网，PGP 加密工具。

【考核时限】

45min。

（2）利用数字证书保证邮件安全

【内容及操作要求】

在局域网中构建邮件服务器，要求所有用户在发送邮件前必须利用数字证书对其进行加密和数字签名，保证邮件传输的安全。

【准备工作】

3 台安装 Windows XP Professional 的计算机，2 台安装 Windows Server 2003 企业版的计算机，能够连通的局域网。

【考核时限】

45min。

（3）利用 SSL 实现网站安全连接

【内容及操作要求】

在一台安装 Windows Server 2003 操作系统的计算机上发布两个网站，利用 SSL 对其中一个网站进行保护，在客户机上分别访问这两个网站，验证你的设置。

【准备工作】

3 台安装 Windows XP Professional 的计算机，2 台安装 Windows Server 2003 企业版的计算机，能够连通的局域网。

【考核时限】

45min。

（4）部署 VPN

【内容及操作要求】

按照图 7 – 83 所示的结构组建网络，各计算机的 IP 地址如图所示。在网络中构建 VPN 服务器，在计算机 PC1 上建立 VPN 连接，使其能够利用 IPSec 证书安全访问 192.168.1.0/24 网段中的资源。

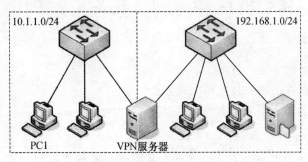

图 7 – 83 部署 VPN 操作练习

【准备工作】

4 台安装 Windows XP Professional 的计算机，2 台安装 Windows Server 2003 企业版的计算机，组建网络的其他设备。

【考核时限】

60min。

项目8　实现网络冗余和数据备份

通常在网络中需要重复配置一些设备和部件，当网络中某些设备和部件发生故障时，冗余配置的部分可以承担其工作，从而提高网络的可靠性。数据备份是网络安全管理中的基本工作，当网络发生意外时可以利用备份数据来恢复网络的正常运行。本项目的主要目标是理解网络冗余的相关技术，掌握利用 RAID（Redundant Array of Independent Disk，独立冗余磁盘阵列）实现系统容错的配置方法，掌握在 Windows 系统下实现数据备份和恢复的设置方法，掌握网络设备的数据备份和恢复方法。

任务8.1　实现网络设备冗余连接

【任务目的】
（1）了解常见的网络冗余技术；
（2）理解链路级冗余相关技术和配置方法；
（3）理解网关级冗余相关技术和配置方法。

【工作环境与条件】
（1）交换机和路由器（本任务以 Cisco 系列路由器和交换机为例，也可选用其他设备。部分内容也可使用 Cisco Packet Tracer、Boson Netsim 等模拟软件完成）；
（2）Console 线缆和相应的适配器；
（3）安装 Windows 操作系统的 PC；
（4）组建网络的其他设备和部件。

【相关知识】

8.1.1　网络设备的冗余部署

网络冗余是利用系统的并联模型来提供系统可靠性的方法，是实现网络系统容错的主要手段。网络冗余可以采用工作冗余和后备冗余两种方式。工作冗余是一种两个或多个单元并行工作的并联模型，各单元共同承担相应工作。后备冗余是平时只有一个单元工作，另一个单元待机后备。对于大中型网络来说，其网络设备的冗余部署主要包含以下三个环节。

● 设备级冗余：网络设备在网络运行中占有非常重要的地位，在冗余设计时要充分考虑这些设备及其部件的冗余。通常设备级的冗余技术主要包括电源冗余、引擎冗余和模块冗余，由于成本的限制，这些技术通常被应用于中高端产品。

● 链路级冗余：在网络设备之间可以同时存在多条二层和三层链路，使用链路级冗余技术可以实现多条链路之间的备份和负载均衡。

● 网关级冗余：通常终端设备中配置了默认网关的 IP 地址，如果默认网关所在的路由器发生故障，则即使网络中有冗余路由器，终端设备也无法获得新的默认网关。网关级冗余技术可以确保网关的健壮性和可用性，保障终端设备的可靠连接。

8.1.2　链路级冗余技术

目前常用的链络级冗余技术主要包括以下方面。

1. 端口聚合

端口聚合就是通过相应设置将多个物理连接当做单一的逻辑连接来处理，它允许两个交换机之间通过多个端口并行连接同时传输数据以提供更高的带宽、更大的吞吐量和可恢复性的技术。端口聚合技术以较低的成本通过捆绑多端口提高带宽，可以有效地提高网络的速度，从而消除网络访问中的瓶颈。另外端口聚合还具有自动带宽平衡，即容错功能，也就是说当端口聚合中的某条链路出现故障时，该链路的流量将自动转移到其余链路上。端口聚合可采用手工方式配置，也可使用动态协议实现。PagP 是 Cisco 专有的端口聚合协议，LACP（Link Aggregation Control Protocol，链路聚合控制协议）则是一种标准的协议。参与聚合的端口必须具备相同的属性，如速度、单双工模式、Trunk 模式、Trunk 封装方式等。

2. 生成树协议

（1）生成树协议（Spanning Tree Protocol，STP）

在网络通信中，为了确保网络连接的可靠性和稳定性，会采用多条链路连接交换设备形成备份链接的方式。例如在如图 8-1 所示的网络中，客户机和服务器之间存在着两条链路，当链路1发生故障时，客户机和服务器之间仍然能够通信。但是由于在数据链路层不能使用路由协议，无法进行路由选择，因此这两条链路不能同时工作，否则会形成交换回路，导致多帧复制、MAC 地址表不稳定，引发广播风暴。

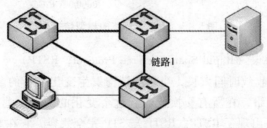

图 8-1　备份链路

STP 是在网络有环路时，通过一定的算法将交换机的某些端口进行阻塞，从软件层面构建了一个无环路逻辑转发拓扑结构，既提供了物理线路的冗余连接，又消除了网络风暴，从而提高了网络的稳定性并减少了网络故障的发生率。下面以图 8-2 所示的网络拓扑为例描述 STP 的工作过程。

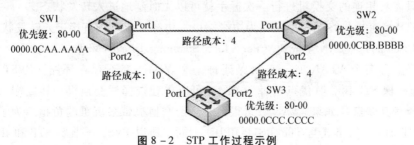

图 8-2　STP 工作过程示例

● 选择根交换机：网络中所有的交换机都被分配了一个优先级，具有最小优先级的交换机将成为根交换机；如果所有交换机的优先级都相同，则具有最小 MAC 地址的交换机将成为根交换机。在图 8-2 所示的网络中，所有交换机都通过发送 BPDU 来声明自己是根交换机，而 SW1 在收到另外两台交换机的 BPDU 后，发现自己的 MAC 地址最小（优先级相等），所以不再转发它们的 BPDU。而 SW2 和 SW3 在收到 SW1 的 BPDU 后，发现 SW1 的 MAC 地址小于自己的 MAC 地址，则将转发 SW1 的 BPDU，认为 SW1 为根交换机。

● 选择根端口：除根交换机外，每台交换机都要选择一个根端口。在图 8-2 所示的网络中，对交换机 SW2 来说，端口 Port1 到根交换机 SW1 的路径成本为 4，端口 Port2 到 SW1 的根路径成本为 4+10=14，因此端口 Port1 被选择为其根端口。对交换机 SW3 来说，端口 Port1 到根交换机 SW1 的路径成本为 10，端口 Port2 到 SW1 的根路径成本为 8（4+4=8），因此端口 Port2 被选择为其根端口。

● 指定端口的选择：在图 8-2 所示的网络中，SW2 到根交换机 SW1 具有最低管理成本，因此 SW2 将作为指定交换机，所以 SW2 的 Port2 端口将作为指定端口。

● 阻塞端口：非根交换机的根端口和指定端口将进入转发状态，其他端口将被设置为阻塞状态。图 8-2 所示的网络中 SW3 的端口 Por1 将被设为阻塞状态，从而使网络形成无环路的树型结构，如图 8-3 所示。

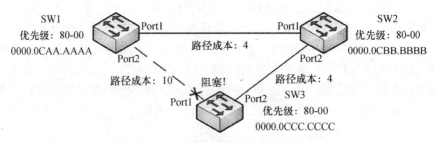

图 8-3　形成无环路的树型结构

（2）快速生成树协议（Rapid Spanning Tree Protocol，RSTP）

STP 的最大缺点是收敛时间太长，当拓扑结构发生变化时新的配置消息要经过一定的时延才能传播到整个网络，在所有交换机收到这个变化的消息之前，可能存在临时环路。为了解决 STP 的缺陷，出现了 RSTP。RSTP 与 STP 完全兼容，它在 STP 的基础上主要做了以下改进。

● RSTP 为根端口和指定端口设置了快速切换用的替换端口和备份端口两种角色，当根端口或指定端口失效时，替换端口/备份端口就会无时延地进入转发状态。

● RSTP 增加了交换机之间的协商机制，在只连接了两个交换端口的点对点链路中，指定端口只需与相连的交换机进行一次握手就可以无时延地进入转发状态。

● RSTP 将直接与终端相连定义为边缘端口。边缘端口可以直接进入转发状态。

（3）Cisco 的每 VLAN 生成树（Per VLAN Spanning Tree，PVST）

当网络上有多个 VLAN 时，必须保证每一个 VLAN 都不存在环路。PVST 会为每个 VLAN 构建一棵 STP 树，其优点是每个 VLAN 可以单独选择根交换机和转发端口，从而实现负载均衡，其缺点是如果 VLAN 数量很多，会给交换机带来沉重的负担。为了携带更多信息，PVST BPDU 的格式与 STP/RSTP BPDU 不同，所以 PVST 不兼容 STP 和 RSTP 协议。

PVST 是 Cisco 交换机的默认模式。

（4）多生成树协议（Multiple Spanning Tree Protocol，MSTP）

MSTP 定义了"实例"的概念，所谓实例是多个 VLAN 的集合，每个实例仅运行一个快速生成树。在使用时可以将多个相同拓扑结构的 VLAN 映射到一个实例中，这些 VLAN 在端口上的转发状态将取决于实例的状态。MSTP 可以把支持 MSTP 的交换机和不支持 MSTP 的交换机划分成不同的区域，分别称作 MST 域和 SST 域。在 MST 域内部运行多实例化的生成树，在 MST 域的边缘运行与 RSTP 兼容的内部生成树（Internal Spanning Tree，IST）。MSTP 兼容 STP 和 RSTP，既有 PVST 的 VLAN 认知能力和负载均衡能力，又节省了通信开销和资源占用率。

8.1.3　网关级冗余技术

目前常用的网关级冗余技术主要包括 HSRP 和 VRRP。

1. 热备份路由器协议（Hot Standby Router Protocol，HSRP）

网关设备（路由器或三层交换机）是网络的核心，如果发生致命故障，将导致本地网络的瘫痪。因此，对网关设备采用热备份是提高网络可靠性的必然选择。在一个设备不能工作的情况下，其功能将被系统中的另一个备份设备接管，直至出现问题的设备恢复正常，这就是 HSRP 要解决的问题。

实现 HSRP 的条件是系统中有多台路由器，共同组成一个"热备份组"。这个组通过共享一个 IP 地址和 MAC 地址，共同维护一个虚拟路由器，如图 8-4 所示。在任一时刻，该组中只有一个路由器是活跃的，其他处于备用模式。如果活跃路由器发生故障，则备用路由器将接替其工作。对于网络内的主机来说，虚拟路由器始终没有改变，所以仍能保持连接，不受故障影响。

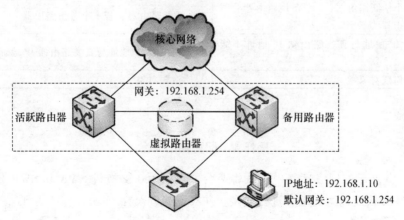

图 8-4　HSRP 工作原理

配置了 HSRP 协议的路由器将交换以下三种组播消息。

• Hello 消息：通知其他路由器发送路由器的 HSRP 优先级和状态信息，活跃路由器和备份路由器之间默认为每 3 秒钟发送一个 Hello 消息。

• Coup 消息：当一个备用路由器变为活跃路由器时将发送一个 Coup 消息。

● Resign 消息：当活跃路由器发生问题或者当有优先级更高的路由器发送 Hello 消息时，活跃路由器会发送该 Resign 消息。

HSRP 协议利用优先级方案来确定活跃路由器。如果一个路由器的优先级设置得比其他路由器高，则该路由器将成为活跃路由器。路由器的默认优先级为 100，所以如果只设置一个路由器的优先级高于 100，则该路由器将成为活跃路由器。如果活跃路由器的链路发生故障（不是路由器之间的链路），则活跃路由器将自动降级（优先级自动减 10），并告知备用路由器，备用路由器一旦发现自己的优先级高于活跃路由器，就会马上成为新的活跃路由器，充当转发路由器的角色。如果路由器之间的链路发生故障，备用路由器没有收到活跃路由器发出的 Hello 消息，则备用路由器也会成为新的活跃路由器。

> **注意**
>
> 如果路由器的优先级相同，则会选择拥有最高 IP 地址的路由器充当活跃路由器。如果不配置抢占，启动快的路由器将成为活跃路由器，即使其优先级更低。通常可以把主用路由器的优先级设为 105，备用路由器使用默认优先级。

2. 虚拟路由冗余协议（Virtual Router Redundancy Protocol，VRRP）

VRRP 也是一种容错协议，其功能与基本工作机制与 HSRP 相似。表 8-1 对 HSRP 和 VRRP 进行了对比。

表 8-1　HSRP 和 VRRP 的对比

HSRP	VRRP
Cisco 私有协议	IEEE 标准协议
最多支持 255 个热备份组	最多支持 255 个热备份组
使用组播地址 224.0.0.2 发送 Hello 数据包	使用组播地址 224.0.0.18 发送 Hello 数据包
每个组中 1 个活跃路由器、1 个备用路由器、若干个候选路由器	1 个活跃路由器、若干个备份路由器
虚拟路由器 IP 地址与真实路由器 IP 地址不能相同	虚拟路由器 IP 地址与真实路由器 IP 地址可以相同
可以追踪接口或对象	只能追踪对象

【任务实施】

操作 1　配置端口聚合

在图 8-5 所示的网络环境中，试将两台 Cisco 3560 交换机 SWA 和 SWB 分别通过第 23 号和第 24 号快速以太网端口进行连接，并实现端口聚合。

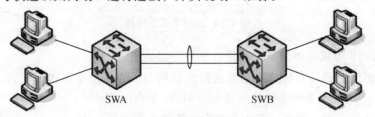

图 8-5　配置端口聚合示例

在交换机 SWA 上的配置过程为：

```
SWA (config) # interface port – channel 1      //创建交换机的 EtherChannel
SWA (config – if) # swithport                  // EtherChannel 工作于数据链路层
SWA (config – if) # swithport trunk encapsulation dot1q
SWA (config – if) # switchport mode trunk      // 设置 EtherChannel 为 Trunk 模式
SWA (config – if) # interface fa 0/23
SWA (config – if) # switchport
SWA (config – if) # channel – group 1 mode on
//将交换机端口加入 EtherChannel 1,on 表示使用 EtherChannel,但不发送 PagP 分组
SWA (config – if) # interface fa 0/24
SWA (config – if) # switchport
SWA (config – if) # channel – group 1 mode on
```

在交换机 SWB 上的配置过程与 SWA 相同，这里不再赘述。

注 意

在 "channel – group number mode" 命令中，除 "on" 外，还可以选择其他参数，如 "auto" 表示交换机被动形成一个 EtherChannel，不发送 PagP 分组，为默认值；"desira-ble" 表示交换机主动要形成一个 EtherChannel，并发送 PagP 分组；"non – silient" 表示在激活 EtherChannel 之前先进行 PagP 协商。

操作2 配置生成树协议

如图 8 – 6 所示的网络中，3 台 Cisco 2960 交换机分别命名为 SWA、SWB 和 SWC，各交换机分别通过 23 和 24 号快速以太网端口相连，该网络需实现以下要求。

* 在网络中划分 2 个 VLAN，IP 地址分别为 192.168.10.0/24 和 192.168.20.0/24，每台交换机上 1～10 号端口所连接的设备属于第 1 个 VLAN，11～20 号端口所连接的设备属于第 2 个 VLAN，同一 VLAN 内的计算机要能够相互通信。
* 在交换机上进行适当设置，使网络避免环路，并实现负载均衡。

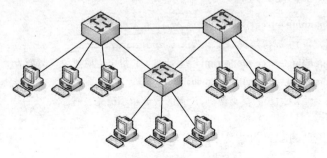

图 8 – 6 配置生成树协议示例

主要操作步骤如下。

（1）创建 VLAN 并进行端口划分

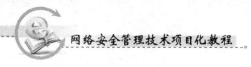
在交换机 SWA 上的配置过程为：

```
SWA# vlan database
SWA (vlan)# vlan 10 name VLAN10              // 创建 VLAN
SWA (vlan)# vlan 20 name VLAN20
SWA (vlan)# exit
SWA # configure terminal
SWA (config)# vtp domain SMAN               // 创建 VTP 域名为 SMAN
SWA (config)# vtp mode server               // 配置交换机的 VTP 模式为 Server
SWA (config)# interface range fa 0/23 – 24
SWA (config - if - range)# switchport mode trunk
SWA (config - if - range)# exit
SWA (config)# interface range fa 0/1 – 10
SWA (config - if - range)# switchport access vlan 10
SWA (config - if - range)# interface range fa 0/11 – 20
SWA (config - if - range)# switchport access vlan 20
```

在交换机 SWB 上的配置过程为：

```
SWB (config)# vtp domain SMAN
SWB (config)# vtp mode client               //配置 VTP 模式为 Client
SWB (config)# interface range fa 0/23 – 24
SWB (config - if - range)# switchport mode trunk
SWB (config - if - range)# exit
SWB (config)# interface range fa 0/1 – 10
SWB (config - if - range)# switchport access vlan 10
SWB (config - if - range)# interface range fa 0/11 – 20
SWB (config - if - range)# switchport access vlan 20
```

交换机 SWC 的配置过程与 SWB 相同，这里不再赘述。

（2）在各台交换机上配置生成树

在交换机 SWA 上的配置过程为：

```
SWA (config)# spanning – tree
//启用生成树协议,禁用生成树协议的命令为"no spanning - tree"
SWA (config)# spanning – tree mode rapid – pvst      // 指定生成树协议类型为 rapid - pvst
SWA (config)# spanning – tree vlan 10 priority 0
//配置交换机 SWA 为 VLAN10 的根交换机,设置的数值越小优先级越高
```

在交换机 SWB 上的配置过程为：

```
SWB (config)# spanning – tree
SWB (config)# spanning – tree mode rapid – pvst
SWB (config)# spanning – tree vlan 20 priority 0
//配置交换机 SWB 为 VLAN20 的根交换机
```

在交换机 SWC 上的配置过程为：

```
SWC(config)# spanning - tree
SWC(config)# spanning - tree mode rapid - pvst
```

（3）按拓扑结构连接所有设备后，可在各交换机上查看生成树配置信息。

（4）此时可以测试同一 VLAN 的 PC 间的网络连通性，并将交换机之间的任何一条链路断开，测试各 PC 间的连通性。

操作3　配置 HSRP

如图 8-7 所示的网络中，2 台三层交换机分别命名为 SWA 和 SWB，交换机通过 24 号快速以太网端口相连，二层交换机分别连接到 2 台三层交换机的 1 号快速以太网端口。如果计算机的 IP 地址为 192.168.1.2/24，默认网关为 192.168.1.254，试在三层交换机上配置 HSRP，实现网关冗余。

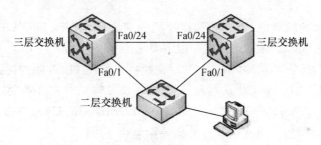

三层交换机　Fa0/24　　Fa0/24　三层交换机
Fa0/1　　　　Fa0/1
二层交换机

图 8-7　配置 HSRP 示例

在交换机 SWA 上的配置过程为：

```
SWA(config)# interface fastEthernet 0/1
SWA(config-if)# no switchport          //将 Fa0/1 端口设为路由端口
SWA(config-if)# ip address 192.168.1.252 255.255.255.0
SWA(config-if)# no shutdown
SWA(config-if)# standby 1 ip 192.168.1.254
//配置 HSRP 组 1 虚拟路由器 IP 地址为 192.168.1.254,即网络中计算机的默认网关
SWA(config-if)# standby 1 priority 105
//设置 HSRP 组 1 优先级为 105,这样 SWA 将作为计算机的默认网关
SWA(config-if)# standby 1 preempt
//设为抢占模式。正常状况下网络的数据由 SWA 传输,当 SWA 发生故障则由 SWB 担负起传输任
务。若不配置抢占,当 SWA 恢复正常后,数据仍由 SWB 传输;配置抢占模式后,正常后的 SWA 会再次
夺取控制权
SWA(config-if)# interface loopback 0
SWA(config-if)# ip address 10.1.1.1 255.255.255.0
//配置三层交换机的环回地址为 10.1.1.1/24 主要是用于模拟某主机与其直接连接
SWA(config-if)# end
SWA #show standby                      //查看 HSRP 组信息
```

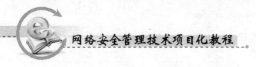

在交换机 SWB 上的配置过程为：

```
SWB(config)# interface fastEthernet 0/1
SWB (config - if) # no switchport
SWB (config - if) # ip address 192. 168. 1. 253 255. 255. 255. 0
SWB (config - if) # no shutdown
SWB (config - if) # standby 1 ip 192. 168. 1. 254
SWB (config - if) # standby 1 preempt
SWB(config)# interface loopback 0
SWB(config)# ip address 10. 1. 1. 1 255. 255. 255. 0
```

此时可以测试 PC 与模拟主机（10. 1. 1. 1/24）的网络连通性，并可将二层交换机与三层交换机之间的任何一条链路断开，再测试其连通性。

操作 4　配置双核心网络

如图 8 - 8 所示的网络中，2 台三层交换机分别命名为 SWA 和 SWB，2 台二层交换机分别命名为 SW1 和 SW2，该网络需实现以下要求。

- 在该网络中划分 4 个 VLAN，在三层交换机上实现 VLAN 间的连接。VLAN 的 IP 地址分别为 192. 168. 10. 0/24（默认网关 192. 168. 10. 254）、192. 168. 20. 0/24（默认网关 192. 168. 20. 254）、192. 168. 30. 0/24（默认网关 192. 168. 30. 254）、192. 168. 40. 0/24（默认网关 192. 168. 40. 254），各 VLAN 计算机要能够相互通信。

- 在交换机上进行适当设置，实现网络冗余和负载均衡。

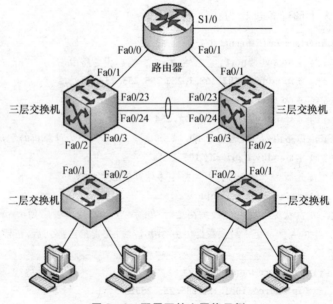

图 8 - 8　配置双核心网络示例

主要操作步骤如下。

（1）二层交换机的基本配置

在二层交换机上只需做一些基本的 VLAN 配置即可。在交换机 SW1 的配置过程为：

```
SW1 # vlan database
SW1 (vlan)# vlan 10 name VLAN10          //创建 VLAN
SW1 (vlan)# vlan 20 name VLAN20
SW1 (vlan)# vlan 30 name VLAN30
SW1 (vlan)# vlan 40 name VLAN40
SW1 (vlan)# exit
SW1 # configure terminal
SW1 (config)# interface range fa 0/1 - 2
SW1 (config - if - range)# switchport mode trunk
SW1 (config - if - range)# interface range fa 0/3 - 8
SW1 (config - if - range)# switchport access vlan 10
SW1 (config - if - range)# interface range fa 0/9 - 15
SW1 (config - if - range)# switchport access vlan 20
SW1 (config - if - range)# interface range fa 0/16 - 21
SW1 (config - if - range)# switchport access vlan 30
SW1 (config - if - range)# interface range fa 0/22 - 24
SW1 (config - if - range)# switchport access vlan 40
```

在交换机 SW2 的配置过程与 SW1 相同，这里不再赘述。

（2）三层交换机的基本配置

在三层交换机上，需要完成 VLAN 的虚拟 IP 地址、HSRP 以及上连路由的配置。在交换机 SWA 上的配置过程为：

```
SWA # vlan database
SWA (vlan)# vlan 10 name VLAN10          // 创建 VLAN
SWA (vlan)# vlan 20 name VLAN20
SWA (vlan)# vlan 30 name VLAN30
SWA (vlan)# vlan 40 name VLAN40
SWA (vlan)# exit
SWA# configure terminal
SWA(config)# interface range fa 0/2 - 3
SWA (config - if - range)# swithport trunk encapsulation dot1q
SWA (config - if - range)# switchport mode trunk
SWA (config - if - range)# exit
SWA(config)# interface vlan 10
SWA (config - if)# ip address 192. 168. 10. 252 255. 255. 255. 0
SWA (config - if)# no shutdown
SWA (config - if)# standby 10 ip 192. 168. 10. 254
//配置 HSRP 组 10 虚拟路由器 IP 地址为 192.168.10.254,即 VLAN10 的虚拟网关
SWA (config - if)# standby 10 priority 105
//设置 HSRP 组 10 优先级为 105,这样 SWA 将作为 VLAN10 的默认网关
```

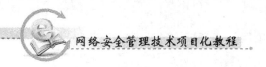

```
SWA (config - if) # standby 10 preempt
SWA(config) # interface vlan 20
SWA (config - if) # ip address 192. 168. 20. 252 255. 255. 255. 0
SWA (config - if) # no shutdown
SWA (config - if) # standby 20 ip 192. 168. 20. 254
//配置 HSRP 组 20 虚拟路由器 IP 地址为 192. 168. 20. 254,即 VLAN20 的虚拟网关
SWA (config - if) # standby 20 priority 105
//设置 HSRP 组 20 优先级为 105,这样 SWA 将作为 VLAN20 的默认网关
SWA (config - if) # standby 20 preempt
SWA(config) # interface vlan 30
SWA (config - if) # ip address 192. 168. 30. 252 255. 255. 255. 0
SWA (config - if) # no shutdown
SWA (config - if) # standby 30 ip 192. 168. 30. 254
//配置 HSRP 组 30 虚拟路由器 IP 地址为 192. 168. 30. 254,即 VLAN30 的虚拟网关
SWA (config - if) # standby 30 preempt
SWA(config) # interface vlan 40
SWA (config - if) # ip address 192. 168. 40. 252 255. 255. 255. 0
SWA (config - if) # no shutdown
SWA (config - if) # standby 40 ip 192. 168. 40. 254
//配置 HSRP 组 40 虚拟路由器 IP 地址为 192. 168. 40. 254,即 VLAN40 的虚拟网关
SWA (config - if) # standby 40 preempt
SWA(config - if) # interface fa0/1
SWA (config - if) # no switchport        //将 Fa0/1 端口设为路由端口
SWA(config - if) # ip address 10. 1. 1. 1 255. 255. 255. 0
SWA (config - if) # exit
SWA(config) # router ospf 1               //配置动态路由
SWA (config - router) # network 10. 1. 1. 0 0. 0. 0. 255 area 0
SWA (config - router) # network 192. 168. 0. 0 0. 0. 255. 255 area 0
SWA (config - router) # exit
SWA(config) # interface vlan 30
SWA(config - if) # ip ospf cost 65535     //将 VLAN30 的 OSPF 开销值设置为 65535
SWA(config) # interface vlan 40
SWA(config - if) # ip ospf cost 65535     //将 VLAN40 的 OSPF 开销值设置为 65535
```

在交换机 SWB 上的配置过程为:

```
SWB # vlan database
SWB (vlan) # vlan 10 name VLAN10          //创建 VLAN
SWB (vlan) # vlan 20 name VLAN20
SWB (vlan) # vlan 30 name VLAN30
SWB (vlan) # vlan 40 name VLAN40
SWB (vlan) # exit
```

```
SWB# configure terminal
SWB(config)# interface range fa 0/2-3
SWB(config-if-range)# swithport trunk encapsulation dot1q
SWB(config-if-range)# switchport mode trunk
SWB(config-if-range)# exit
SWB(config)# interface vlan 10
SWB(config-if)# ip address 192.168.10.253 255.255.255.0
SWB(config-if)# no shutdown
SWB(config-if)# standby 10 ip 192.168.10.254
SWB(config-if)# standby 10 preempt
SWB(config)# interface vlan 20
SWB(config-if)# ip address 192.168.20.253 255.255.255.0
SWB(config-if)# no shutdown
SWB(config-if)# standby 20 ip 192.168.20.254
SWB(config-if)# standby 20 preempt
SWB(config)# interface vlan 30
SWB(config-if)# ip address 192.168.30.253 255.255.255.0
SWB(config-if)# no shutdown
SWB(config-if)# standby 30 ip 192.168.30.254
SWB(config-if)# standby 30 priority 105
```
//设置 HSRP 组 30 优先级为 105,这样 SWB 将作为 VLAN30 的默认网关
```
SWB(config-if)# standby 30 preempt
SWB(config)# interface vlan 40
SWB(config-if)# ip address 192.168.40.253 255.255.255.0
SWB(config-if)# no shutdown
SWB(config-if)# standby 40 ip 192.168.40.254
SWB(config-if)# standby 40 priority 105
```
//设置 HSRP 组 40 优先级为 105,这样 SWB 将作为 VLAN40 的默认网关
```
SWB(config-if)# standby 40 preempt
SWB(config-if)# interface fa0/1
SWB(config-if)# no switchport
SWB(config-if)# ip address 10.1.2.1 255.255.255.0
SWB(config-if)# exit
SWB(config)# router ospf 1
SWB(config-router)# network 10.1.2.0 0.0.0.255 area 0
SWB(config-router)# network 192.168.0.0 0.0.255.255 area 0
SWB(config)# interface vlan 10
SWB(config-if)# ip ospf cost 65535    //将 VLAN10 的 OSPF 开销值设置为 65535
SWB(config)# interface vlan 20
SWB(config-if)# ip ospf cost 65535    //将 VLAN20 的 OSPF 开销值设置为 65535
```

（3）路由器的基本配置

在路由器上需要启用相关端口并完成路由配置。以下只给出路由器与内网的相关配置：

```
Router (config) # interface fa0/0
Router (config - if) # ip address 10.1.1.2 255.255.255.0
Router (config - if) # no shutdown
Router (config - if) # interface fa0/1
Router (config - if) # ip address 10.1.2.2 255.255.255.0
Router (config - if) # no shutdown
Router (config - if) # end
Router (config) # router ospf 1
Router (config - router) # network 10.1.1.0 0.0.0.255 area 0
Router (config - router) # network 10.1.2.0 0.0.0.255 area 0
```

（4）设置三层交换机之间的端口聚合

端口聚合的配置与上例相同，这里不再赘述。

（5）配置 MSTP

默认情况下，交换机 SWA 和 SWB 的 Fa0/1 和 Fa0/2 端口不会同时工作，所以还需要配置生成树协议。在交换机 SWA 上的配置过程为：

```
SWA (config) # spanning - tree
SWA (config) # spanning - tree mode mstp        //指定生成树协议类型为 MSTP
SWA (config) # spanning - tree mst configuration
SWA (config - mst) # instance 1 VLAN 10,20
//将 VLAN10、VLAN20 放入实例 1 中,每个实例都会生成一个独立的生成树
SWA (config - mst) # revision 1        //配置版本号
SWA (config - mst) # instance 2 VLAN 30,40     //将 VLAN30、VLAN40 放入实例 2 中
SWA (config - mst) # revision 1
SWA (config - mst) # exit
SWA (config) # spanning - tree mst 1 priority 4096
//实例 1 在 SWA 的优先级为 4096,数字越小优先级越高,通过配置优先级将 SWA 设置为实例 1 的
根交换机
SWA (config) # spanning - tree mst 2 priority 8192     //实例 2 在 SWA 的优先级为 8192
```

在交换机 SWB 上的配置过程为：

```
SWB (config) # spanning - tree
SWB (config) # spanning - tree mode mstp
SWB (config) # spanning - tree mst configuration
SWB (config - mst) # instance 1 VLAN 10,20
SWB (config - mst) # revision 1
SWB (config - mst) # instance 2 VLAN 30,40
```

```
SWB(config - mst)# revision 1
SWB(config - mst)# exit
SWB(config)# spanning - tree mst 1 priority 8192
SWB(config)# spanning - tree mst 2 priority 4096
//通过配置优先级将 SWB 设置为实例 2 的根交换机
```

在交换机 SW1 上的配置过程为：

```
SW1(config)# spanning - tree
SW1(config)# spanning - tree mode mstp
SW1(config)# spanning - tree mst configuration
SW1(config - mst)# instance 1 VLAN 10,20
SW1(config - mst)# revision 1
SW1(config - mst)# instance 2 VLAN 30,40
SW1(config - mst)# revision 1
```

在交换机 SW2 上的配置过程与 SW1 相同，这里不再赘述。

【技能拓展】

本次任务只给出了利用 HSRP 实现网关冗余的配置方法。请查阅相关技术资料，了解利用 VRRP 实现网关冗余的配置方法。另外不同品牌型号的网络设备所支持的冗余技术及其配置方法并不相同，请阅读相关产品手册，了解目前主流网络设备对冗余技术的支持情况和基本配置方法。

任务 8.2　利用 RAID 实现系统容错

【任务目的】

（1）了解常见的服务器系统冗余技术；
（2）了解 RAID 技术的作用；
（3）了解 Windows 系统动态卷的类型和特点；
（4）掌握在 Windows 系统中配置动态磁盘和动态卷的方法。

【工作环境与条件】

（1）安装好 Windows Server 2003 或其他 Windows 操作系统的计算机；
（2）3 块或 3 块以上的硬盘及相关安装工具（也可使用 VMware 等虚拟机软件）；
（3）能够正常运行的网络环境。

【相关知识】

8.1.1　服务器系统冗余技术

服务器是网络系统的核心，为了保证服务器安全可靠地运行，通常可采用以下冗余措施。

1. 双机热备份

服务器双机热备份就是配置两台服务器，一台充当主服务器，另一台为备份服务器，两台服务器安装相同的操作系统和相关软件，通过网卡连接。当主服务器发生故障时，备份服务器会接替其工作，在备份服务器工作期间，用户可对主服务器进行修复。服务器双机热备份措施通常用于对网络服务可靠性要求很高的环境，如数据库、电子商务等。

2. 存储设备冗余

存储设备是数据的载体，是保证数据可靠性的基础。为了保证存储设备的有效性，可在本地或异地实现存储设备冗余，实现方法有磁盘镜像、RAID 等。

3. 电源冗余

高端服务器普遍采用双电源系统。这两个电源系统是负载均衡的，同时为系统供电。当其中一个电源出现故障时，另一个电源就会满负荷地承担全部供电工作，管理员可以在不关闭系统的前提下更换故障电源。目前有些服务器产品可以实现直流（DC）冗余，有些服务器产品可以实现交流（AC）和 DC 冗余。

4. 网卡冗余

网卡冗余是指在服务器上安装两块以上采用自动控制技术的网卡。当系统正常工作时，这些网卡将自动均衡网络流量，提高系统带宽。当某块网卡或网卡链路发生故障时，服务器的流量就会自动切换到其他网卡上，从而保证服务器系统的正常运行。

8.1.2 RAID

RAID 是一种把多块独立的硬盘（物理硬盘）按不同的方式组合起来形成一个硬盘组（逻辑硬盘），从而提供比单个硬盘更高的存储性能及数据备份的技术。组成磁盘阵列的不同方式称为 RAID 级别，不同的级别针对不同的系统及应用，以解决数据访问性能和数据安全问题。

根据不同的实现技术，RAID 可以分为硬件 RAID 和软件 RAID。硬件 RAID 通常需要独立的 RAID 卡，由于 RAID 卡上会有处理器及内存，所以不会占用系统资源，从而大大提升系统性能，但成本较高。目前很多操作系统都提供软件 RAID，软件 RAID 的性能低于硬件 RAID，但成本较低，配置管理也非常简单。目前 Windows 系统支持的 RAID 级别包括 RAID-0、RAID-1 和 RAID-5。

8.1.3 基本磁盘和动态磁盘

Windows 系统支持两种类型的数据存储：基本存储和动态存储。

1. 基本磁盘

基本存储是硬盘驱动器管理的传统标准，被初始化用于基本存储的磁盘称为基本磁盘。基本磁盘可划分为主分区和扩展分区，分区作为实际上独立的存储单元工作。一个基本磁盘可以有4个主分区，或3个主分区和1个扩展分区。Windows系统可使用磁盘主分区来启动计算机，只有主分区可被标记为活动分区，活动分区是硬件查找启动文件以启动操作系统的地方，一个硬盘上每次只能有一个分区可以处于活动状态。多个主分区可用来隔离不同的操作系统或不同类型的数据。

扩展分区是在创建主分区之后利用磁盘剩余的可用空间创建的。一个硬盘上只能存在一个扩展分区，当创建扩展分区时应包括所有的剩余可用空间。与主分区不同，扩展分区不能被格式化或为其指派驱动器盘符。扩展分区需要被划分为多个区段，每个区段称为逻辑驱动器。每个逻辑驱动器都要指派一个驱动器盘符，并选择文件系统进行格式化。

> **注 意**
>
> 在一台计算机上安装多个操作系统时，可以将操作系统安装在逻辑驱动器上，但该操作系统的启动文件必须存放在主分区上。

2. 动态磁盘

动态存储是从Windows 2000操作系统起开始支持的数据存储方式，用于动态存储而初始化的磁盘被称为动态磁盘。为了与基本磁盘进行区别，动态磁盘中被划分的存储空间被称作卷，而不再被称作分区。动态磁盘上的卷是动态卷，而基本磁盘上的主分区和逻辑驱动器可以被称为基本卷。动态磁盘可以提供一些基本磁盘不具备的功能，例如创建可以跨越多个磁盘的卷和创建具有容错能力的卷。Windows系统的动态卷包括以下几种类型。

（1）简单卷

简单卷必须建立在同一个磁盘上的连续空间中，类似于基本磁盘的基本卷，但在建立好之后可以扩展到同一磁盘中的其他非连续空间中。

（2）跨区卷

可以将来自多个物理磁盘（最少2个，最多32个）上的多个区域逻辑上组合在一起，形成跨区卷，每个磁盘用来组成跨区卷的磁盘空间大小不必相同。在向跨区卷写入数据时，必须先将跨区卷在第一个磁盘上的空间写满，才能向同一跨区卷的下一个磁盘上的空间写入数据。跨区卷可以随时扩容，但不具有容错性，如果跨区卷中的任何磁盘出现故障，那么整个卷中的数据都会丢失。

（3）带区卷（RAID－0）

可以将来自多个物理磁盘（最少2个，最多32个）上的具有相同空间大小的区域置于一个带区卷中。向带区卷写入数据时，数据将按照每64KB分成一块，这些大小为64KB的数据块将被并行存放在组成带区卷的各个磁盘空间中，在读取数据时也将同样进行并行操作。带区卷是存储性能最佳的卷，具有很高的文件访问效率，但不提供容错，如果卷中的磁盘发生故障，则整个数据都将丢失。

（4）镜像卷（RAID－1）

镜像卷就是两个完全相同的简单卷，并且这两个简单卷分别在两个独立的磁盘中，当向其中一个卷写入数据时，另一个卷也将完成相同的操作。镜像卷具有很好的容错能力，

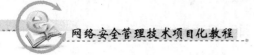

并且可读性能好，但是磁盘利用率很低，只有 50%。

（5）RAID - 5 卷

RAID - 5 卷是具有容错能力的带区卷，由来自多个物理磁盘（最少 3 个，最多 32 个）上的具有相同空间大小的区域组成。在向 RAID - 5 卷写入数据时，系统会通过特定算法计算出写入数据的校验码并将其一起存放在 RAID - 5 卷中，并且校验码平均分布在每块磁盘上，当一块磁盘出现故障时，可以利用其他磁盘上的数据和校验码恢复丢失的数据。RAID - 5 卷具有较高的存储性能和文件访问效率，其空间利用率为（$n - 1$）/n（n 为物理磁盘的个数）。

【任务实施】

操作 1　获得动态磁盘

1. 添加新磁盘并转换为动态磁盘

在安装 Windows 系统的计算机上添加了新的磁盘后，可对其进行初始化并转换为动态磁盘，操作步骤如下。

（1）在安装 Windows 系统的计算机上添加 3 块新磁盘。

（2）启动系统，依次选择"开始"→"管理工具"→"计算机管理"命令，打开"计算机管理"窗口，在左侧窗格中选择"磁盘管理"命令，此时系统会自动打开"欢迎使用磁盘初始化和转换向导"对话框。

（3）在"欢迎使用磁盘初始化和转换向导"对话框中，单击"下一步"按钮，打开"选择要初始化的磁盘"对话框，如图 8 - 9 所示。

（4）在"选择要初始化的磁盘"对话框中会显示系统识别到的需要初始化的磁盘，选择所有的磁盘，单击"下一步"按钮，打开"选择要转换的磁盘"对话框，如图 8 - 10 所示。

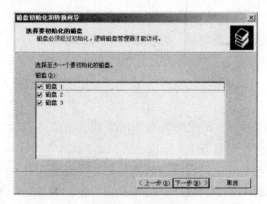
图 8 - 9　"选择要初始化的磁盘"对话框

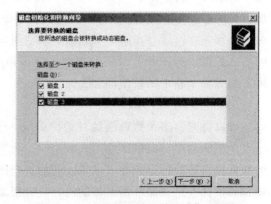
图 8 - 10　"选择要转换的磁盘"对话框

（5）在"选择要转换的磁盘"对话框中选择要转换为动态磁盘的磁盘，若不选择，该磁盘将为基本磁盘。在这里将新加磁盘全部转换，单击"下一步"按钮，打开"正在完成磁盘初始化和转换向导"对话框。

（6）在"正在完成磁盘初始化和转换向导"对话框中，单击"完成"按钮，此时在"计算机管理"窗口中可以看到已经初始化了的3块新加磁盘，如图8-11所示。

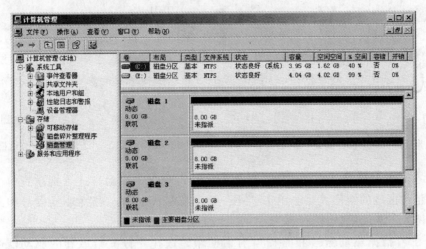

图8-11　已经初始化了的新加磁盘

2. 将基本磁盘转换为动态磁盘

如果要将基本磁盘转换为动态磁盘，可以在"计算机管理"窗口的左侧窗格中选择"磁盘管理"命令，在右侧窗格中选择要进行转换的磁盘，单击鼠标右键，在弹出的菜单中选择"转换到动态磁盘"命令。此时系统会打开磁盘初始化和转换向导，根据提示操作即可。

> **注 意**
>
> 基本磁盘转换为动态磁盘时不会损坏原有的数据，但转换前需要关闭该磁盘上运行的程序。如果转换的是启动盘或者要转换的磁盘上的分区正在使用，则必须重新启动计算机才能成功转换。若要将动态磁盘转换为基本磁盘，则必须先删除磁盘上原有的卷。

操作2　创建动态卷

动态磁盘必须创建卷后才能存储数据，在动态磁盘上创建跨区卷的操作步骤如下。

（1）在"计算机管理"窗口的左侧窗格中选择"磁盘管理"命令，在右侧窗格中选择磁盘，单击鼠标右键，在弹出的菜单中选择"新建卷"命令。此时系统会打开"欢迎使用新建卷向导"对话框。

（2）在"欢迎使用新建卷向导"对话框中，单击"下一步"按钮，打开"选择卷类型"对话框，如图8-12所示。

（3）在"选择卷类型"对话框中，选择"跨区"，单击"下一步"按钮，打开"选择磁盘"对话框，如图8-13所示。

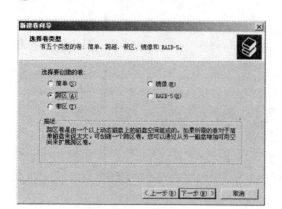

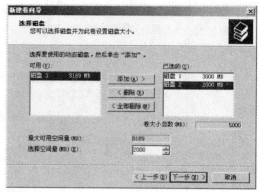

图 8-12 "选择卷类型"对话框　　　　图 8-13 "选择磁盘"对话框

（4）在"选择磁盘"对话框中，选择跨区卷所包含的磁盘，并分别设置每个磁盘在该卷中所包含区域的空间大小。单击"下一步"按钮，打开"指派驱动器号和路径"对话框，如图 8-14 所示。

（5）在"指派驱动器号和路径"对话框中，选择要分配给该卷的驱动器号，单击"下一步"按钮，打开"卷区格式化"对话框，如图 8-15 所示。

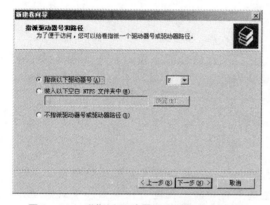

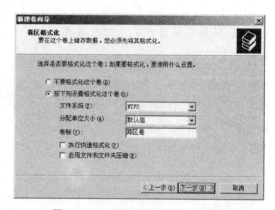

图 8-14 "指派驱动器号和路径"对话框　　　图 8-15 "卷区格式化"对话框

（6）在"卷区格式化"对话框中，选择对该卷进行格式化，并设置该卷的文件系统、分配单位大小和卷标。单击"下一步"按钮，打开"正在完成新建卷向导"对话框。

（7）在"正在完成新建卷向导"对话框中，单击"完成"按钮，此时系统会自动完成跨区卷的创建，并对该卷进行格式化。

创建其他类型动态卷的操作步骤与创建跨区卷类似，这里不再赘述。

操作 3　动态磁盘的数据恢复

在动态磁盘中，镜像卷和 RAID-5 卷具有容错功能，当某个磁盘损坏时可以恢复数据。下面通过以下操作步骤对动态磁盘的数据恢复功能进行验证和实现。

（1）在磁盘 1 和磁盘 2 上创建一个跨区卷，在磁盘 1、磁盘 2 和磁盘 3 上分别创建一个带区卷和一个 RAID-5 卷，在磁盘 2 和磁盘 3 上创建一个镜像卷。创建卷后的"计算机管理"窗口如图 8-16 所示。

（2）在每个卷上分别复制一些文件，然后关闭计算机。

（3）移除计算机的磁盘2，然后在计算机中增加一块新硬盘。

（4）启动计算机，打开"Windows 资源管理器"窗口，可以看到此时镜像卷（H:）和 RAID-5 卷（I:）仍然可以访问，但跨区卷和带区卷已经不存在了。

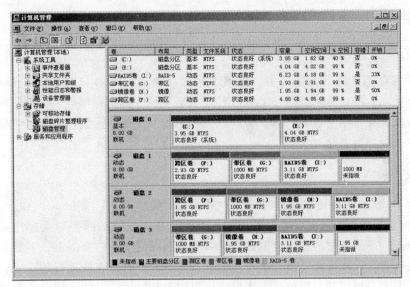

图 8-16　创建卷后的"磁盘管理"窗口

（5）依次选择"开始"→"管理工具"→"计算机管理"命令，打开"计算机管理"窗口，在左侧窗格中选择"磁盘管理"命令，根据向导将新硬盘初始化并转换后，可以看到右侧窗格中显示的当前磁盘信息，如图 8-17 所示。

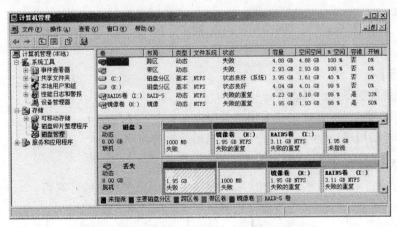

图 8-17　磁盘丢失后的"计算机管理"窗口

（6）选中"丢失"磁盘的镜像卷，单击鼠标右键，在弹出的菜单中选择"删除镜像"命令，根据提示将"丢失"磁盘上的镜像卷删除。

（7）选中剩下的磁盘上的镜像卷，单击鼠标右键，在弹出的菜单中选择"添加镜像"命令。根据提示选择一个磁盘来代替丢失的磁盘，同步数据完成后，镜像卷即修复成功。

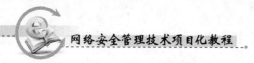

（8）选中"丢失"磁盘的 RAID - 5 卷，单击鼠标右键，在弹出的菜单中选择"修复卷"命令，根据提示选择一个磁盘来代替丢失的磁盘，同步数据完成后，RAID - 5 卷修复成功。

（9）镜像卷和 RAID - 5 卷成功修复后，选中"丢失"磁盘，单击鼠标右键，在弹出的菜单中选择"删除磁盘"命令，将"丢失"磁盘删除。

【技能拓展】

1. 认识网络存储系统

目前网络存储系统的类型很多，如网络附加存储（Network Attached Storage，NAS）、区域网络存储（Storage Area Network，SAN）、分级存储、虚拟存储等，其结构和功能各不相同。请查阅相关技术资料和产品手册，认识常用的网络存储系统，了解其主要功能、结构、相关产品及部署方法。

2. 认识服务器群集

服务器群集是一组协同工作并运行 Microsoft 群集服务（Microsoft Cluster Service，MSCS）的独立服务器。服务器群集可以使网络免于整个系统的瘫痪以及操作系统和应用层次的故障。一个服务器群集包含多台拥有共享数据存储空间的服务器，各服务器之间通过内部局域网进行互相连接。当其中一台服务器发生故障时，它所运行的应用程序将由与之相连的服务器自动接管。群集技术不仅能够提供更长的运行时间，而且在关闭一台服务器时，并不影响用户的正常访问，从而可以实现硬件、操作系统的"滚动升级"。服务器群集虽然不是严格意义上的容错技术，无法保证无间断运作，但确实能够在不增加过多硬件成本的前提下，为多数关键任务应用程序提供足够的可用性。请查阅 Windows 系统帮助文件及相关技术资料，了解 Windows 服务器群集的创建和配置方法。

任务 8.3　Windows 系统下的数据备份与恢复

【任务目的】

（1）了解数据备份的基本方法；
（2）理解 Windows 系统主要采用的备份方案；
（3）能够利用 Windows 备份程序完成数据备份和还原。

【工作环境与条件】

（1）安装好 Windows Server 2003 或其他 Windows 操作系统的计算机；
（2）能够正常运行的网络环境（也可使用 VMware 等虚拟机软件）。

【相关知识】

8.3.1　数据备份概述

1. 数据备份的概念

在计算机网络运行和维护的过程中，经常会有一些难以预料的因素导致数据丢失，而所丢失的数据通常又对企业业务有着举足轻重的作用。所以必须根据数据特性对数据及时备份，以便在灾难发生后能迅速恢复数据。所谓数据备份就是保存数据的副本，数据恢复就是将数据恢复到事故之前的状态。数据恢复总是与数据备份相对应，数据备份是数据恢复的前提，数据恢复是数据备份的目的。在理解数据备份时必须注意以下两个方面。

（1）数据备份与数据复制

数据复制是指将数据复制到其他存储介质，并保存在其他地方。数据备份是以数据复制为基础的，并能够对数据复制进行管理。单纯的数据复制无法提供文件的历史记录，也无法复制系统状态等信息，不能实现系统的完全备份和恢复。

（2）数据备份与系统冗余

系统冗余的目的是为了保证系统的可用性，对数据而言，系统冗余技术保护了系统的在线状态，保证当意外发生时数据可以被随时访问。数据备份的目的是将系统的数据或状态保存下来，以便将来挽回因意外带来的损失，通常采用离线保存的方式（与当前系统隔离开），并不保证系统的实时可用性。在运行关键任务的系统中，备份技术与冗余技术互相不可替代。

2. 数据备份系统的基本要素

一个完整的数据备份系统通常包含以下要素。

（1）备份源系统

备份源系统主要用于从特定的系统中提取备份数据，如一台服务器上某块磁盘上的所有数据、某数据库下的所有数据库文件等。

（2）备份目标系统

备份目标系统主要完成把备份数据保存到不同备份设备的工作。备份设备可以是备份原系统也可以是任何其他地点的存储介质。目前常用的备份设备主要有磁带、磁盘和光盘等，在选择备份设备时应主要考虑速度和容量这两个主要因素。

（3）备份软件

备份软件是专业的数据备份是软件级备份，即通过备份软件，将数据保存到备份设备上。备份软件可以由网络操作系统提供，也可以使用第三方开发的软件。

（4）备份计划

备份计划是数据备份应有明确的计划表，确定需要备份的数据、备份时间及备份所采用的相关策略。

（5）备份工作执行者

备份工作执行者是数据备份必须由指定的人员完成，必须确定备份工作执行者，并使其具有相应的操作权限。

3. 单机备份和网络备份

（1）单机备份

所谓单机备份是指备份设备直接连接到网络服务器上，形成基于主机的备份系统。这种备份系统较为简单，可直接将服务器硬盘上的数据保存到备份设备，适合只有 1～3 台服务器的网络结构。目前流行的操作系统自带的备份系统大多基于此种结构。

（2）网络备份

网络备份支持基于网络的数据备份和恢复功能。对于有多台服务器的网络，可以部署专用的备份服务器，在其他服务器上部署备份代理软件，使用专用的备份管理软件将网络上任一服务器的数据通过网络集中备份到备份服务器上。网络备份可进一步分为局域网备份和广域网备份。局域网备份需要配置备份服务器和专业备份软件，备份设备的管理维护负担重，需要专业技术人员专门负责，投资较大。广域网备份提供远程异地备份，备份数据远离本地网络现场，可降低安全风险，提高容灾能力。

8.3.2 Windows 系统的备份标记

在规划备份的任务时，为了减少备份的数据量与所浪费的时间，如果某些文件在昨天已经备份了，而且今天也没有修改过，则不需要重新再备份这些文件。在 Windows 系统中，可以通过文件或文件夹的"存档"属性，判断其是否没有被修改过。

任何一个新建的文件，其"存档"属性会被设置，当利用备份程序将该文件备份后，该"存档"属性就会被清除，表示该文件已经被备份过了。但是如果在备份完成后，这个文件又被修改，则"存档"属性又会被设置。因此 Windows 备份可以利用该属性判断文件是否被修改过，以便决定是否需要再备份该文件。

8.3.3 Windows 系统的备份类型

Windows 操作系统支持 5 种备份类型，用户可以根据自己的需要选择相应的备份类型。表 8 - 2 对这 5 种备份类型进行了对比。

表 8 - 2   Windows 操作系统的备份类型

类　型	执行操作	备份前是否检查标记	备份后是否清除标记
正常备份	备份所有选定的文件	否	是
增量备份	只备份自上次正常或增量备份以来创建或更改的文件（只备份有存档标记的文件）	是	是
差异备份	只备份自上次正常或增量备份以来创建或更改的文件（只备份有存档标记的文件）	是	否
副本备份	备份所有选定的文件	否	否
每日备份	当天创建或更改过的所有选定文件	否	否

对于 Windows 操作系统所支持的备份类型，应注意以下问题。

（1）"正常备份"是最完整的备份方式。因为所有被选定的文件与文件夹都会被备份（无论此时其"存档"属性是否被设置），所以备份时最浪费时间，但它却会最快、最容易地被还原，因为备份数据内存储着最新、最完整的数据。

（2）如果临时需要将硬盘内的数据复制出来，但不想破坏原有的备份计划，则可采用"副本备份"方式，该方式可以备份所有选定的文件，但不更改其"存档"属性。

（3）由于"差异备份"方式在备份完成后，文件的"存档"属性不会改变，因此下一次再执行"差异备份"或"增量备份"时，该文件仍会被再重复备份一次。

（4）由于"增量备份"方式在备份完成后，文件的"存档"属性会被清除，因此下一次再执行"增量备份"或"差异备份"时，该文件不会被再重复备份一次。

（5）由于"每日备份"的方式只会备份当日修改过的文件，因此前几天所修改过的文件，即使其"存档"属性仍然是被设置的状态，它们也不会被备份。

8.3.4 Windows 系统的备份方案

一般来说，"差异备份"与"增量备份"都不会单独被使用，通常在 Windows 系统中可以采用"正常备份＋差异备份"和"正常备份＋增量备份"两种方案。

（1）正常备份＋差异备份

图 8-18 给出了一个"正常备份＋差异备份"的备份方案。由图可知，该方案为在每星期一执行"正常备份"，而星期二至星期五执行"差异备份"操作。若星期一执行"正常备份"后，星期二进行了更新，则星期二执行"差异备份"时只备份更新的数据。若星期三也进行了更新，则星期三执行"差异备份"时除了备份当日更新的数据外，还要备份星期二更新的数据。如果要将数据还原，则需要前一次执行"正常备份"的备份数据和前一次执行"差异备份"的备份数据。

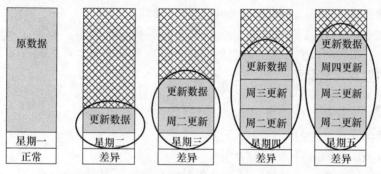

注：网格图示代表不做备份的数据；灰色图示代表需要备份的数据。

图 8-18 "正常备份＋差异备份"的备份方案

"差异备份"与"正常备份"的配合，可以不需要每天执行"正常备份"的任务，从而既可以减少每天进行"正常备份"所增加的数据量与时间，又可以完整地将数据备份。

（2）正常备份＋增量备份

图 8-19 给出了一个"正常备份＋增量备份"的备份方案。由图可知，该方案为在每星期一执行"正常备份"，而星期二至星期五执行"增量备份"操作。若星期一执行"正常备份"后，星期二进行了更新，则星期二执行"增量备份"时只备份更新的数据。若星期三也进行了更新，则星期三执行"增量备份"时只备份当日更新的数据，不再备份星期二更新的数据。如果要将数据还原，则需要前一次执行"正常备份"的备份数据，以及前一次执行"正常备份"后，所有执行"增量备份"的备份数据。

"增量备份"与"正常备份"的组合，也可以不需要每天执行"正常备份"的任务，从而既可以减少每天进行"正常备份"所增加的数据量与时间，又可以完整地将数据备份。

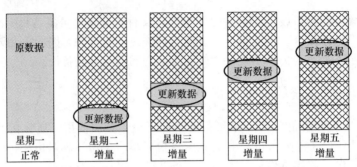

注：网格图示代表不做备份的数据；灰色图示代表需要备份的数据。

图 8 – 19　"正常备份 + 增量备份"的备份方案

【任务实施】

操作 1　查看备份标记

在 Windows 系统中，如果要查看文件或文件夹的备份标记，可以选中该文件或文件夹，单击鼠标右键，在弹出的快捷菜单中选择"属性"命令，打开"属性"对话框。单击"高级"按钮，打开"高级属性"对话框，如图 8 – 20 所示。如果"可以存档文件"复选框被选中，则表明该文件或文件夹的"存档"属性被设置。可以通过以下的步骤验证系统对"存档"属性的设置：

（1）创建一个文件；

（2）检查该文件的"存档"属性（此时"存档"属性被设置）；

（3）手动清除该文件的"存档"属性；

（4）修改该文件的内容；

（5）再检查该文件的"存档"属性（此时"存档"属性又被自动设置）。

操作 2　备份文件或文件夹

利用 Windows 系统中的备份工具，备份文件或文件夹的基本操作步骤如下。

（1）选择要备份的文件或文件夹，查看其备份标记。

（2）依次选择"开始"→"程序"→"附件"→"系统工具"→"备份"命令，打开"备份工具"窗口，选择"备份"选项卡，如图 8 – 21 所示。

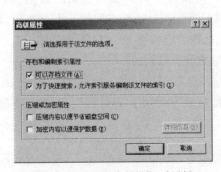

图 8 – 20　"高级属性"对话框

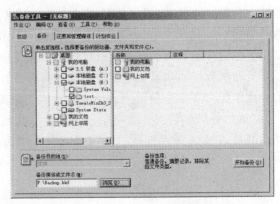

图 8 – 21　"备份"选项卡

（3）在"备份"选项卡中，通过选中在"单击复选框，选择要备份的驱动器、文件夹和文件"中的文件或文件夹左边的复选框，指定要备份的文件或文件夹。

（4）在"备份目的地"中，默认情况下"文件"将被选中，如果连接有磁带设备，可单击某个磁带设备。

（5）在"备份媒体或文件名"中，输入备份文件（.bkf）的路径和文件名。

（6）单击"开始备份"按钮，打开"备份作业信息"对话框，如图8-22所示。

（7）在"备份作业信息"对话框中，单击"高级"按钮，打开"高级备份选项"对话框，如图8-23所示。设置"备份类型"后，单击"确定"按钮，返回"备份作业信息"对话框。

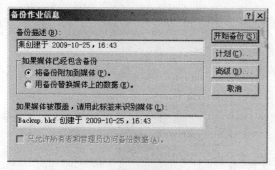

图8-22 "备份作业信息"对话框

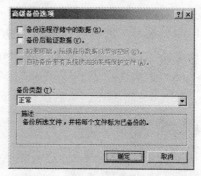

图8-23 "高级备份选项"对话框

（8）设置"备份作业信息"对话框中的其他信息后，单击"开始备份"按钮，此时系统将开始备份所选择的文件或文件夹，在弹出的"备份进度"对话框中将显示备份的进度。

（9）完成备份后，可选择已备份的文件或文件夹，查看其备份标记。

操作3 备份系统状态数据

备份系统状态数据的操作方法与备份文件与文件夹基本相同。

（1）依次选择"开始"→"程序"→"附件"→"系统工具"→"备份"命令，打开"备份工具"窗口，选择"备份"选项卡。

（2）在"备份"选项卡中，选中"单击复选框，选择要备份的驱动器、文件夹和文件"中的"系统状态（System State）"复选框。

（3）设定"备份目的地"和"备份媒体或文件名"，单击"开始备份"按钮进行备份，其余步骤与备份文件与文件夹相同，不再赘述。

> **注意**
>
> 系统状态数据包括启动文件、注册表和 COM+ 类注册数据库。

操作4 还原文件和文件夹

利用 Windows 系统中的备份工具，还原文件或文件夹的基本操作步骤如下。

（1）依次选择"开始"→"程序"→"附件"→"系统工具"→"备份"命令，打开"备份工具"窗口，选择"还原和管理媒体"选项卡。

（2）在"还原和管理媒体"选项卡的"扩展所需的媒体项目，选择要还原的项目"中，通过单击文件或文件夹左边的复选框，选中要还原的文件或文件夹，如图 8 – 24 所示。

（3）在"将文件还原到"中，执行以下操作之一。

● 如果要将备份的文件或文件夹还原到备份时它们所在的文件夹，则选择"原位置"。跳到第（5）步。

● 如果要将备份的文件或文件夹还原到指派位置，并保留备份数据的文件夹结构，则选择"替换位置"。所有文件夹和子文件夹将出现在指派的替换文件夹中。

● 如果要将备份的文件或文件夹还原到指派位置，不保留已备份数据的文件夹结构，则选择"单个文件夹"。

（4）如果已选中了"替换位置"或"单个文件夹"，需在"备用位置"下输入文件夹的路径，或者单击"浏览"按钮寻找文件夹。

（5）依次选择"工具"→"选项"命令，打开"选项"对话框，选择"还原"选项卡，如图 8 – 25 所示，然后执行如下操作之一。

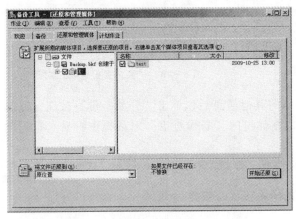
图 8 – 24 "还原和管理媒体"选项卡

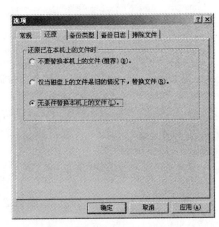
图 8 – 25 "还原"选项卡

● 如果不想还原操作覆盖硬盘上的文件，则选中"不要替换本机上的文件"单选框。

● 如果想让还原操作用备份的新文件替换硬盘上的旧文件，则选中"仅当磁盘上的文件是旧的情况下，替换文件"单选框。

● 如果想还原操作替换磁盘上的文件，而不管备份文件是新或旧，则选中"无条件替换本机上的文件"单选框。

（6）单击"确定"按钮，接受已设置的还原选项。

（7）单击"开始还原"按钮，打开"确认还原"对话框，如果想更改高级还原选项，例如还原安全机制设置、可移动存储数据库等，可单击"高级"按钮。若不想更改高级还原选项，可直接单击"确定"按钮，启动还原操作。

操作 5　使用备份计划自动完成备份

利用 Windows 系统中的备份工具，可以使用备份计划自动完成备份。例如管理员计划在每周一的 22：00 由系统自动完成备份指定文件夹的工作，可采用以下操作方法。

（1）依次选择"开始"→"程序"→"附件"→"系统工具"→"备份"命令，打开"备份工具"窗口，选择"计划作业"选项卡，如图8－26所示。

（2）在"计划作业"选项卡中，单击"添加作业"按钮，打开"欢迎使用备份向导"对话框。

（3）在"欢迎使用备份向导"对话框中，单击"下一步"按钮，打开"要备份的内容"对话框。

（4）在"要备份的内容"对话框中，选中"备份选定的文件、驱动器或网络数据"单选框，单击"下一步"按钮，打开"要备份的项目"对话框。

（5）在"要备份的项目"对话框中，选择要备份的文件夹，单击"下一步"按钮，打开"备份类型、目标和名称"对话框。

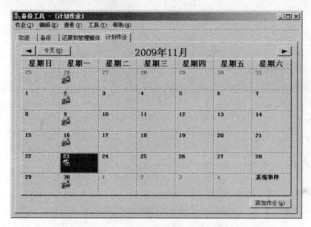

图8－26　"计划作业"选项卡

（6）在"备份类型、目标和名称"对话框中，设定相应的信息，单击"下一步"按钮，打开"备份类型"对话框，如图8－27所示。

（7）在"备份类型"对话框中，设置备份类型，单击"下一步"按钮，打开"如何备份"对话框，如图8－28所示。

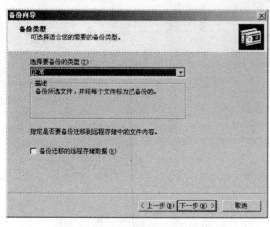

图8－27　"备份类型"对话框

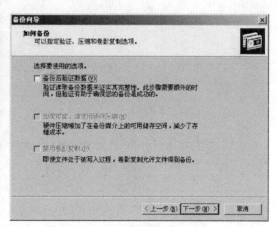

图8－28　"如何备份"对话框

（8）在"如何备份"对话框中，进行相应的选择后，单击"下一步"按钮，打开"备份选项"对话框，如图8-29所示。

（9）在"备份选项"对话框中，进行相应的选择后，单击"下一步"按钮，打开"备份时间"对话框，如图8-30所示。

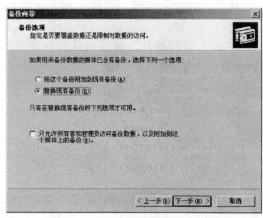

图8-29 "备份选项"对话框

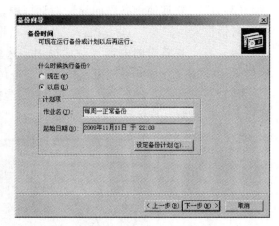

图8-30 "备份时间"对话框

（10）在"备份时间"对话框的"什么时候执行备份"中，选择"以后"单选框，在"作业名"中输入作业名称，单击"设定备份计划"按钮，打开"计划作业"对话框，如图8-31所示。

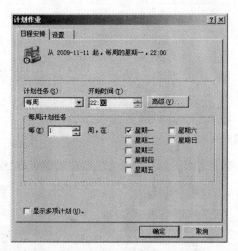

图8-31 "计划作业"对话框

（11）在"计划作业"对话框中，设定每周一的22：00执行该任务，单击"确定"按钮，打开"设置账户信息"对话框。

（12）在"设置账户信息"对话框中，输入用户名称和密码，单击"确定"按钮，返回"备份时间"对话框，单击"下一步"按钮，打开"完成备份向导"对话框，单击"完成"按钮，完成设定，此后在每周一的22：00系统将自动完成相应的备份工作。

【技能拓展】

1. 了解网络存储备份技术

单机备份虽然不会占用网络资源，但缺乏集中式的管理。传统的网络备份虽然可以弥补单机备份的缺陷，但在备份数据时会占用网络资源，降低服务器性能。因此，一般大中型企业网络的存储备份技术主要采用以下两种架构。

（1）LAN-free 备份

为彻底解决传统备份方式需要占用带宽的问题，基于 SAN 的备份是一种很好的技术方案。所谓 LAN-free，是指数据无须通过局域网而直接进行备份，即用户只需将磁盘阵列或磁带库等备份设备连接到 SAN 中，各服务器就可把需要备份的数据直接发送到共享的备份设备，而不必再经过局域网链路，从而实现控制流和数据流分离的目的。

LAN-free 有多种实施方式。通常用户需要为每台服务器配备光纤通道适配器，将这些服务器连接到与一台或多台磁盘阵列或磁带库相连的 SAN 上，如图 8-32 所示。同时还需要为服务器配备特定的管理软件，利用该软件将数据从服务器内存、经 SAN 传输到备份设备。尽管 LAN-free 与传统网络备份相比有很多优点，但它仍然需要服务器参与备份数据的过程，仍需占用服务器的 CPU 处理时间和内存资源。另外 LAN-free 的数据恢复能力一般，非常依赖于用户的应用。请查阅相关技术资料，了解 LAN-free 的特点、产品和实施方案。

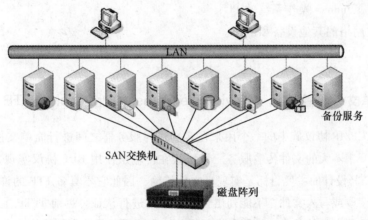

图 8-32　LAN-free 备份

（2）无服务器（Server-less）备份

Server-less 备份是在 LAN-free 备份的基础上的进一步改进，克服了 LAN-free 备份需要服务器参与的问题，由 SAN 上独立的备份管理系统把各个服务器的备份工作接管过来，在 SAN 的两种存储设备间（如磁盘阵列与磁带库之间）实现数据的直接传送。

Server-less 也有多种实施方式。其优点主要是数据备份和恢复时间短，网络传输压力小，便于统一管理和实现备份资源共享；其缺点主要是需要特定的备份软件，存在产品兼容性问题，实施比较复杂且成本较高。Server-less 备份主要适用于大中型企业进行海量数据备份管理。请查阅相关技术资料，了解 Server-less 的特点、产品和实施方案。

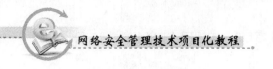
2．了解专业网络备份软件

目前专业的网络备份软件很多，如 IBM 公司的 TSM、HP 公司的 Omniback、CA 公司的 Arcserver 等。请查阅相关技术资料，了解常用专业网络备份软件的主要特点、适用环境及安装和使用方法。

任务8.4　网络设备的数据备份与恢复

【任务目的】

（1）掌握 TFTP 服务器构建方法；

（2）理解 Cisco IOS 文件系统的相关命令；

（3）掌握备份与恢复 Cisco IOS 的操作方法；

（4）掌握备份与恢复 Cisco 配置文件的操作方法。

【工作环境与条件】

（1）交换机和路由器（本任务以 Cisco 系列路由器和交换机为例，也可选用其他设备。部分内容也可使用 Cisco Packet Tracer、Boson Netsim 等模拟软件完成）；

（2）Console 线缆和相应的适配器；

（3）安装 Windows 操作系统的 PC；

（4）组建网络的其他设备和部件。

【相关知识】

8.4.1　简单文件传输协议（Trivial File Transfer Protocol，TFTP）

TFTP 是 TCP/IP 协议族中的一个用来在客户机与服务器之间进行简单文件传输的协议，可提供简单、开销不大的文件传输服务。该协议在传输层使用 UDP 协议实现，使用 UDP 69 端口。由于 TFTP 设计的主要目标是实现小文件传输，因此它不具备 FTP 的许多功能，它只能从服务器上读取或写入文件，不能列出目录，也不进行认证。目前 TFTP 主要用于网络设备操作系统和配置文件的备份、恢复与升级操作，也可用于其他文件的传输操作。

8.4.2　Cisco IOS 文件系统

Cisco IOS 文件系统（Cisco IFS）为用户提供了查看和对所有文件进行分类的功能，可以使用户通过 Cisco IFS 命令对相应设备的文件和目录进行操作，就像在 Windows 系统中利用 DOS 命令操作文件和目录一样。常用的用来管理 IOS 的 IFS 命令主要包括以下几种。

（1）dir：与 DOS 中的功能相同，用户可以通过该命令查看目录下的文件。默认情况下将获得"flash：/"目录下的内容。

（2）copy：经常用于升级、恢复或备份 IOS。使用时需要注意要复制什么文件，源文件在哪里，要复制到哪里去。

（3）more：与 UNIX 中的命令功能相同，可以使用该命令检查配置文件或备份的配置文件。

（4）show file：该命令可以为用户显示一个指定文件或文件系统的信息。

（5）delete：可以使用该命令执行删除操作。但对于某些类型的路由器，该命令会破坏文件但并不释放文件所占用的空间，若要真正收回空间需使用 squeeze 命令。

（6）erase/format：使用这两个命令可以删除 Flash 中的 IOS 文件，erase 是更常被使用的命令，使用该命令时要非常慎重。

（7）cd/pwd：同 UNIX 和 DOS 中的功能相同，可以使用 cd 命令改变目录，可以使用 pwd 命令显示当前工作目录。

（8）mkdir/rmdir：在某些路由器和交换机上可以使用这两个命令创建和删除目录。mkdir 命令用于创建目录，rmdir 命令用于删除目录。

【任务实施】

操作1　构建 TFTP 服务器

在对网络设备操作系统和配置文件进行备份、恢复与升级操作之前，必须先构建 TFTP 服务器。目前能够实现 TFTP 服务的软件很多，例如，Cisco TFTP Server 就是 Cisco 出品的 TFTP 服务器软件，用于 Cisco 网络设备的升级与备份工作。Cisco TFTP Server 的安装方法非常简单，这里不再赘述。安装完成后可双击 "TFTPServer.exe" 程序图标，打开 Cisco TFTP Server 窗口，在菜单栏依次选择 "查看" → "选项" 命令，可以看到 TFTP 服务器的根目录和日志文件名。在该软件中附带了一个命令行方式的 TFTP 客户端，文件名为 TFTP.exe。如果网络中 TFTP 服务器的 IP 地址为 192.168.7.251，现要将 TFTP.exe 文件安装于另一台计算机的 D 盘根目录下，则可以采用以下步骤对 TFTP 服务器进行测试。

（1）在客户机上进入命令行模式，在 TFTP.exe 文件所在目录下输入 "tftp" 命令可以获得该命令的使用帮助。

（2）输入 "tftp –i 192.168.7.251 put 1.txt" 命令，可以将本地当前目录下 "1.txt" 文件上传到 TFTP 服务器根目录。

（3）输入 "tftp –i 192.168.7.251 get 2.txt" 命令，可以将 TFTP 服务器根目录下的 "2.txt" 文件下载到本地当前目录。

图 8-33 和图 8-44 分别给出了客户机和服务器在进行 TFTP 服务测试时的运行过程。

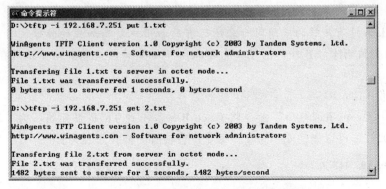

图 8-33　TFTP 测试中客户机的运行过程

图 8 – 34　TFTP 测试中服务器的运行过程

操作 2　备份与恢复 Cisco IOS

1. 备份 Cisco IOS

备份 Cisco IOS 的操作方法如下。

（1）查看 Flash 容量

Cisco IOS 文件存放在网络设备的 Flash（闪存）中，在备份 Cisco IOS 之前，可以使用
"show flash" 命令对 Flash 的容量和存储空间使用情况进行验证。操作过程为：

```
Router# show flash
System flash directory:
File   Length      Name/status
  3   50938004    c2800nm – advipservicesk9 – mz.124 –15.T1.bin
  2     28282     sigdef – category.xml
  1    227537     sigdef – default.xml
[51193823 bytes used, 12822561 available, 64016384 total]
63488K bytes of processor board System flash (Read/Write)
```

注意

　　如果 Flash 没有足够的空间同时容纳已有的和用户要新加载的映像文件，则原有的
映像文件将会被删除。另外，也可以使用 show version 命令更精确地显示闪存容量。

（2）备份 Cisco IOS

可以使用 "copy flash tftp" 命令将 Cisco IOS 备份到 TFTP 服务器。为了确保与 TFTP
服务器的连通性，可以先使用 "ping" 命令进行检查。操作过程为：

```
Router# ping 192.168.7.251
Type escape sequence to abort.
Sending 5, 100 – byte ICMP Echos to 192.168.7.251, timeout is 2 seconds:
```

```
!!!!!
Success rate is 100 percent (5/5), round-trip min/avg/max = 31/31/32 ms
Router# copy flash tftp
Source filename []? c2800nm-advipservicesk9-mz.124-15.T1.bin
//提示输入源文件名,通常只需从 show flash 命令或 show version 命令的显示输出中复制该文
件名并粘贴即可
Address or name of remote host []? 192.168.7.251    //输入 TFTP 服务器的 IP 地址
Destination filename [c2800nm-advipservicesk9-mz.124-15.T1.bin]?
//提示输入目标文件名,直接按 Enter 键将与源文件同名
Writing c2800nm-advipservicesk9-mz.124-15.T1.bin... !!!!!!!!!!!!!!!!!!!!!!!
!!!!!!!!!!!!!!!!!!!!!!!!!!!!!!!!!!!!!!!!!!!!!!!!!!!!!!!!!!!!!!!!!!!!!!!!!!!!!!!!
[OK - 50938004 bytes]
50938004 bytes copied in 28.14 secs (1810000 bytes/sec)
```

2. 恢复或升级 Cisco IOS

如果需要将 Cisco IOS 恢复到 Flash 以替换已破坏的原文件，或需要升级 IOS，则可使用 "copy tftp flash" 命令将文件从 TFTP 服务器下载到 Flash 中。在开始操作前，要确保相应文件存放在 TFTP 服务器根目录下。操作步骤为：

```
Router# copy tftp flash
Address or name of remote host []? 192.168.7.251
Source filename []? c2800nm-advipservicesk9-mz.124-15.T1.bin
Destination filename [c2800nm-advipservicesk9-mz.124-15.T1.bin]?
% Warning:There is a file already existing with this name
Do you want to over write? [confirm]
Erase flash: before copying? [confirm]
Erasing the flash filesystem will remove all files! Continue? [confirm]
Erasing device... eeeeeeeeeeeeeeeeeeeeeeeeeeeeeeeeeeeeeeeeeeeeeeeeeeeeeeeeeeeee
eeeeeeeeeeeeeeeeeeeeeeeeeeeeeeeeeeeeeeeeeeeeeeeeeeeeeeeeeeeeeeeeeeeee ... erased
Erase of flash: complete
Accessing tftp://192.168.7.251/c2800nm-advipservicesk9-mz.124-15.T1.bin...
Loading c2800nm-advipservicesk9-mz.124-15.T1.bin from 192.168.7.251: !!!!!!
!!!!!!!!!!!!!!!!!!!!!!!!!!!!!!!!!!!!!!!!!!!!!!!!!!!!!!!!!!!!!!!!!!!!!!!!!!!!!!!!
!!!!!!!!!!!!!!!!!!!!!!!!!!!!!!!!!!!!!!!!!!!!!!!!!!!!!!!
[OK - 50938004 bytes]
50938004 bytes copied in 27.75 secs (133094 bytes/sec)
```

注意

当将相同文件名文件复制到 Flash 中时，系统会询问是否覆盖前一个文件，如果文件由于被覆盖而遭到破坏，则只有网络设备重新启动时才能发现。如果文件被破坏，将需要从 ROM 监控模式恢复 IOS。

操作 3 　备份与恢复 Cisco 配置文件

对网络设备进行的任何配置都会存储在 running – config 文件中。如果修改 running – config 文件后没有输入"copy running – config start – config"命令，那么当网络设备掉电后，修改的内容将会丢失。通常应当对网络设备的配置文件进行备份，以防止意外的发生。

1. 备份 Cisco 配置文件

若要将网络设备的配置文件复制到 TFTP 服务器，可以使用"copy running – config tftp"命令或"copy startup – config tftp"命令。前一个命令用于备份当前正在 DRAM 中运行的配置文件，后一个命令用于备份存储在 NVRAM 的开机启动配置文件。操作过程为：

```
Router# show running – config     //查看 running – config 配置文件的大小和内容
Building configuration...
Current configuration : 464 bytes
!
version 12.4
……….
Router# copy running – config tftp
Address or name of remote host []? 192.168.7.251
Destination filename [Router - confg]?
Writing running - config....!!
[OK - 464 bytes]
464 bytes copied in 3.078 secs (0 bytes/sec)
```

2. 恢复 Cisco 配置文件

如果已将网络设备的配置文件备份到 TFTP 服务器，可以使用"copy tftp running – config"命令或"copy tftp startup – config"命令来恢复配置，操作过程为：

```
Router# copy tftp running – config
Address or name of remote host []? 192.168.7.251
Source filename []? Router – confg
Destination filename [running - config]?
Accessing tftp://192.168.7.251/Router - confg...
Loading Router - confg from 192.168.7.251: !
[OK - 464 bytes]
464 bytes copied in 0.032 secs (14500 bytes/sec)
```

注 意

配置文件是一个 ASCII 文本文件，可以在 TFTP 服务器上使用文本编辑器对其修改。当从 TFTP 服务器复制或合并配置文件到网络设备的 DRAM 时，接口默认情况下是关闭的，必须使用 no shutdown 命令启动。

【技能拓展】

1. 使用 Cisco IFS 命令进行备份与恢复

利用 Cisco IFS 命令可以对网络设备 Flash、NVRAM 内的文件进行管理，也可以实现相应文件的备份与恢复操作。请查阅相关技术资料和产品手册，了解常用 Cisco IFS 命令的使用方法，利用 Cisco IFS 命令完成备份与恢复操作。

2. 利用 SDM 进行备份与恢复

安全设备管理器（Security Device Manager，SDM）是 Cisco 公司提供的一套易用的、基于浏览器的设备管理工具。请查阅相关技术资料和产品手册，了解使用 SDM 对网络设备进行备份与恢复的操作方法。

习 题 8

1. 思考与问答

（1）简述端口聚合的作用。
（2）简述生成树协议的作用和工作过程。
（3）简述 PVST、MSTP 与 STP 的区别。
（4）简述 HSRP 和 VRRP 的作用。
（5）为了保证服务器安全可靠的运行，通常可采用哪些冗余措施？
（6）Windows 系统支持哪些类型的动态卷？各有什么特点？
（7）简述单机备份和网络备份的区别。
（8）简述正常备份与差异备份的区别。
（9）简述 TFTP 服务器的作用。

2. 技能操作

（1）网络设备冗余连接
【内容及操作要求】
构建如图 8-35 所示的网络，并完成以下操作。
• 在该网络中划分 2 个 VLAN，要求二层交换机上连接的 2 台计算机分别属于不同的 VLAN，在三层交换机上实现 VLAN 间的连接。
• 为网络中的计算机及相关设备分配 IP 地址，实现计算机之间的相互通信。

- 在两台三层交换机之间实现端口聚合。
- 在交换机上进行适当设置，实现网关冗余和负载均衡。

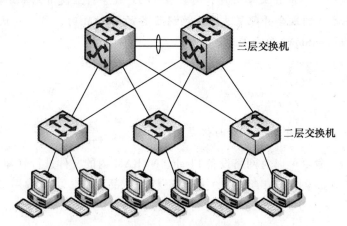

三层交换机

二层交换机

图 8 - 35　网络设备冗余连接配置操作练习

【准备工作】

2 台三层交换机，3 台二层交换机，6 台安装 Windows 操作系统的计算机，组建网络的其他设备。

【考核时限】

100min。

（2）设置动态磁盘

【内容及操作要求】

在安装了 Windows Server 2003 的计算机上增加 3 块新硬盘并将其设置为动态磁盘，分别创建 1 个跨区卷、1 个镜像卷、1 个带区卷和 1 个 RAID - 5 卷，每个卷的大小为 5GB，使用 NTFS 文件系统，卷标为空。创建一个名为"Wang"的用户，在镜像卷上创建文件夹"public"，设置文件夹的 NTFS 权限为所有用户具有读权限，管理员具有完全控制权限，"Wang"具有写入权限，其他用户没有权限。

【准备工作】

1 台安装 Windows Server 2003 企业版的计算机。

【考核时限】

30min。

（3）Windows 系统数据备份

【内容及操作要求】

备份 Windows 服务器"C：\"下的系统文件，要求在每周的星期一 20：00 自动完成正常备份，每周的星期二到星期五自动完成差异备份。

【准备工作】

1 台安装 Windows Server 2003 企业版的计算机。

【考核时限】

30min。

（4）网络设备数据备份

【内容及操作要求】

构建 TFTP 服务器，利用该服务器对网络设备的 IOS 系统和配置文件进行备份。

【准备工作】

1 台 Cisco 2960 交换机，3 台安装了 Windows 操作系统的计算机，组建网络的其他设备及相关软件。

【考核时限】

30min。

项目 9　无线局域网安全管理

无线局域网（Wireless Local Area Network，WLAN）部署的普及让用户可以享受到移动性带来的便利，而且可以显著提高企业生产效率。然而无线技术在安全性方面缺少保障的弊病，导致很多企事业单位在部署无线局域网时不得不思虑再三。本项目的主要目标是认识无线局域网的常用安全措施，掌握保障无线局域网安全的设置方法。

任务 9.1　WLAN 安全基本设置

【任务目的】

（1）理解无线局域网的相关协议和组成；

（2）理解无线局域网面临的主要安全问题；

（3）认识常用 WLAN 安全措施和相关产品；

（4）掌握 WLAN 安全的基本设置方法。

【工作环境与条件】

（1）AP 或无线路由器（本任务以 Cisco 系列无线产品为例，也可选用其他产品，部分内容也可使用 Cisco Packet Tracer、Boson Netsim 等模拟软件完成）；

（2）安装 Windows 操作系统的 PC（带有无线网卡）；

（3）组建无线局域网的其他相关设备和部件。

【相关知识】

9.1.1　无线局域网概述

无线局域网是计算机网络与无线通信技术相结合的产物。简单来说，无线局域网就是在不采用传统电缆的同时，提供有线局域网的所有功能。即无线局域网采用的传输介质不是双绞线或者光纤，而是无线电波或者红外线。无线网络是有线网络的补充，适用于不便于架设线缆的网络环境。

1. IEEE 802.11 标准

1997 年 6 月，IEEE（美国电气和电子工程师协会）推出了第一代无线局域网标准——IEEE 802.11。该标准定义了物理层和介质访问控制子层（MAC）的协议规范，允许无线局域网及无线设备制造商在一定范围内建立操作网络的设备，速度大约有 1 ～ 2Mb/s。任何 LAN 应用、网络操作系统或协议在遵守 IEEE 802.11 标准的 WLAN 上运行时，就像它们运行在以太网上一样。

为了支持更高的数据传输速度，IEEE 于 1999 年 9 月批准了 IEEE 802.11b 标准。IEEE 802.11b 标准对 IEEE 802.11 标准进行了修改和补充，其中最重要的改进就是在 IEEE 802.11 的基础上增加了两种更高的通信速度 5.5Mb/s 和 11Mb/s。由于现行的以太网技术可以实现 10Mb/s、100Mb/s、1000Mb/s 等不同速度以太网之间的兼容，因此有了 IEEE 802.11b 标准之后，移动用户就可以得到以太网级的网络性能、速度和可用性，管理者也可以无缝地将多种 LAN 技术集成起来，形成一种能够最大限度满足用户需求的网络。

IEEE 802.11g 是一种混合标准，兼容 IEEE 802.11b，其载波频率为 2.4GHz（跟 IEEE 802.11b 相同），原始传送速度为 54Mb/s，净传输速度约为 24.7Mb/s（跟 IEEE 802.11a 相同），能满足用户大文件传输和高清晰视频点播等要求。表 9-1 列出了常见的 IEEE 802.11 标准。

> **注 意**
>
> Wi-Fi 联盟是一个非营利性且独立于厂商之外的组织，它将基于 IEEE 802.11 协议标准的技术品牌化。一台基于 IEEE 802.11 协议标准的设备，需要经历严格的测试才能获得 Wi-Fi 认证，所有获得 Wi-Fi 认证的设备之间可进行交互，不管其是否为同一厂商生产。

表 9-1 IEEE 802.11 常用标准

标 准	物理层数据速度	实际数据速度	最大传输距离	频 率	QoS
IEEE 802.11b	11Mb/s	6Mb/s	100m	2.4GHz	无
IEEE 802.11a	54Mb/s	31Mb/s	80m	5.8GHz	无
IEEE 802.11g	54Mb/s	12Mb/s	150m	2.4GHz	无
IEEE 802.11n	500Mb/s 以上	100Mb/s 以上	1000m	2.4GHz 5.8GHz	有

2. 无线局域网的硬件设备

组建无线局域网的硬件设备主要包括无线网卡、无线访问接入点、无线路由器和天线等，几乎所有的无线网络产品中都自含无线发射/接收功能。

（1）无线网卡

无线网卡在无线局域网中的作用相当于有线网卡在有线局域网中的作用。无线网卡主要包括 NIC（网卡）单元、扩频通信机和天线三个功能模块。NIC 单元属于数据链路层，负责建立主机与物理层之间的连接；扩频通信机与物理层建立了对应关系，通过天线实现无线电信号的接收与发射。

（2）无线访问接入点（Access Point, AP）

AP 是在无线局域网环境中进行数据发送和接收的集中设备，相当于有线网络中的集线器。通常，一个 AP 能够在几十至几百米的范围内连接多个无线用户。AP 可以通过标准的以太网电缆与有线网络相连，从而可以作为无线网络和有线网络的连接点。AP 还可以执行一些安全功能，可以为无线客户端及通过无线网络传输的数据进行认证和加密。

- 无线路由器

无线路由器实际上就是 AP 与宽带路由器的结合。借助于无线路由器，可实现无线网络中的 Internet 连接共享。

- 天线

天线的功能是将信号源发送的信号传送至远处。独立的天线有定向性和全向性之分，前者较适合于长距离使用，而后者则较适合区域性的使用。

3. 无线局域网的组网模式

将上述几种无线局域网设备结合在一起使用，就可以组建出多层次、无线与有线并存的计算机网络。在 IEEE 802.11 标准中，一组无线设备被称为服务集（Service Set），这些设备的服务集标识（SSID）必须相同。服务集标识是一个文本字符串，包含在发送的数据帧中，如果发送方和接收方的 SSID 相同，则这两台设备将能够通信。

（1）基本服务集

基本服务集（Basic Service Set，BSS）包含一个接入点，负责集中控制一组无线设备的接入。要使用无线网络的无线客户端都必须向 AP 申请成员资格，客户端必须具备匹配的 SSID、身份验证凭证等才被允许加入。如果 AP 没有连接有线网络，则可将该 BSS 称为独立基本服务集（Independent Basic Service Set，IBSS）；当 AP 连接到有线网络，则可将其称为基础结构 BSS。若不使用 AP，安装无线网卡的计算机之间直接进行无线通信，则被称作临时性网络（Ad - hoc Network）。

（2）扩展服务集

基础结构 BSS 虽然可以实现有线和无线网络的连接，但无线客户端的移动性将被限制在其对应 AP 的信号覆盖范围内。扩展服务集（Extended Service Set，ESS）通过有线网络将多个 AP 连接起来，不同 AP 可以使用不同的信道。无线客户端使用同一个 SSID 在 ESS 所覆盖的区域内进行实体移动时，将自动切换到干扰最小、连接效果最好的 AP。

9.1.2 无线局域网的安全问题

虽然相对于有线局域网，无线局域网表现出了很大的优势，但是无线局域网的安全性问题却值得关注，主要表现在以下方面。

（1）无线局域网以无线电波作为传输介质，其所使用的频段不需要经过许可，难以限制网络资源的物理访问范围，无线网络覆盖范围内的任何设备都可能成为网络的接入点，开放的信道很难阻止攻击者窃听、篡改并转发数据。

（2）用户接入网络时不需要与网络进行实际连接，攻击者很容易伪装成合法用户。网络终端的移动性使得攻击者可以在任何位置通过移动设备对网络实施攻击。因此，对无线网络移动终端的管理要比有线网络困难得多。

（3）无线局域网是符合所有网络协议的计算机网络，因此有线局域网面临的网络威胁同样也威胁着无线网络，甚至会产生更严重的后果。

（4）无线局域网的拓扑结构是动态变化的，缺乏集中管理机制，另外无线局域网的信号传输会受到干扰、多普勒频移等多方面的影响。变化的拓扑结构和不稳定的传输信号增加了安全方案的实施难度。

9.1.3 无线局域网的安全措施

与有线网络一样，无线局域网的安全措施也强调数据隐私和访问控制，主要包括两个组件。

（1）认证：强大的认证机制有助于执行访问控制策略，使授权用户接入无线网络。

（2）加密：数据加密可以确保只有合法的信号接收设备才能理解网络中传输的数据。

目前无线局域网的安全措施主要有以下几种。

1. 服务集标识（Service Set Identifier，SSID）

SSID 是无线局域网中用来从逻辑上划分子系统的 ID 或名称。尽管 SSID 的设计初衷并不是为了满足安全性方面的需要，但它可以阻止没有有效 SSID 的客户端连接无线局域网，因此可以防止非法访问网络的行为。默认情况下，AP 会以明文方式向覆盖范围内所有无线设备广播自己的 SSID。因此，一般应禁用 SSID 广播选项，并由网络管理员告知授权的无线用户使用什么 SSID 信息可以与 AP 建立连接。

> **注意**
>
> 仅禁用 SSID 并不能给网络提供足够的安全保护，因为网络入侵者可以利用数据包嗅探器等工具监视在空中传输的数据，发现网络中正在使用的 SSID。

2. MAC 地址过滤

基于 MAC 地址的过滤可以只允许确定的无线客户端访问网络。基于 MAC 地址的过滤配置起来非常简单，大多数无线厂商都支持这个特性。网络管理员可以在 AP 本地认证服务器或外部认证服务器上预配置好所有合法无线客户端的 MAC 地址。当客户端请求与 AP 建立连接时，AP 会查看 MAC 地址表，如果客户端的 MAC 地址与其匹配，则客户端便可以连接到 AP，并且通过 AP 传输数据。

3. 有线等效保密（Wired Equivalent Privacy，WEP）

WEP 是 IEEE 802.11b 标准定义的一个用于无线局域网的安全性协议，主要用于无线局域网业务流的加密和节点的认证，提供和有线局域网同级的安全性。WEP 在数据链路层采用 RC4 对称加密技术，提供了 40 位（有时也称为 64 位）和 128 位长度的密钥机制。使用了该技术的无线局域网，所有无线客户端与 AP 之间的数据都会以一个共享的密钥进行加密。

IEEE 802.11 标准指定了两种类型的认证：开放式认证和共享密钥认证。

（1）开放式认证：只需要 SSID 而不需要 WEP 密钥就可以连接无线网络，理论上安全性不高，但由于实际使用过程中经常与 RADIUS 等服务相结合，所以实际安全性比共享密钥认证要高。另外其兼容性更好，不会出现某些产品无法连接的问题。

（2）共享密钥认证：需要 SSID 及 WEP 密钥同时匹配才能够连接无线网络，理论上安全性高，但由于在实际使用过程中存在被非法用户暴力破解密钥的可能，所以实际安全性较低，而且兼容性也不太好，默认情况下无线路由器等产品都不使用该模式。

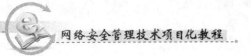
WEP 的问题在于其加密密钥为静态密钥，加密方式存在缺陷，而且需要为每台无线设备分别设置密钥，部署起来比较麻烦，因此不适合用于安全等级要求较高的无线网络。

> **注　意**
>
> 在使用 WEP 时应尽量采用 128 位长度的密钥，同时也要定期更新密钥。如果设备支持动态 WEP 功能，则最好用动态 WEP。

4．WPA、WPA2 和 IEEE 802.11i

IEEE 802.11i 定义了无线局域网核心安全标准，该标准提供了强大的加密、认证和密钥管理措施。该标准包括了两个增强型加密协议，用以对 WEP 中的已知问题进行补充。

（1）暂时密钥集成协议（TKIP）：该协议通过添加 PPK（单一封包密钥）、MIC（消息完整性检查）和广播密钥循环等措施增加了安全性。

（2）高级加密标准（AES-CCMP）：它是基于"AES 加密算法的计数器模式及密码块链消息认证码"的协议。其中 CCM 可以保障数据安全性，CCMP 的组件 CBG-MAC（密码块链消息认证码）可以保障数据完整性并提供身份认证。AES 是 RC4 算法更高级的替代者。

Wi-Fi 网络安全存取（Wi-Fi Protected Access，WPA）是 Wi-Fi 联盟制定的安全解决方案，它能够解决已知的 WEP 脆弱性问题，并且能够对已知的无线局域网攻击提供防护。WPA 使用基于 RC4 算法的 TKIP 进行加密，并且使用预共享密钥（PSK）和 IEEE 802.1x/EAP 进行认证。PSK 验证是通过检查无线客户端和 AP 是否拥有同一个密码或密码短语来实现的，如果客户端的密码和 AP 的密码相匹配，客户端就会得到认证。

WPA2 是获得 IEEE802.11 标准批准的 Wi-Fi 联盟交互实施方案。WPA2 使用 AES-CCMP 实现了强大的加密功能，也支持 PSK 和 IEEE 802.1x/EAP 的认证方式。

WPA 和 WPA2 有两种工作模式，以满足不同类型的市场需求。

（1）个人模式：个人模式可以通过 PSK 认证无线产品。需要手动将预共享密钥配置在 AP 和无线客户端上，无须使用认证服务器。该模式适用于 SOHO 环境。

（2）企业模式：企业模式可以通过 PSK 和 IEEE 802.1x/EAP 认证无线产品。在使用 IEEE 802.1x 模式进行认证、密钥管理和集中管理用户证书时，需要添加使用 RADIUS 协议的 AAA 服务器。该模式适用于企业环境。

5．无线入侵检测系统

无线入侵检测系统的基本功能与传统的入侵检测系统类似，但增加了一些无线局域网的检测和对破坏系统反应的特性。无线入侵检测系统不但可用于监视分析无线网络用户的活动、判断入侵事件的类型、检测非法的网络行为、对异常的网络流量进行报警，还能检测 MAC 地址欺骗，并通过使用强有力的策略来提高无线局域网的安全性。

6．VPN

VPN 可以在不可信的网络上提供一条安全通道或隧道，已经广泛应用于 Internet 远程用户的安全接入。同样，VPN 技术也可以应用于无线局域网的安全接入。在该应用中，不可信的网络是无线网络，由 VPN 服务器提供网络认证和加密。VPN 具有较强的扩充和升级性能，可应用于较大规模的无线网络。

> **注意**
>
> IPSec、SSH 等也可用作保护无线局域网流量的安全措施。

7. 网络准入控制（WLAN NAC）

WLAN NAC 是一系列技术和解决方案，可以在客户端和无线网络之间实现强验证和强加密机制，可以用来管理验证、记账及对网络资源的访问，从而更加全面地保护无线局域网的安全。

【任务实施】

在如图 9 - 1 所示的网络中，带有无线网卡的计算机利用一台 Cisco Linksys 无线路由器实现无线网络连接。Cisco Linksys 无线路由器在默认情况下将广播其 SSID 并具有 DHCP 功能，无线客户端可直接接入网络。

图 9 - 1　无线局域网基本安全设置示例

操作 1　无线路由器基本安全设置

通常可对无线路由器进行以下基本安全设置。

1. 禁用 SSID 广播

默认情况下，无线路由器（或 AP）会以明文方式向覆盖范围内所有无线设备广播自己的 SSID。在 Linksys 无线路由器上禁用 SSID 广播的操作方法如下。

（1）利用双绞线跳线（直通线）将一台 PC 与无线路由器的局域网端口相连。

（2）为该 PC 设置 IP 地址相关信息，在本例中可将其 IP 地址设置为 192.168.0.254，子网掩码为 255.255.255.0，默认网关为 192.168.0.1。

> **注意**
>
> 默认情况下，Linksys 无线路由器的 IP 地址为 192.168.0.1/24，DHCP 地址范围为 192.168.0.100～192.168.0.149，不同厂家的产品其默认 IP 地址并不相同，配置前请认真阅读其技术手册。

（3）在 PC 上启动浏览器，在浏览器的地址栏输入无线路由器的默认 IP 地址，打开无线路由器 Web 配置主页面。

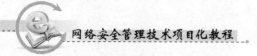

（4）在配置主页面中，单击"Wireless"链接，打开无线连接配置页面，如图9－2所示。在该页面中，将"SSID Broadcast"设置为"Disabled"，单击"Save Setting"按钮即可。

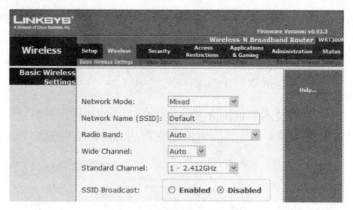

图9－2　无线连接配置页面

2. 设置 SSID

由图9－2可知，默认情况下 Linksys 无线路由器的 SSID 为"Default"，在附近有其他邻近的 AP 时，更改默认的 SSID 非常重要。在 Linksys 无线路由器上设置 SSID 的方法非常简单，只需要在无线连接配置页面的"Network Name（SSID）"文本框中输入新的 SSID，单击"Save Setting"按钮即可。

3. 设置 MAC 地址过滤

在 Linksys 无线路由器上设置 MAC 地址过滤的操作方法为：在无线连接配置页面单击"Wireless MAC Filter"链接，打开 MAC 地址过滤页面，如图9－3所示；在该页面中应先选中"Enabled"单选框启用该功能，然后选中"Prevent PCs listed below from accessing the wireless network"单选框，在"Wireless Client List"列表中输入禁止接入网络 PC 的 MAC 地址，单击"Save Setting"按钮即可。当然也可选中"Permit PCs listed below to access wireless network"单选框，此时将只允许"Wireless Client List"列表中的 PC 接入网络。

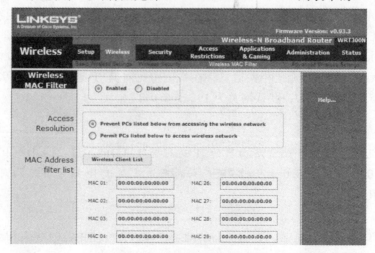

图9－3　MAC 地址过滤页面

4. 设置 WEP

在 Linksys 无线路由器上设置 WEP 的操作方法为：在无线连接配置页面单击"Wireless Security"链接，打开无线网络安全设置页面；在"Security Mode"中选择"WEP"，在"Encryption"中选择"104/128 – Bit（26 Hex digits）"，在"Key1"文本框中输入 WEP 密钥，单击"Save Setting"按钮完成设置，如图 9 – 4 所示。

图 9 – 4　设置 WEP

> **注 意**
>
> 　如果选择了 128 位长度的密钥，则在输入密钥时应输入 26 个 0～9 和 A～F 之间的字符，如果选择了 64 位长度的密钥，则应输入 10 个 0～9 和 A～F 之间的字符。

5. 设置 WPA

在 Linksys 无线路由器上设置 WPA 的操作方法为：在无线网络安全设置页面的"Security Mode"中选择"WPA Personal"，在"Encryption"中选择"TKIP"，在"Passphrase"文本框中输入密码短语，单击"Save Setting"按钮完成设置，如图 9 – 5 所示。

> **注 意**
>
> 　在功能上，密码短语同密码是一样的，为了加强安全性，密码短语通常比密码要长，一般应使用 4 到 5 个单词，长度在 8 至 63 个字符之间。

6. 设置 WPA2

在 Linksys 无线路由器上设置 WPA2 的操作方法与设置 WPA 基本相同，这里不再赘述。

注　意

　　WPA 和 WPA2 可工作于个人模式和企业模式，在诸如图 9-1 所示的网络结构中只需使用个人模式即可。另外也可以通过在无线路由器上禁用 DHCP 功能、使用非默认的 IP 地址段等方式提高其安全性。

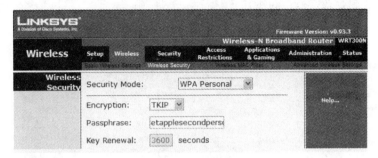

图 9-5　设置 WPA

操作 2　无线客户端基本安全设置

　　在对无线路由器进行了基本安全设置后，无线客户端要连入网络应完成以下操作。

　　（1）选中"网上邻居"图标，单击鼠标右键，选择"属性"命令，打开"网络连接"窗口。

　　（2）在"网络连接"窗口中，双击"无线网络连接"图标，打开"无线网络连接"窗口，如图 9-6 所示。

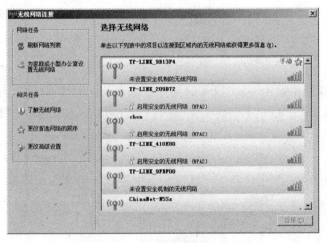

图 9-6　"无线网络连接"窗口

　　（3）在"无线网络连接"窗口中，可以看到系统探测到的无线网络，单击左侧的"为家庭或小型办公室设置无线网络"链接，打开"欢迎使用无线网络安装向导"对话框。

　　（4）在"欢迎使用无线网络安装向导"对话框中，单击"下一步"按钮，打开"您想做什么"对话框，如图 9-7 所示。

（5）在"您想做什么"对话框中，选中"设置新无线网络"单选框，单击"下一步"按钮，打开"为您的无线网络创建名称"对话框，如图9-8所示。

（6）在"为您的无线网络创建名称"对话框的"网络名（SSID）"文本框中输入所连接无线路由器的SSID。如果无线路由器设置的是WEP，则应选中"手动分配网络密钥"单选框，单击"下一步"按钮，打开"输入无线网络的WEP密钥"对话框，如图9-9所示。

（7）在"输入无线网络的WEP密钥"对话框中输入并确定WEP密钥，单击"下一步"按钮，打开"您想如何设置网络"对话框，如图9-10所示。

（8）在"您想如何设置网络"对话框中，可以选择"使用USB闪存驱动器"单选框，使用该方法会将无线网络设置保存在U盘中，然后可使用U盘将更多PC添加到WLAN。如果只需将当前PC接入WLAN，选择"手动设置网络"即可。单击"下一步"按钮，打开"向导成功地完成"对话框。单击"完成"按钮，完成设置。

（9）如果无线路由器设置的是WPA或WPA2，则应在"为您的无线网络创建名称"对话框中先选中"使用WPA，不使用WEP"复选框，再选中"手动分配网络密钥"单选框，单击"下一步"按钮，打开"输入无线网络的WPA密钥"对话框，按向导提示操作即可。

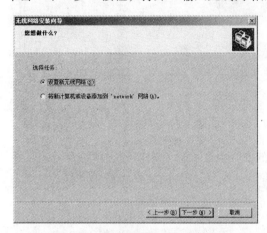

图9-7　"您想做什么"对话框

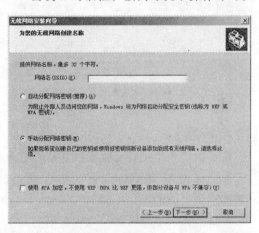

图9-8　"为您的无线网络创建名称"对话框

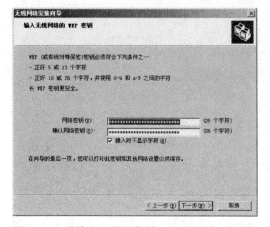

图9-9　"输入无线网络的WEP密钥"对话框

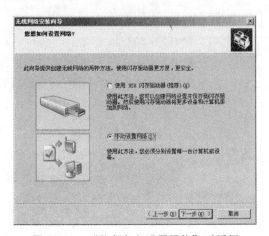

图9-10　"您想如何设置网络"对话框

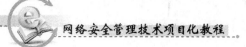

当然也可在"网络连接"窗口中直接选中"无线网络连接"图标，单击鼠标右键，选择"属性"命令。在打开的"无线网络连接属性"对话框中，选择"无线网络配置"选项卡，如图9-11所示。在"无线网络配置"选项卡中，单击"添加"按钮，打开"无线网络属性"对话框，如图9-12所示。在该对话框中，输入要连接的无线网络的SSID以及WEP或WPA、WPA2密钥，单击"确定"按钮即可完成设置。

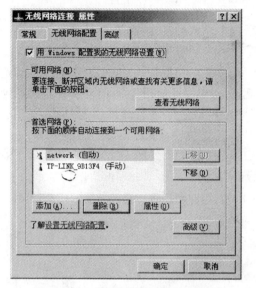
图9-11 "无线网络配置"选项卡

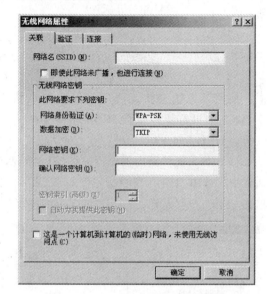
图9-12 "无线网络属性"对话框

【技能拓展】

在本次任务中主要完成了独立基本服务集的安全设置。对于家庭和很多应用场合，有时需要构建无AP的Ad-hoc Network。请查阅Windows系统帮助文件和相关资料，在几台安装无线网卡的PC之间组建Ad-hoc Network，并完成基本安全设置。

任务9.2 配置IEEE 802.1x用户身份认证

【任务目的】

（1）了解IEEE 802.1x标准；

（2）理解Windows IAS服务器的功能和组网方法；

（3）掌握配置IEEE 802.1x用户身份认证的基本设置方法。

【工作环境与条件】

（1）AP或无线路由器（本任务以Cisco系列无线产品为例，也可选用其他产品，部分内容也可使用Cisco Packet Tracer、Boson Netsim等模拟软件完成）；

（2）安装好Windows Server 2003或其他Windows操作系统的计算机；

（3）能够正常运行的无线局域网环境。

【相关知识】

9.2.1 IEEE 802.1x

IEEE 802.1x 是一个有线局域网和无线局域网的协议标准框架。它既可以认证网络用户和网络设备，也可以在端口层面实施策略以实现保护网络资源和控制网络访问的目的。

1. IEEE 802.1x 认证的特点

IEEE 802.1x 协议主要具有以下特点。

- IEEE 802.1x 可以使交换端口和无线局域网具有安全的认证接入功能。
- IEEE 802.1x 为数据链路层协议，对设备整体性能要求不高，可以有效降低成本。
- IEEE 802.1x 借用了可扩展身份认证协议（Extensible Authentication Protocol，EAP），可以提供良好的扩展性和适应性，实现了对 PPP 认证架构的兼容。
- IEEE 802.1x 采用了"受控端口"和"不受控端口"的逻辑功能划分。非受控端口始终处于双向连通状态，主要用来传递 EAP 协议帧，保证客户端始终可以发出或接收认证消息。受控端口只有在认证通过后才导通，用于传递网络信息。受控端口可配置为双向受控和仅输入受控两种方式，以适应不同的应用环境。
- IEEE 802.1x 可以使用现有的后台认证系统以降低部署成本，并提供丰富的业务支持，可以映射不同的用户认证等级到不同的 VLAN。

2. IEEE 802.1x 的主要组件

在执行 IEEE 802.1x 认证处理的过程中，主要涉及 3 个基本设备组件，如图 9-13 所示。

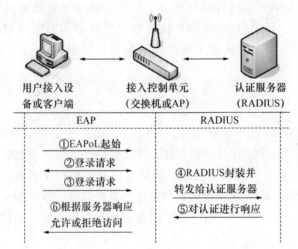

图 9-13 IEEE 802、1x 设备组件及其基本信息交换

（1）用户接入设备或客户端

用户接入设备是遵循 IEEE 802.1x 协议的客户端设备，可以是 PC 或 IP 电话。用户接入设备需要安装能够支持 IEEE 802.1x 和 EAP 协议的软件，该软件可以集成在操作系统

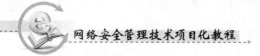
中，也可以包含在设备固件中，还可以是一个非系统程序。用户接入设备会使用 EAP 协议，通过其连接的接入控制单元发送认证请求。

（2）接入控制单元

接入控制单元可以是交换机或 AP，它将基于用户接入设备的认证状态，对网络实施物理的访问控制。接入控制单元相当于一台代理服务器，在用户接入设备和认证服务器之间转发信息。接入控制单元会通过 EAPoL（基于局域网的 EAP 协议）帧，从用户接入设备收到并核实其身份信息，并将该信息封装进 RADIUS 协议中，再发送给认证服务器。

（3）认证服务器

认证服务器支持 RADIUS 协议，会验证客户端的身份并对接入控制单元进行响应，接入控制单元会将认证服务器的响应转发给客户端。在整个认证过程中，认证服务器对客户端是透明的，客户端只与接入控制单元通信。

为了便于理解，可以将 IEEE 802.1x 认证简化成以下步骤。

- 用户接入设备向直连的接入控制单元发送起始（EAPoL – Start）消息。
- 接入控制单元向用户接入设备发送登录请求。
- 用户接入设备响应该登录请求，并在响应消息中回复用户或设备的证书。
- 接入控制单元验证 EAPoL 帧，然后将其封装为 RADIUS 格式，并发送给 RADIUS 服务器进行验证。
- RADIUS 服务器验证用户接入设备的证书并向其返回需要对该设备实施的策略。
- 接入控制单元根据服务器的响应信息，决定是否允许用户接入设备访问网络。

9.2.2 EAP

EAP 是一个通用的认证框架，它为具体的认证机制提供了通用功能和通信的说明。EAP 可以用于有线局域网和无线局域网环境，但更多用于无线局域网，WPA 和 WPA2 都可采用 EAP 进行认证。目前具体的 EAP 认证方式种类很多，其中很多变换都可以用于 IEEE 802.1x 解决方案中，来提供基于身份的网络访问控制。Windows 系统主要支持以下 EAP 认证方式。

1. EAP – MD5 认证

EAP – MD5 是 IETF 的公开标准之一，可以进行基于"用户名/密码"组合的身份验证。EAP – MD5 部署起来比较容易，但存在着很多漏洞。首先，虽然 EAP – MD5 结合使用了单向哈希和"质询/响应"机制，但其关键信息仍然采用明文传送，这就使其容易受到攻击。其次，EAP – MD5 只是服务器对客户端进行身份验证，没有提供客户端和服务器之间的双向验证机制。再次，EAP – MD5 也不能在客户端和服务器之间建立安全通道。

2. EAP – TLS 认证

EAP – TLS 由 Microsoft 公司开发，使用 X.509 PKI 体系，提供基于证书的 IEEE 802.1x 端口访问控制。EAP – TLS 比 EAP – MD5 更加安全，可以基于每个数据包提供机密性和完整性，并能够以此来保护密钥交换中的身份识别和标准化机制。EAP – TLS 的部署相对要复杂一些，要求在客户端和服务器上都安装数字证书以进行相互认证并建立加密通道。

3. PEAP（受保护的 EAP）认证

PEAP 由 Cisco、Microsoft 和 RSA Security 联合开发，是一个混合认证协议。PEAP 使用传输级别安全性（TLS）在客户端和验证服务器之间创建加密通道。可以在 EAP – MD5 和 EAP – TLS 中选择一种与 PEAP 共同使用。如果选择 EAP – MD5，则将使用用户名和密码进行用户身份验证，使用安装在服务器中的证书进行服务器身份验证。如果选择 EAP – TLS，则将使用安装在客户端或智能卡中的证书进行用户身份验证，使用安装在服务器中的证书进行服务器身份验证。

9.2.3　Internet 验证服务（Internet Authentication Service，IAS）

IAS 可以让 Windows Server 2003 扮演 RADIUS 服务器，完成验证用户身份、授权与记账的工作，其 RADIUS 客户端可以是 AP、交换机、远程访问服务器、VPN 服务器等接入控制单元。IAS 服务器在检查用户身份与账户设置时，可以从以下用户账户数据库中得到相关信息：

- IAS 服务器本机的本地安全数据库，也就是安全账户管理器（Security Accounts Manager，SAM）；
- Windows NT 4.0 的域用户账户数据库；
- Active Directory 数据库。

注意

后两者要求 IAS 服务器必须是域的成员，其所读取的账户可以是所属域的账户，也可以是有双向信任关系的其他域的账户。

【任务实施】

要在无线局域网中实现 IEEE 802.1x 用户身份验证，必须完成用户接入设备、接入控制单元和认证服务器的相关设置。

操作 1　安装并设置 IAS 服务器

1. 安装 IAS 服务器

IAS 并不是 Windows Server 2003 系统默认的安装组件。具体安装步骤为：在"控制面板"窗口中选择"添加/删除程序"命令，在打开的对话框中，单击"添加/删除 Windows 组件"按钮，打开"Windows 组件"对话框；选中"网络服务"后，单击"详细信息"按钮，选取"Internet 验证服务"，单击"确定"按钮，指明系统安装文件的路径，即进行安装。安装完成后，依次选择"开始"→"程序"→"管理工具"→"Internet 验证服务"命令，即可打开"Internet 验证服务"窗口，如图 9 – 14 所示。

图 9 – 14　"Internet 验证服务"窗口

2. 让 IAS 服务器读取 Active Directory 数据库

如果用户是利用 Active Directory 内的账户进行连接，则应将 IAS 服务器注册到 Active Directory 内。操作步骤为：在 IAS 服务器上打开"Internet 验证服务"窗口，在左侧窗格中选中"Internet 验证服务（本地）"，单击鼠标右键，在弹出的菜单中选择"在 Active Directory 中注册服务器"命令，在出现的相关对话框中单击"确定"按钮，即可完成设置。

> **注意**
>
> 还可以在 IAS 服务器的命令提示符窗口中使用"netsh ras add registeredserver"命令，或通过在域控制器上将 IAS 服务器加入到"RAS and IAS Servers"组进行注册。另外如果 IAS 服务器使用 SAM 进行认证，则只需创建本地用户账户并完成属性设置即可。

3. 安装数字证书

由于 PEAP 需要证书来用于 IAS 服务器认证及加密密钥的产生，所以必须要给 IAS 服务器安装数字证书。获取证书可以向商业 CA 申请，也可以使用自己架设的 CA 服务器。假设 ISA 服务器所在的域中已经架设了 CA 服务器，则可以采用以下步骤获取数字证书。

（1）在 ISA 服务器的"运行"窗口输入"mmc"，打开"控制台 1"窗口，将"证书"管理单元添加到控制台，并设置该单元为"本地计算机"的"计算机账户"管理证书。

（2）在"控制台 1"窗口的左侧窗格中依次选择"证书（本地计算机）"→"个人"，单击鼠标右键，在弹出的菜单中选择"所有任务"→"申请新证书"命令，打开"欢迎使用证书申请向导"对话框。

（3）在"欢迎使用证书申请向导"对话框中，单击"下一步"按钮，打开"证书类型"对话框，如图 9 – 15 所示。

（4）在"证书类型"对话框中选择"域控制器"，单击"下一步"按钮，打开"证书的好记的名称和描述"对话框，如图 9 – 16 所示。

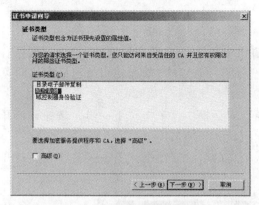

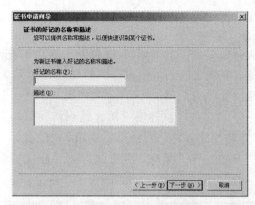

图 9-15 "证书类型"对话框　　　　**图 9-16 "证书的好记的名称和描述"对话框**

（5）在"证书的好记的名称和描述"对话框中输入证书好记的名称和描述，单击"下一步"按钮，打开"正在完成证书申请向导"对话框。

（6）在"正在完成证书申请向导"对话框中，单击"完成"按钮，完成 IAS 服务器证书的申请。证书申请成功后，CA 会自动颁发证书。此时在"控制台 1"窗口的左侧窗格中依次选择"证书（本地计算机）"→"个人"，在右侧窗格中可以看到获取的证书。

4. 指定 RADIUS 客户端

IAS 服务器安装完成后，系统默认将其设定为 RADIUS 服务器，可以利用以下操作来指定 RADIUS 客户端。

（1）在"Internet 验证服务"窗口的左侧窗格中选中"RADIUS 客户端"，单击鼠标右键，在弹出的菜单中选择"新建 RADIUS 客户端"命令，打开"名称和地址"对话框，如图 9-17 所示。

（2）在"名称和地址"对话框中为该客户端设定名称，并输入该客户端的 IP 地址（这里的客户端是指 AP、交换机等接入控制单元），单击"下一步"按钮，打开"其他信息"对话框，如图 9-18 所示。

（3）在"其他信息"对话框中设定客户端供应商并输入共享的密钥。注意这里的密钥是区分大小写的，并且应与客户端相同，只有双方密钥相同时，IAS 服务器才能接受客户端传来的验证、授权和记账请求。单击"完成"按钮，完成设置。

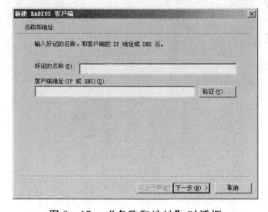

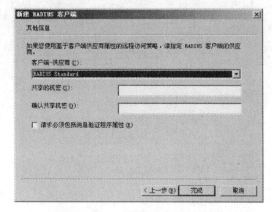

图 9-17 "名称和地址"对话框　　　　**图 9-18 "其他信息"对话框**

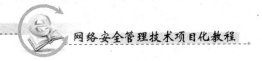

5. 新建远程访问策略

（1）在"Internet 验证服务"窗口的左侧窗格中选中"远程访问策略"，单击鼠标右键，在弹出的菜单中选择"新建远程访问策略"命令，打开"欢迎使用新建远程访问策略向导"对话框。

（2）在"欢迎使用新建远程访问策略向导"对话框中，单击"下一步"按钮，打开"策略配置方法"对话框，如图 9 - 19 所示。

（3）在"策略配置方法"对话框中，输入策略的名称，单击"下一步"按钮，打开"访问方法"对话框，如图 9 - 20 所示。

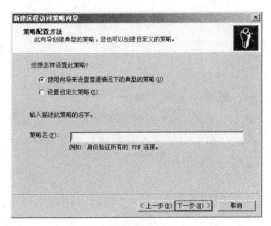

图 9 - 19　"策略配置方法"对话框

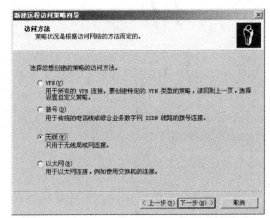

图 9 - 20　"访问方法"对话框

（4）在"访问方法"对话框中，选中"无线"单选框，单击"下一步"按钮，打开"用户或组访问"对话框，如图 9 - 21 所示。

（5）在"用户或组访问"对话框中，设定授予访问权限的用户或组。单击"下一步"按钮，打开"身份验证方法"对话框，如图 9 - 22 所示。

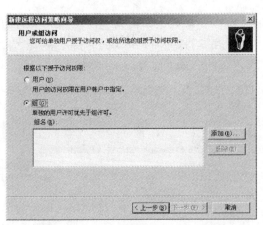

图 9 - 21　"用户或组访问"对话框

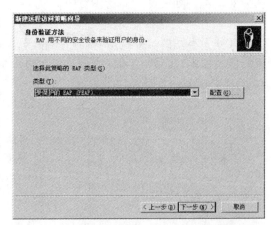

图 9 - 22　"身份验证方法"对话框

（6）在"身份验证方法"对话框中，选择此策略的 EAP 类型，默认选择为"受保护的 EAP（PEAP）"，单击"配置"按钮，打开"受保护的 EAP 属性"对话框，如图 9 - 23 所示。在该对话框中可以看到 ISA 服务器所使用的证书和 EAP 类型，选中"启动快速重连接"复选框，单击"确定"按钮，返回"身份验证方法"对话框。

（7）单击"下一步"按钮，打开"正在完成新建远程访问策略向导"对话框。单击"完成"按钮，在"Internet 验证服务"窗口的右侧窗格中可以看到新建的远程访问策略。

（8）在"Internet 验证服务"窗口的右侧窗格中选中新建的远程访问策略，单击鼠标右键，选择"属性"命令，打开该远程访问策略的属性对话框，如图 9 - 24 所示。

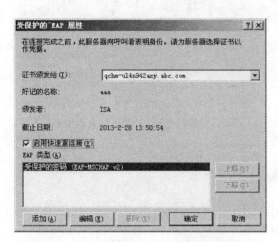

图 9 - 23　"受保护的 EAP 属性"对话框

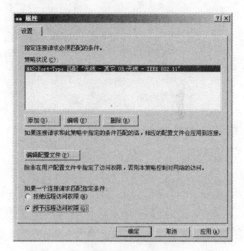

图 9 - 24　远程访问策略的属性对话框

（9）在远程访问策略的属性对话框中选中"授予远程访问权限"单选框，单击"编辑配置文件"按钮，打开"编辑拨入配置文件"对话框。

（10）在"编辑拨入配置文件"对话框中选择"身份验证"选项卡，在该选项卡中选中"Microsoft 加密身份验证版本 2（MS - CHAP v2）"复选框，如图 9 - 25 所示。单击"确定"按钮，完成设置。

6. 设置用户远程访问权限

用户能否登录成功，除取决于 IAS 服务器的远程访问策略外，还取决于用户本身是否具有远程访问权限。为用户设置远程访问权限的操作步骤为：以域管理员身份登录域控制器，打开"Active Directory 用户和计算机"窗口；创建或选择进行 IEEE 802.1x 身份验证的用户账户，选中相应账户，单击鼠标右键，选择"属性"命令；在"属性"对话框中选择"拨入"选项卡，在"远程访问权限"中选中"允许访问"单选框，如图 9 - 26 所示；单击"确定"按钮，完成设置。

注意

以上主要是在域模式下完成了 IAS 服务器的基本配置。如果要使 IAS 服务器作为独立服务器，从本地安全数据库获取账户信息，其配置过程基本类似，这里不再赘述。

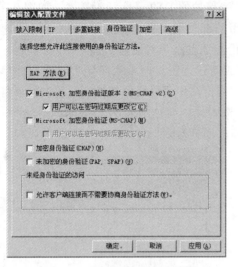

图 9-25 "身份验证"选项卡

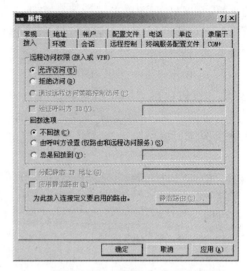

图 9-26 "拨入"选项卡

操作2 设置接入控制单元

在无线局域网中，通常由 AP 或无线路由器担任接入控制单元，不同厂商的 AP 或无线路由器其设置也不同。在 Linksys 无线路由器上的设置方法为：打开无线路由器的无线网络安全设置页面，在"Security Mode"中选择"WPA Enterprise"，在"Encryption"中选择"TKIP"，在"RADIUS Server"中输入 IAS 服务器的 IP 地址，在"Shared Secret"文本框中输入共享密钥；单击"Save Setting"按钮完成设置，如图 9-27 所示。

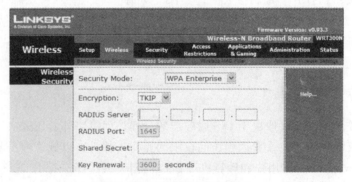

图 9-27 设置接入控制单元

注意

接入控制单元的设置必须与 IAS 服务器中指定的 RADIUS 客户端相对应。

操作3 设置无线客户端

经过以上设置后，在 Windows 无线客户端的无线网络连接中会看到一个经过 WPA 加密的 SSID，如果直接单击连接，会出现无法找到证书的错误。要实现无线客户端的 IEEE

802.1x 用户身份认证，设置方法如下。

（1）在 Windows 无线客户端的"网络连接"窗口中选中"无线网络连接"图标，单击鼠标右键，选择"属性"命令，打开"无线网络连接属性"对话框。

（2）在"无线网络连接属性"对话框中，选择正确的 SSID，单击"属性"命令，打开其属性对话框。

（3）在"无线网络属性"对话框中，设置"网络身份验证"为"WPA"，设置"数据加密"为"TKIP"，如图 9-28 所示。

（4）单击"验证"选项卡，如图 9-29 所示。在"EAP"类型中选择"受保护的 EAP（PEAP）"，单击"属性"按钮，打开"受保护的 EAP 属性"对话框，如图 9-30 所示。

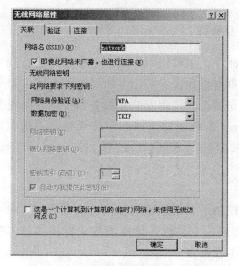

图 9-28 "无线网络属性"对话框

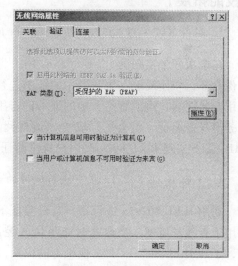

图 9-29 "验证"选项卡

（5）在"受保护的 EAP 属性"对话框中，不选择"验证服务器证书"复选框，选择身份验证方法为"安全密码（EAP - MSCHAP v2）"，单击"配置"按钮，打开"EAP MSCHAP v2 属性"对话框，如图 9-31 所示。

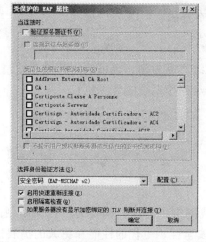

图 9-30 "受保护的 EAP 属性"对话框

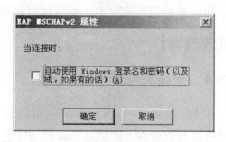

图 9-31 "EAP MSCHAP v2 属性"对话框

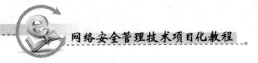

> **注 意**
>
> 如果选择"验证服务器证书"复选框，则无线客户端在输入用户名和密码前会首先读取并验证服务器证书。

(6) 在"EAP MSCHAP v2 属性"对话框中，不选择"自动使用 Windows 登录名和密码"复选框，单击"确定"按钮，完成设置。

完成以上配置之后，无线客户端就可以正常连接到 IAS 服务器，并提示输入用户名及密码。输入正确的用户名和密码后，无线客户端就可以通过认证接入无线局域网了。

【技能拓展】

1. 利用 EAP – TLS 实现 IEEE 802.1x 用户身份验证

在本次任务实现的 IEEE 802.1x 用户身份验证中，主要使用了用户名和密码进行用户身份验证，使用安装在服务器中的证书进行服务器身份验证。实际上如果选择 EAP – TLS，使用安装在客户端或智能卡中的证书进行用户身份验证，使用安装在服务器中的证书进行服务器身份验证，将会更加安全。请查阅 Windows 系统帮助文件和相关资料，了解利用 EAP – TLS 实现 IEEE 802.1x 用户身份验证的方法。

2. 了解 IEEE 802.1x 在有线局域网的应用

利用 IEEE 802.1x 进行用户身份验证不但可以用于无线局域网接入的安全管理，也可以用于有线局域网，当然此时充当接入控制单元的是交换机。请查阅相关资料和技术手册，了解 IEEE 802.1x 在交换机上的应用及其基本设置方法。

任务 9.3　无线局域网的 VLAN 部署

【任务目的】

(1) 理解无线局域网的 VLAN 和广播域；
(2) 熟悉在无线局域网环境中部属 VLAN 的基本方法。

【工作环境与条件】

(1) AP 或无线路由器（本任务以 Cisco 系列无线产品为例，也可选用其他产品）；
(2) 安装好 Windows Server 2003 或其他 Windows 操作系统的计算机；
(3) 能够正常运行的无线局域网环境。

【相关知识】

9.3.1　无线局域网中的 VLAN

在无线局域网中，VLAN 的应用目的与其在有线网络中一样，都是为了把网络划分为针对特定服务的若干个组，从而使网络获得更好的安全性、更优的性能和更大的扩展性。

在有线网络中，可以在用户要连接的交换机端口上，静态地对 VLAN 进行设置。而在无线局域网中，并不存在用户必须连接的线缆或端口，因此需要采用一种机制，用来划分和识别属于不同 VLAN 的无线用户和设备。在无线局域网环境中，要判断某个用户或设备被映射到了哪个 VLAN，可以使用以下方法。

1. 在无线接入设备上使用 SSID 设置 VLAN

很多无线接入设备可以支持多个不同的 SSID，因此可以将每个 SSID 映射到一个唯一的 VLAN ID，从而帮助接入点识别用户或设备，并将其连接到相应的 VLAN 中。需要注意的是，SSID 并不能用于安全目的，每个 VLAN 都应设置自己的策略和限制（如 EAP、WEP），用户或设备必须符合 VLAN 的相关设置，才能实现正常通信。

2. 使用 RADIUS 进行 VLAN 访问控制

使用 RADIUS 服务器进行 VLAN 访问控制是一种更加安全的方法，主要有两种方式。

（1）基于 RADIUS 的 SSID

在该方式中，当用户成功通过身份验证后，RADIUS 服务器会发送一个该用户可以使用的 SSID 列表。如果该用户正在使用的 SSID 在这个列表中，则该用户就会被映射到相应的 VLAN 上，否则该用户将不会被映射到 VLAN，并将被断开连接。

（2）基于 RADIUS 的 VLAN

在该方式中，不需要用户发送任何 SSID。当用户成功通过身份验证后，RADIUS 服务器会根据自己的设置，发送一个 VLAN 信息，把用户静态地分配到一个 VLAN 中。

9.3.2　无线局域网中的广播域

在有线网络中，一个 VLAN 将对应一个广播域。而在无线网络中，由于没有物理阻隔，任何一个无线客户端，无论其被划分到哪一个 VLAN，它都会收到空气中所有的广播和组播数据。因此为了阻止广播消息到达不同 VLAN 上的无线客户端，需要一种与有线网络不同的替代方案。在 Cisco 的无线接入设备中，可以为每个 VLAN 设置一个不同的 WEP 密钥用于广播通信。该 WEP 密钥与单播通信密钥不同，是传送给本 VLAN 无线客户端的。在该方案中，当一个 VLAN 的广播消息在网络中传输时，任何不属于该 VLAN 的无线客户端仍然会收到该消息，但由于它们并不共享广播 WEP 密钥，因此会将该消息丢弃。

【任务实施】

在如图 9-32 所示的网络中，若三层交换机采用 Cisco 3560 系列，AP 采用 Cisco 1200 系列，现要在 AP 上设置 2 个不同的 VLAN，其 SSID 分别对应为 Student 和 Teacher，并且在三层交换机上实现网络之间的连通，则应完成以下基本配置过程。

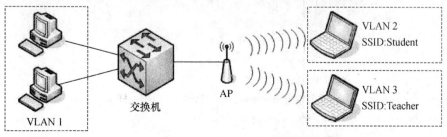

图 9-32　无线局域网的 VLAN 部署

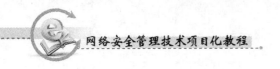
1. 配置 AP

(1) 设置本地 VLAN 接口

```
AccessPoint#configure terminal
AccessPoint (config)#interface Fastethernet 0. 1        //进入以太网的子接口
AccessPoint (config-subif)#encapsulation dot1q 1 native   //把子接口封装为dot1q格式
AccessPoint (config-subif)#exit
AccessPoint (config)# interface Dot11radio 0. 1        //进入无线子接口
AccessPoint (config-subif)# encapsulation dot1q 1 native
AccessPoint (config-subif)# exit
```

(2) 配置 VLAN 2

```
AccessPoint (config)# interface Dot11radio 0        //进入无线接口
AccessPoint (config-if)# ssid Student        //把 SSID 加入到无线接口
AccessPoint (config-if-ssid)# vlan 2        //把 SSID Student 对应到指定 VLAN
AccessPoint (config-if-ssid)# authentication open   //把 SSID Student 定义为开放式认证
AccessPoint (config-if-ssid)# end
AccessPoint# configure terminal
AccessPoint (config)# interface Fastethernet 0. 2        //进入以太网的子接口
AccessPoint (config-subif)# encapsulation dot1q 2   //把子接口打上 VLAN 2 标识
AccessPoint (config-subif)# bridge-group 2   //把子接口加入到 2 这个组中
AccessPoint (config-subif)# exit
AccessPoint (config)# interface Dot11radio 0. 2
AccessPoint (config-subif)# encapsulation dot1q 2
AccessPoint (config-subif)# bridge-group 2
AccessPoint (config-subif)# exit
```

(3) 配置 VLAN 3

```
AccessPoint (config)# interface Dot11radio 0
AccessPoint (config-if)# ssid Teacher
AccessPoint (config-if-ssid)# vlan 3
AccessPoint (config-if-ssid)# authentication open
AccessPoint (config-if-ssid)# end
AccessPoint# configure terminal
AccessPoint (config)# interface Fastethernet 0. 3
AccessPoint (config-subif)# encapsulation dot1q 3
AccessPoint (config-subif)# bridge-group 3
AccessPoint (config-subif)# exit
AccessPoint (config)# interface Dot11radio 0. 3
AccessPoint (config-subif)# encapsulation dot1q 3
AccessPoint (config-subif)# bridge-group 3
AccessPoint (config-subif)# exit
```

2．配置三层交换机

```
Switch# configure terminal
Switch(config)# ip routing      //启动路由功能
Switch(config)# vlan 2    //建立 VLAN 2
Switch(config-vlan)# exit
Switch(config)# vlan 3   //建立 VLAN 3
Switch(config-vlan)# exit
Switch(config)# interface Fastethernet 0/1
Switch(config-if)# switchport trunk encapsulation dot1q
Switch(config-if)# switchport mode trunk   //将与 AP 相连的端口设置为 Trunk 模式
Switch(config-if)# switchport trunk native vlan 1
//将 VLAN 1 定义为 native,native vlan 是一个用于给管理流量通过的 VLAN,一般建议将局域
网内所有的交换机和 AP 的 native vlan 设成同一个 vlan。
Switch(config-if)#exit
Switch(config)#interface vlan 1      //为 VLAN 1 建立三层接口
Switch(config-if)# ip address 192.168.1.1 255.255.255.0   //设置 IP 地址
Switch(config-if)# interface vlan 2
Switch(config-if)# ip address 192.168.2.1 255.255.255.0
Switch(config-if)# interface vlan 3
Switch(config-if)# ip address 192.168.3.1 255.255.255.0
Switch(config-if)# exit
Switch(config)# ip dhcp pool vlan2     //定义一个 DHCP 服务的地址池
Switch(dhcp-config)# network 192.168.2.0 255.255.255.0
//指定 DHCP 分配的 IP 地址范围
Switch(dhcp-config)#default-router 192.168.2.1    //指定 DHCP 分配的默认网关
Switch(dhcp-config)#exit
Switch(config)#ip dhcp pool vlan3
Switch(dhcp-config)#network 192.168.3.0 255.255.255.0
Switch(dhcp-config)#default-router 192.168.3.1
Switch(dhcp-config)#exit
```

3．配置无线客户端

可以将无线客户端的 SSID 设为 Student 或 Teacher。关联到 Student 这个 SSID 的客户端应可以获得 192.168.2.0/24 网段的 IP 地址，关联到 Teacher 这个 SSID 的客户端应可以获得 192.168.3.0/24 网段的 IP 地址，而且这两个 SSID 的客户端可以相互 ping 通。

▶ 注 意

以上只给出了在无线局域网中使用 SSID 部署 VLAN 的基本配置过程，更复杂的配置请查阅相关资料。另外，不同的 AP 和无线路由器产品对 VLAN 的支持和配置方法是不同的，配置前请认真阅读其技术手册。

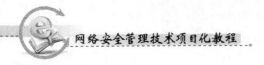

【技能拓展】

1. 认识无线控制器

无线控制器是一种网络设备，它是一个无线网络的核心，负责对无线网络中的 AP 进行管理，包括下发配置、修改相关配置参数、射频智能管理等。在传统的无线网络中，AP 是单独配置的，这种 AP 被称为胖 AP，通常只能满足部分区域覆盖，并且不能集中管理，不支持无缝漫游。目前在大中型企业中，多采用一个无线控制器加多个 AP 的无线组网方式，其使用的 AP 通常只有收发信号的功能（被称做瘦 AP），由无线控制器对所有 AP 进行统一管理，这种方式有利于无线网络的集中管理，并且支持无缝漫游及对 AP 射频的智能管理。请查阅相关资料，了解无线控制器的相关产品和组网方法。

2. 分析典型企业 WLAN 工程案例

限于篇幅，本项目只完成了 WLAN 的基本安全管理设置。WLAN 安全管理涉及的内容很多，请根据实际条件，参观并分析典型企业 WLAN 案例，查阅该网络的相关资料，了解该网络的基本结构和组成，了解其所采用的主要安全措施，了解相关安全产品的基本功能、特点以及部署和使用情况。

习　题　9

1. 思考与问答

（1）简述无线局域网的组网模式。
（2）简述无线局域网面临的主要安全问题。
（3）简述无线局域网采用的主要安全措施。
（4）WPA 和 WPA2 有哪两种工作模式？这两种工作模式有什么不同？
（5）简述 IEEE 802.1x 协议的作用及其特点。
（6）简述 IEEE 802.1x 协议的主要组件及其基本认证步骤。
（7）在无线网络中要判断某个设备被映射到哪个 VLAN，可以使用哪些方法？

2. 技能操作

（1）无线局域网安全基本配置
【内容及操作要求】
请利用 AP 或无线路由器将安装无线网卡的计算机组网并完成以下配置。
- 将 SSID 设置为 Student，并禁用 SSID 广播。
- 在网络中设置 WPA 验证。
- 设置 MAC 地址过滤，拒绝网络中某台计算机的接入。
【准备工作】
1 台 AP 或无线路由器，3 台安装无线网卡的计算机，组建网络的其他设备。
【考核时限】

40min。

（2）无线局域网的用户身份验证

【内容及操作要求】

请利用 AP 或无线路由器将安装无线网卡的计算机连接到有线局域网，在有线局域网中利用 Windows Server 2003 搭建 IAS 服务器，利用该服务器对无线网络用户进行身份验证。

【准备工作】

1 台 AP 或无线路由器，3 台安装无线网卡的计算机，1 台交换机，1 台安装 Windows Server 2003 操作系统的计算机，组建网络的其他设备。

【考核时限】

60min。

项目 10 使用网络安全管理工具

在计算机网络中，提升网络管理水平，采取合理的安全措施和手段，是确保网络稳定、可靠和安全运行的重要方法。早期的局域网管理与网络操作系统密不可分，而目前的网络管理打破了网络的地域限制，网络管理人员可以通过网络管理工具对整个网络中的设备和设施（如交换机、路由器、服务器等）进行集中管理，包括查阅网络中设备或设施的当前工作状态和工作参数，对设备或设施的工作状态进行控制，对工作参数进行修改等。本项目的主要目标是理解基于简单网络管理协议（Simple Network Management Protocol，SNMP）网络管理的基本模型和组成，掌握 Solarwinds 网络管理工具箱的安装和使用方法，能够使用 Sniffer Pro 捕获并分析网络中的数据包。

任务 10.1 构建 SNMP 网络管理环境

【任务目的】

（1）了解网络管理的基本功能；

（2）理解网络管理的基本模型和组成；

（3）掌握 SNMP 服务的安装和配置方法。

【工作环境与条件】

（1）已经安装并能运行的局域网；

（2）安装 Windows 操作系统的计算机；

（3）交换机和路由器（本任务以 Cisco 系列路由器和交换机为例，也可选用其他设备；部分内容也可使用 Cisco Packet Tracer、Boson Netsim 等模拟软件完成）；

（4）MIB 查询工具（本部分以 MIB Browser 为例，也可选择其他相关工具软件）。

【相关知识】

目前的网络管理打破了网络的地域限制，不再局限于保证文件的传输，而是保障网络的正常运转，维护各类网络应用和数据的有效和安全地使用、存储以及传递，同时监测网络的运行性能，优化网络的拓扑结构。在网络管理技术的研究、发展和标准化方面，国际标准化组织（ISO）和 Internet 体系结构委员会（IAB）都作出了很大的贡献。IAB 于 1988 年推出的 SNMP 已经成为事实上的计算机网络管理工业标准，该协议是 TCP/IP 协议的一部分，也可以应用于 IPX/SPX 网络。

10.1.1 网络管理的功能

在实际网络管理过程中，网络管理应具有的功能非常广泛。ISO 在 ISO/IEC 7498 - 4 文档中定义了网络管理的 5 大功能：配置管理；性能管理；故障管理；安全管理和计费管理。

1．配置管理

计算机网络由各种物理结构和逻辑结构组成，这些结构中有许多参数、状态等信息需要设置并协调。另外，网络运行在多变的环境中，系统本身也经常要随着用户的增减或设备的维修而调整配置。网络管理系统必须具有足够的手段支持这些调整的变化，使网络更有效地工作。这些手段构成了网络管理的配置管理功能。配置管理功能至少应包括识别被管理网络的拓扑结构、标识网络中的各种现象、自动修改指定设备的配置、动态维护网络配置数据库等内容。

2．性能管理

性能管理的目的是在使用最少的网络资源和具有最小延迟的前提下，确保网络能提供可靠的通信能力，并使网络资源的使用达到最优化的程度。网络的性能管理有监测和控制两大功能，监测功能主要是对网络中的活动进行跟踪，控制功能主要是通过实施相应调整来提高网络性能。性能管理的具体内容一般包括：从被管对象中收集与网络性能有关的数据；分析和统计历史数据；建立性能分析的模型；预测网络性能的长期趋势；根据分析和预测的结果，对网络拓扑结构、某些对象的配置和参数做出调整，逐步达到最佳运行状态。

3．故障管理

故障管理指在系统出现异常情况时的管理操作。网络管理系统应具备快速和可靠的故障检测、诊断和恢复功能，具体内容一般包括：当网络发生故障时，必须尽可能快地找出故障发生的确切位置；将网络其他部分与故障部分隔离，以确保网络其他部分能不受干扰继续运行；重新配置或重组网络，尽可能降低由于隔离故障对网络带来的影响；修复或替换故障部分，将网络恢复为初始状态。

4．安全管理

安全管理的目的是确保网络资源不被非法使用，防止网络资源由于入侵者攻击而遭受破坏。完善的网络管理系统必须制定网络管理的安全策略，以保证网络不被侵害，并保证重要信息不被未授权的用户访问。其具体内容一般包括：与安全措施有关的信息分发（如密钥的分发和访问权设置等）；与安全有关的通知（如网络有非法侵入、无权用户对特定信息的访问企图等）；安全服务措施的创建、控制和删除；与安全有关的网络操作事件的记录、管理、维护和查询等。

5．计费管理

计费管理不但将统计哪些用户、使用何信道、传输多少数据、访问什么资源等信息，还可以统计不同线路和各类资源的利用情况。由此可见，在有偿使用的网络上，计费管理功能可以依据其统计的信息，制定一种用户能够接受的计费方法。商业性网络中的计费系统还要包含诸如每次通信的开始和结束时间、通信中使用的服务等级以及通信中的另一方等更详细的计费信息，并使用户能够随时查询这些信息。

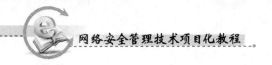
10.1.2 网络管理的基本模型

在网络管理中，网络管理人员通过网络管理系统对整个网络中的设备和设施（如交换机、路由器、服务器等）进行管理，包括查阅网络中设备或设施的当前工作状态和工作参数，对设备或设施的工作状态进行控制，对工作参数进行修改等。网络管理系统通过特定的传输线路和控制协议对远程的网络设备或设施进行具体操作。为了实现上述目标，目前网络管理系统普遍采用的是管理者（Manager）–代理者（Agent）的网络管理模型，如图 10 – 1 所示。

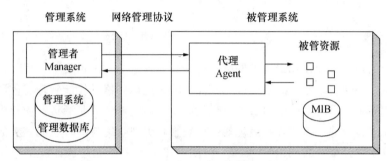

图 10 – 1 网络管理基本模型示意图

由图 10 – 1 可见，网络管理模型主要由网络管理者、管理代理、网络管理协议和管理信息库（Management Information Base，MIB）4 个要素组成。

1. 网络管理者

网络管理者是实施网络管理的实体，驻留在管理工作站上，实际上就是运行于管理工作站的网络管理程序（进程）。网络管理者负责对网络中的设备和设施进行全面的管理和控制，根据网络上各个管理对象的变化来决定对不同的管理对象所采取的操作。管理工作站是一台安装了网络管理软件的 PC 或小型机，一般位于网络系统的主干或接近于主干的位置。

2. 管理代理

管理代理是一个软件模块，驻留在被管设备上。被管设备的种类繁多，包括交换机、路由器、防火墙、服务器、网络打印机等。管理代理的功能是把来自网络管理者的命令或信息转换为被管设备特有的指令，完成网络管理者的指示或把所在设备的信息返回给网络管理者。管理代理通过控制本设备管理信息库中的信息实现对被管设备的管理。

3. 网络管理协议

网络管理协议给出了网络管理者和管理代理之间通信的规则，为它们定义了交换所需管理信息的方法，负责在管理进程和代理进程之间传递操作命令，并解释管理操作命令或提供解释管理操作命令的依据。目前在网络管理中主要使用的网络管理协议是 SNMP，而 ISO 开发的公共管理信息协议（Common Management Information Protocol，CMIP）主要用于电信管理网（TMN）。

4．管理信息库

管理信息库是一个概念上的数据库，可以将其所存放的信息理解为网络管理中的被管资源。管理信息库中存放了被管设备的所有信息，包括被管设备的名称、运行时间、接口速度、接口接收/发出的报文等。在 SNMP 网络管理中，这些信息是用对象来表示的，每一个管理对象表示被管资源某一方面的属性，这些对象的集合就形成了管理信息库。每个管理代理对管理信息库中属于本地的管理对象进行管理，各管理代理的管理对象共同构成全网的管理信息库。

10.1.3 SNMP 网络管理定义的报文操作

网络管理者与管理代理间的操作可以分成两种情况：

（1）网络管理者可向管理代理请求状态信息；

（2）当重要事件发生时，管理代理可向网络管理者主动发送状态信息。

SNMP 网络管理定义了 5 种报文操作：

（1）GetRequest 操作：用于网络管理者通过管理代理提取被管设备的一个或者多个 MIB 参数值，这些参数都是在管理信息库中被定义的；

（2）GetNextRequest 操作：用于网络管理者通过管理代理提取被管设备的一个或多个 MIB 参数的下一个参数值；

（3）SetRequest 操作：用于网络管理者通过管理代理设置被管设备的一个或多个 MIB 参数值；

（4）GetResponse 操作：管理代理向网络管理者返回一个或多个 MIB 参数值，它是前面三种操作中的响应操作；

（5）Trap 操作：这是管理代理主动向网络管理者发出的报文，它标记一个可能需要特殊注意的事件的发生，例如被管设备的重新启动就可能会触发一个 Trap 操作。

在上述操作中，前面三个操作是网络管理者向管理代理发出的，后面两个操作则是管理代理发给网络管理者的，其中除了 Trap 操作使用 UDP162 端口外，其他操作均使用 UDP161 端口。通过这些报文操作，网络管理者和管理代理之间就能够相互通信了。

10.1.4 SNMP 团体

团体（Community）也叫共同体，利用 SNMP 团体可以将网络管理者和管理代理分组，同一团体内的网络管理者和管理代理才能互相通信，管理代理不接受团体之外的网络管理者的请求。在 Windows 系统中，默认的 SNMP 团体名为"public"，一个 SNMP 管理代理可以是多个 SNMP 团体的成员。在图 10-2 所示的 SNMP 网络管理系统中，管理1、代理2、代理3 和代理4 属于同一个 SNMP 团体，管理2 和代理1 属于另一个 SNMP 团体，因此管理1 上的网络管理者可以和代理2、代理3 及代理4 中的管理代理进行通信，管理2 上的网络管理者只能和代理1 的管理代理进行通信。

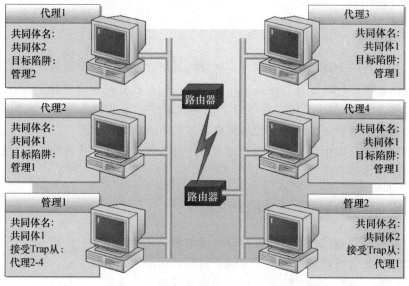

图 10 - 2　SNMP 团体

10.1.5　管理信息库的结构

管理信息库是一个概念上的数据库，存放的是网络管理可以访问的信息，SNMP 环境中的所有被管理对象都按层次性的结构或树型结构来排列，树型结构端结点对象就是实际的被管理对象，如图 10 - 3 所示。树型结构本身定义了如何把对象组合成逻辑相关的集合。层次树结构有 3 个作用：

（1）表示管理和控制关系；

（2）提供了结构化的信息组织技术；

（3）提供了对象命名机制。

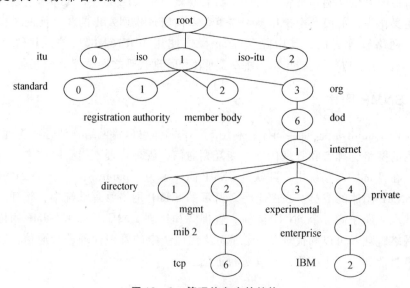

图 10 - 3　管理信息库的结构

MIB 树的根节点 root 并没有名字或编号，它有 3 个子树：

- iso（1）：由 ISO 管理，是最常用的子树；
- itu（0）：由 ITU 管理；
- iso/itu（2）：由 ISO 和 ITU 共同管理。

由图 10 - 3 可知，在 iso（1）子树下面有 org（3）、dod（6）、internet（1）、mgmt（2）和 mib - 2（1）五级子树，可以用 1.3.6.1.2.1 来表示对 mib - 2 的访问。mib - 2 内部又包含多棵子树，可以用 1.3.6.1.2.1.1 来表示对 mib - 2 下面的 system（1）的访问。这里的 1.3.6.1.2.1 和 1.3.6.1.2.1.1 被称为 OID（对象 ID）。

子树 mib - 2（1.3.6.1.2.1）定义的是基本故障分析和配置分析用对象，其中使用最为频繁的是 system 组、interface 组、at 组和 ip 组。如图 10 - 4 所示为 mib - 2 节点处 MIB 树结构示意图。

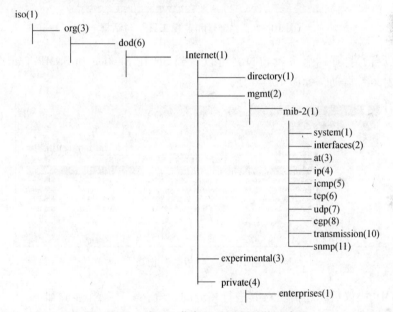

图 10 - 4　mib - 2 节点处 MIB 树结构示意图

[注意] M2B 的结构复杂，具体每棵子树和对象的含义请查阅相关资料，限于篇幅，这里不再赘述。

【任务实施】

操作 1　在 Windows 计算机上启用 SNMP 服务

如果要对安装 Windows 操作系统的计算机进行 SNMP 网络管理，则在该计算机上必须安装和配置 SNMP 服务。Windows 系统的 SNMP 服务可以处理来自 SNMP 管理系统的状态信息请求，并且在发生陷阱时，可将陷阱报告给一个或者多个管理工作站。

SNMP 并不是 Windows 系统的默认安装组件，在 Windows 系统中安装 SNMP 的步骤如下：在"控制面板"中打开"添加/删除程序"窗口，单击"添加/删除 Windows 组件"按钮；在弹出的"Windows 组件"对话框中选择"管理和监视工具"选项，单击"详细信息"按钮；在弹出的"管理和监视工具"对话框中选择"简单网络管理协议"选项，如图 10 - 5 所示；单击"确定"按钮后就可以在系统的引导下安装 SNMP 服务了。

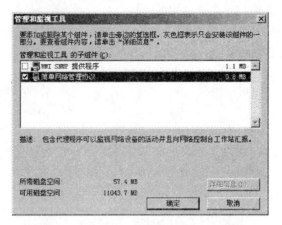

图 10 - 5　"管理和监视工具"对话框

安装完成后，打开"服务"窗口，可以看到 SNMP Service 和 SNMP Trap Service 两个服务都已经安装并启动，如图 10 - 6 所示。

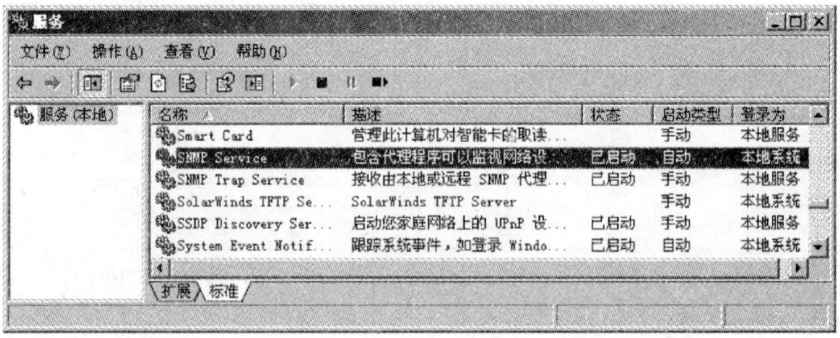

图 10 - 6　"服务"窗口

安装 SNMP 协议后，还需要对其进行相应的设置，具体操作步骤如下。

（1）在"服务"窗口中，选中 SNMP Service，单击鼠标右键，在弹出的菜单中选择"属性"命令，打开"SNMP Service 的属性"对话框。

（2）单击"代理"选项卡，在"代理选项卡"中配置"联系人"和"位置"中的内容，并选择代理提供的服务，如图 10 - 7 所示。

（3）单击"陷阱"选项卡，如图 10 - 8 所示，在团体名称文本框中输入团体名称如"public"，单击"添加到列表"按钮，此时陷阱目标中"添加"按钮显亮。

（4）单击"添加"按钮，打开"SNMP 服务配置"对话框，如图 10 - 9 所示，输入陷阱目标 IP 地址，即管理工作站的 IP 地址。

（5）单击"安全"选项卡，如图 10 - 10 所示，选中"发送身份验证陷阱"复选框，实现当接到非法的状态信息请求，主动发送信息给管理工作站。可以添加或删除其所在的团体，并可以设置该团体管理工作站对 MIB 的权利。同时可以设置能接收哪些主机传来的 SNMP 数据包。

（6）单击"应用"按钮，完成设置。

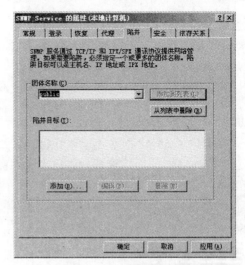

图 10 - 7　"代理"选项卡　　　　　　　　图 10 - 8　"陷阱"选项卡

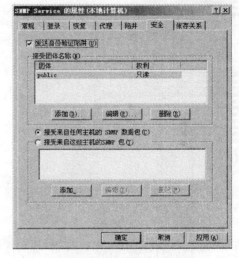

图 10 - 9　"SNMP 服务配置"对话框　　　　　图 10 - 10　"安全"选项卡

操作 2　在网络设备上启用 SNMP 服务

不同品牌型号的网络设备启用 SNMP 服务的方法并不相同。在 Cisco 2960 系列交换机命令行模式下启用 SNMP 服务的过程如下所示。

```
Switch # configure terminal        //进入全局配置模式
Switch (config) # snmp – server community public ro   //只读权限的团体名称为 public
Switch (config) # snmp – server community private rw   //读写权限的团体名称为 private
Switch (config) # int vlan 1
Switch (config - if) # ip address 192. 168. 0. 251 255. 255. 255. 0   //设置交换机的 IP 地址
Switch (config - if) # no shutdown
```

注意

以上只完成了在 Cisco 网络设备上启用 SNMP 服务的基本设置，如要进行更复杂的 SNMP 设置，请查阅相关的技术手册。

操作 3　测试 SNMP 服务

在构建了 SNMP 网络管理环境后，就可以创建网络管理工作站，实现 SNMP 网络管理了。基于 SNMP 的网络管理软件很多，要测试 SNMP 服务是否实现并查看 MIB 对象的值，最简单的方法是使用 MIB Browser。该软件可以执行 SNMP GetRequest 以及 GetNextRequest 操作，允许以树形结构浏览 MIB 的层次并且可以浏览关于每个节点的额外信息。使用 MIB Browser 测试 SNMP 的操作步骤如下。

（1）从 Internet 下载 MIB Browser 工具包。

（2）运行 MIB Browser，在 MIB 树型结构中选择要查看的 MIB 对象值，单击鼠标右键，选择要进行的操作，如"Get Value"，如图 10 – 11 所示。

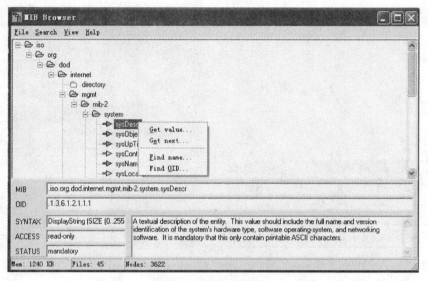

图 10 – 11　MIB Browser

（3）在弹出的"SNMP GET"对话框的"Agent（addr）"文本框中输入要查看的管理代理所在设备的 IP 地址，在"Community"文本框中输入管理代理所在的团体名，单击"Get"按钮，可以在"Value"文本框中看到相应 MIB 对象的值，如图 10 – 12 所示。

注意

本例中查看的 MIB 对象为 iso/org/dod/internet/mgmt/mib – 2/system/sysDescr，OID 为 .1.3.6.1.2.1.1.1，该变量为只读的显示串，包含所用硬件、操作系统和网络软件的名称和版本等完整信息。

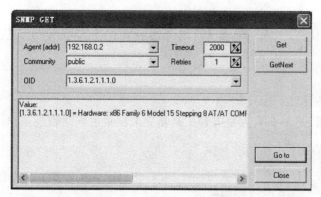

图 10-12　"SNMP GET" 对话框

【技能拓展】

1. 了解 RMON 技术

RMON (Remote Network Monitoring, 远程网络监视) 规范是由 SNMP MIB 扩展而来的。在 RMON 中, 网络监视数据包含了一组统计数据和性能指标, 它们在不同的监视器 (或称探测器) 和控制台系统之间相互交换, 结果数据可用来监控网络利用率, 以用于网络规划、性能优化和协助网络错误诊断。RMON 有两种版本: RMONv1 和 RMONv2, RMONv1 在目前使用较为广泛的网络硬件中都有应用。

RMON 监视系统由两部分构成: 探测器 (代理或监视器) 和管理站。RMON 代理在 RMON MIB 中存储网络信息, 它们被直接植入网络设备, 也可以是 PC 上运行的一个程序。代理只能看到流经它们的流量, 所以在每个被监控的 LAN 段或 WAN 链接点都要设置 RMON 代理, 网管工作站用 SNMP 获取 RMON 数据信息。请查阅 RMON 技术的相关资料, 了解 RMON 技术的要点及其在网络中的应用。

2. 了解 SNMPv3

目前 SNMP 主要有三个版本: SNMPv1; SNMPv2 和 SNMPv3, 从市场应用来看, 目前大多数厂商的产品主要支持 SNMPv1 和 SNMPv2。SNMPv3 在 SNMPv2 基础上增加、完善了安全和管理机制。RFC 2271 定义的 SNMPv3 体系结构体现了模块化的设计思想, 使管理者可以简单地实现功能的增加和修改, 可适用于多种操作环境, 满足复杂网络的管理需求。请查阅 SNMPv3 的相关资料, 了解其相关产品及在网络中的应用。

3. 了解基于 Web 的网络管理技术

基于 Web 的网络管理技术就是允许通过浏览器进行网络管理, 主要有两种实现方式。一种是代理方式, 在这种方式下将在一个管理工作站上运行 Web 服务器, 它介于浏览器和网络设备之间, 负责将收集到的网络信息传送到浏览器, 并将传统管理协议 (如 SNMP) 转换成 Web 协议 (如 HTTP)。另一种是嵌入式, 即将 Web 功能嵌入到网络设备中, 每个设备有自己的 Web 站点, 管理员可通过浏览器直接访问并管理该设备。请查阅基于 Web 的网络管理技术的相关资料, 了解其相关产品及在网络中的应用。

任务 10.2　安装和使用 SolarWinds 网络管理工具箱

【任务目的】

（1）了解网络管理工具的种类；

（2）能够使用 Solarwinds 网络管理工具箱完成简单的网络管理工作。

【工作环境与条件】

（1）已经安装并能运行的局域网；

（2）构建好的 SNMP 网络管理环境；

（3）Solarwinds 网络管理工具箱。

【相关知识】

10.2.1　网络管理工具的种类

网络管理工具按照管理对象可以分为设备管理软件和通用网络管理软件，按照实现的复杂程度又分为以下 3 类，分别适应不同的网络规模和网络应用。通常网络系统结构越是趋同，所需要的网络管理工具就越简单，而复杂的异构网络环境则需要成熟的网络管理平台。

1．采用命令行管理方式的网络管理工具

此类工具要求使用者精通网络的原理及概念，了解不同厂商网络设备的配置方法。由于此类工具只能统计和分析网络的数据，并不能监控设备的状态，所以在使用时需要配合一系列 CLI（命令行接口）命令直接在设备上查看系统和端口信息。

2．使用图形化管理方式的网络管理工具

图形化管理工具比命令行管理工具方便和直观，像 Sniffer Pro 和 Cisco View 就是基于 GUI 的设备管理工具，用户无须过多了解设备的配置方法，就能图形化地对多台设备同时进行配置和监控。

3．网络管理平台

成熟的网络管理平台产品有 HP 的 OpenView、IBM 的 NetView、SUN 的 SunNet Manager 和 Cisco 的 CiscoWorks 等。这类网络管理工具可以支持一种或多种网络管理协议，完全支持 OSI 定义的性能管理、故障管理、配置管理、计费管理和安全管理等五大管理功能。这类网络管理工具是企业级的网络管理平台，涉及 OSI 全部 7 层协议，由多个软件包组成，其中某个软件包可能就是第二类网络管理工具。

10.2.2　SolarWinds 网络管理工具箱

SolarWinds 网络管理工具箱是 SolarWinds 公司开发的一套网络管理工具集，能够实现网络自动发现、故障发现、性能监控等功能，是一种适合于中小企业使用的网络管理软件。在 SolarWinds Engineer's Toolset v9 中主要包括以下网络管理工具。

（1）Cisco Tools（思科工具）

● Compare Running vs Startup Configs：Cisco 设备当前运行配置与 NVRAM 中启动配置的比较工具。

● Config Download：Cisco 设备配置文件下载工具。

● Config Upload：Cisco 设备配置文件上传工具。

● Config Viewer：Cisco 设备配置文件查看和编辑工具。

● CPU Gauge：CPU 量表，CPU 使用率查看工具。

● IP Network Browser：IP 网络浏览工具，可以扫描单机、地址段、子网内设备或主机详细信息，扫描具有相同 SNMP 团体名称的网络设备。

● NetFlow Configurator：NetFlow 配置工具，可以在 Cisco 设备上通过 SNMP 远程快速配置 NetFlow v5。

● NetFlow Realtime：NetFlow 实时工具，能够存放一小时的 Cisco NetFlow 数据的实时捕捉和分析工具。

● Proxy Ping：代理 Ping，能够利用 Cisco 路由器来 Ping 某个目标设备。

● Router CPU Load：路由器 CPU 利用率监控工具，与 CPU Gauge 类似但不支持 Windows 系统。

● Router Password Decryption：路由器加密密码破解工具，将 Cisco 路由器 type 7 密码密文转换成明文。

● TFTP Server：TFTP 服务器工具。

（2）IP Address Management（IP 地址管理）

● Advanced Subnet Calculator：高级子网计算器，能够计算子网掩码和管理 IP 地址。

● DHCP Scope Monitor：DHCP 范围监控工具，用于监控 DHCP 地址使用情况。

● DNS & Who Is Resolver：用于获取 IP 地址或域名详细的 DNS 信息。

● DNS Analyzer：DNS 分析器，能够显示 DNS 资源的层次关系。

● DNS Audit：DNS 核查器，用于定位本地 DNS 数据库的错误。

● IP Address Management：IP 地址管理工具，用于实时监控一段网络上 IP 地址的使用情况。

● Ping Sweep：IP 扫描工具，可以对一个网段进行大范围的 Ping，并显示正在使用 IP 地址的主机的 DNS 名字。

（3）Network Discovery（网络发现）

● DNS Audit：同前。

● IP Address Management：同前。

● IP Network Browser：IP 网络浏览器，用于扫描具有相同 SNMP 团体名的网络设备。

● MAC Address Discovery：MAC 地址发现工具，用于扫描一段 IP 内计算机的 MAC 地址。

● Network Sonar：网络定位工具，用于建立和查看 TCP/IP 网络数据库，可以通过种子路由器发现网段，然后建立数据库监视网络节点改变情况，相当于网络拓扑发现。

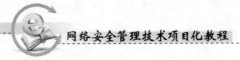

- Ping：连续 Ping 单个地址，相当于 ping - t。
- Ping Sweep：同前。
- Port Scanner：端口扫描工具，能够发现远程设备 IP 端口的状态。
- SNMP Sweep：能够扫描一段地址内的网络设备 SNMP 信息。
- Subnet List：通过种子路由器发现子网。
- Switch Port Mapper：交换机端口映射工具，可以查询交换机 MAC 地址表和路由器 ARP 表，生成交换机的端口、主机 MAC 地址、主机 IP 地址映射表。

（4）Network Monitoring（网络监视）

- Advanced CPU Load：高级 CPU 负载监视工具，用于建立和查看网络设备的 CPU 工作状态数据库。
- Bandwidth Gauges：带宽测量工具，用于实时监控多个设备的通路与带宽情况。
- CPU Gauge：同前。
- Network Monitor：网络监视工具，可以监控多个网络设备的多种工作状态参数。
- Network Performance Monitor：网络性能监视工具，用于监视多个网络设备的各种详尽网络状态，侧重于性能数据统计和趋势分析。
- Real Time Interface Monitor：实时接口监视器，能够实时显示网络设备接口状态。
- Router CPU Load：路由器 CPU 负荷监视工具，用于监控 Cisco 路由器的 CPU 工作。
- SNMP Real - Time Graph：SNMP 实时图，可以监控实时 SNMP MIB。
- SysLog Server：安装 SolarWinds 后将自动安装 SysLog 服务器，用于查看和修改 UDP 514 端口接收到的系统日志。
- Watch It!：网络监视，可以定义服务器、路由器、WEB 站点等响应，当响应时间变长或设备关闭时可以通过声音报警。

（5）Ping & Diagnostic（Ping 和诊断）

- DNS Analyzer：同前。
- Enhanced Ping：扩展 Ping，能够连续监视许多网络设备，可以改变发送 ICMP 包的内容、速率、大小、超时时间、TTL 值等。
- Ping：同前。
- Ping Sweep：同前。
- Proxy Ping：同前。
- Send Page：快速发送邮件，相当于简单的邮件客户端。
- Spam Blacklist：间谍黑名单，可以将具有威胁的网站添加到黑名单中。
- TraceRoute：路由跟踪，与 Tracert 命令相当，同时能够发现设备 SNMP 信息。
- Wake - On - LAN：局域网远程唤醒，可远程开关服务器，要求主板和网卡必须都支持远程唤醒功能。
- WAN Killer：广域网杀手，用于发送特定信息包，对于装载和测试网络是非常有用的数据源发生器。

（6）Security（安全性）

- Cisco Router Password Decryption：同前。
- Edit Dictionaries：编辑字典，用于建立 SNMP 密码攻击的单词数据库。

● Port Scanner：同前。

● Remote TCP Session Reset：远程 TCP 连接会话重置，可以显示和断开路由器或交换机上的所有 TCP 活动会话连接。

● SNMP Brute Force Attack：SNMP 强力攻击，用于暴力猜解路由器或交换机上的登录口令。

● SNMP Dictionary Attack：SNMP 字典攻击，对指定的路由器或交换机的登录或特权口令进行字典猜解。

（7）SNMP Tools（SNMP 工具）

● MIB Viewer：MIB 阅览器，用于查看各种 MIB 数据资源。

● MIB Walk：MIB 遍历工具，能够遍历整个 MIB 树，发现 MIB 和 OID 的详细信息。

● SNMP MIB Browser：MIB 浏览器，用于查看各种 MIB 数据资源。

● SNMP Trap Editor：SNMP Trap 编辑器，可以修改网络管理工具的 SNMP Trap 模板。

● SNMP Trap Receiver：SNMP Trap 接收器，可以接收、保存和浏览 SNMP Trap。

● Update System MIB：更新系统 MIB 库，用于更新 SNMP 设备的系统信息。相当于 set 被管设备 system 对象组中可改写的三项 sysContact、sysName、sysLocation。

【任务实施】

Solarwinds 网络管理工具箱是基于 SNMP 协议的，因此要充分发挥其管理功能，必须首先构建基于 SNMP 的网络管理环境。具体方法请参考任务 10.1，这里不再赘述。

操作 1　安装 SolarWinds 网络管理工具箱

SolarWinds 网络管理工具箱的安装过程同一般的 Windows 安装程序相同，这里不再赘述。安装完毕后，会自动运行 SolarWinds Toolset Launchpad 程序，打开如图 10 - 13 所示的窗口。此时依次选择"开始"→"程序"→SolarWinds Engineer's Toolset 选项，可以看到 SolarWinds 网络管理工具箱所包含的工具，如图 10 - 14 所示。

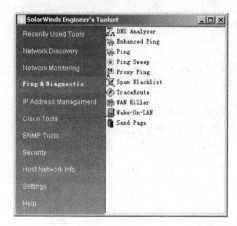

图 10 - 13　SolarWinds Toolset Launchpad 窗口

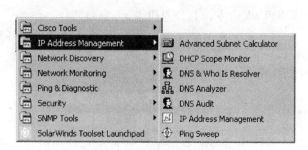

图 10 - 14　SolarWinds 网络管理工具箱所包含的工具

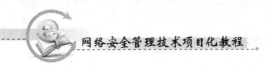

操作 2　使用 SolarWinds 网络管理工具箱

1. 下载并查看 Cisco 交换机配置文件

若要下载并查看网络中已启用 SNMP 服务的 Cisco 网络设备的配置文件，操作步骤如下。

（1）依次选择"开始"→"程序"→Solarwinds Engineer's Toolset→Cisco Tools→Config Download 命令，打开 Download Cisco Config 对话框，如图 10 – 15 所示。

（2）单击 Select Router 按钮，打开 Device and Credentials 对话框，如图 10 – 16 所示。

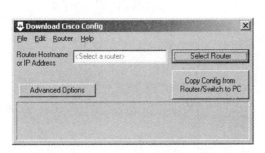
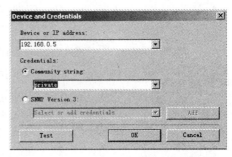

图 10 – 15　Download Cisco Config 对话框　　　　图 10 – 16　Device and Credentials 对话框

（3）在 Device or IP Address 文本框输入要下载配置文件的交换机或路由器的主机名或 IP 地址，在 Community String 文本框中输入具有权限的团体名，单击"OK"按钮，返回 Download Cisco Config 对话框。

（4）在 Download Cisco Config 对话框中，单击 Copy Config from Router/Switch to PC 按钮，即可下载 Cisco 网络设备的配置文件。

2. 遍历计算机或网络设备的 MIB 数据库

如果要查看网络中已经启用 SNMP 服务的计算机或 Cisco 网络设备的 MIB 数据库中的数据，则操作步骤如下。

（1）依次选择"开始"→"程序"→SolarWinds Engineer's Toolset→SNMP Tools→MIB Walk 命令，打开 MIB Walk 窗口。

（2）在 Hostname or IP 文本框输入要查看的计算机或网络设备的主机名或 IP 地址，在 Community String 文本框中输入具有权限的团体名，单击 Walk 按钮，即可查询该设备的整个 MIB 数据库，如图 10 – 17 所示。

3. 管理局域网内的 IP 地址

如果要监控一段网络上 IP 地址的使用情况，则操作步骤如下。

（1）依次选择"开始"→"程序"→SolarWinds Engineer's Toolset→IP Address Management→IP Address Management 命令，打开 IP Address Management 窗口。

（2）在 IP Address Management 窗口中，单击工具栏中的 New 命令，打开 New Subnet 对话框，如图 10 – 18 所示。

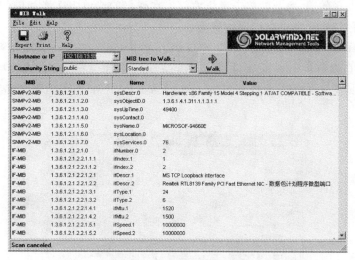

图 10 - 17　MIB Walk 窗口

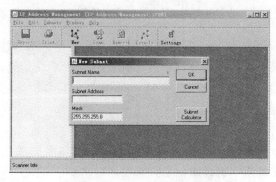

图 10 - 18　New Subnet 对话框

（3）在 New Subnet 对话框中，输入要监控的网段，单击"OK"按钮，开始查询子网中的 IP 地址信息，如图 10 - 19 所示。

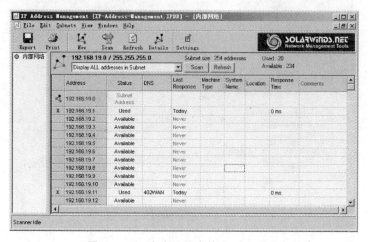

图 10 - 19　查询子网中的 IP 地址信息

（4）选中发现的 IP 地址，单击鼠标右键，在弹出的菜单中选择相应的工具，如 Ping、Telnet 等，即可对该 IP 主机进行网络管理。

（5）在"IP Address Management"窗口中，单击 File→Export 选项，可以选择将该子网的 IP 地址信息以何种格式的文件进行保存。如要将其保存为 Excel 表格形式，可单击 Export Directly to Excel 命令，打开 Select the Fields you would like include 对话框，如图 10－20所示。

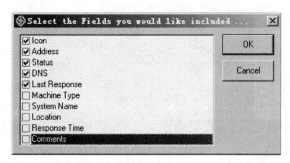

图 10－20　"Select the Fields you would like include" 对话框

（6）在 Select the Fields you would like include 对话框中，选择需要保存的项目，单击"OK"按钮，按系统提示选择路径后，即可将该子网的 IP 地址信息以 Excel 文件的形式保存下来。

4. 使用 IP Network Browser

IP Network Browser 主要用于扫描具有相同 SNMP 团体名称的网络设备，可以扫描单机、地址段、子网内设备或主机详细信息，其使用方法如下。

（1）依次选择"开始"→"程序"→Solarwinds Engineer's Toolset→Network Discovery →IP Network Browser 命令，打开 IP Network Browser 窗口，如图 10－21 所示。

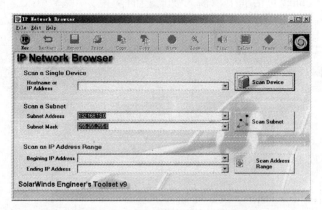

图 10－21　IP Network Browser 窗口

（2）在 IP Network Browser 窗口中，可以扫描单台、一个子网、一个地址段的网络设备或主机的详细信息。如果扫描单台设备，则可在 Hostname or IP Address 文本框中输入要扫描设备的主机名或 IP 地址，单击 Scan Device 按钮。如果扫描一个网段，则可在 Subnet

Address 文本框中填入该网段的 IP 地址，在 Subnet Mask 文本框中填入子网掩码，单击 Scan Subnet 按钮。如果扫描一个地址段，则可在 Beginning IP Address 文本框中输入起始地址，在 Ending IP Address 中输入结束地址，单击 Scan Address Range 按钮。

（3）无论选择何种扫描方式，单击相应按钮后，都会对相应的网络设备和主机进行扫描，如图 10 - 22 所示。

图 10 - 22　扫描相应的网络设备和主机

（4）选中发现的 IP 地址，单击鼠标右键，在弹出的菜单中选择相应的工具，如 Ping、Telnet 等，即可对该 IP 主机进行网络管理。

（5）如果图 10 - 22 中某 IP 地址前带有图标，则表示该设备支持 SNMP，单击设备图标前面的"＋"可以展开该节点详细信息，如图 10 - 23 所示。

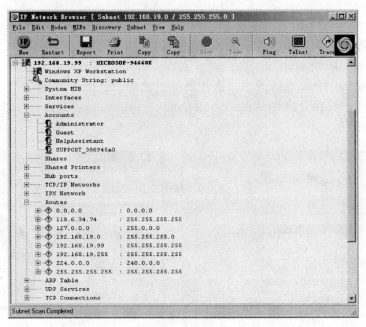

图 10 - 23　查看网络设备和主机的详细信息

（6）如果要保存扫描信息，可以单击"工具栏"上的"Export"按钮，在系统的提示下，选择要保存的节点以及保存的信息项，即可将相应的信息保存为文本文件。

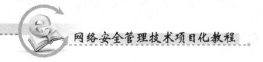

5．监控计算机或网络设备的带宽

如果要监控网络中某台计算机或网络设备的带宽，则操作步骤如下。

（1）依次选择"开始"→"程序"→Solarwinds Engineer's Toolset→Network Monitoring→Bandwidth Gauges 命令，打开 Bandwidth Gauges 窗口，如图 10 – 24 所示。

（2）在 Bandwidth Gauges 窗口中，单击工具栏中的 New Gauges 命令，打开 Device and Credentials 对话框，如图 10 – 25 所示。

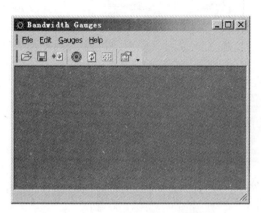

图 10 – 24　Bandwidth Gauges 窗口

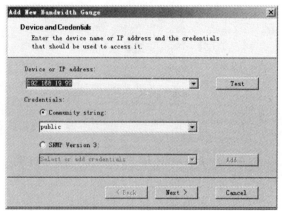

图 10 – 25　Device and Credentials 对话框

（3）在 Hostname or IP 文本框输入要监控的计算机或网络设备的主机名或 IP 地址，在 Community String 文本框中输入具有权限的团体名，单击"Next"按钮，打开 Interface/Port 对话框，如图 10 – 26 所示。

（4）在 Interface/Port 对话框中，选择要监控的端口，单击"Finish"按钮，完成设置，此时会出现如图 10 – 27 的"Bandwidth Gauges"窗口，通过该窗口可以进行流量的实时监控。

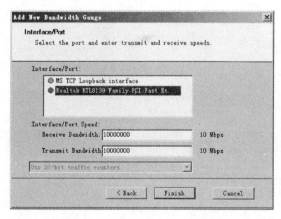

图 10 – 26　Interface/Port 对话框

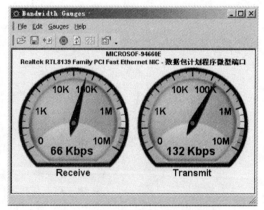

图 10 – 27　流量的实时监控窗口

6. 查询局域网中主机的 MAC 地址

如果要查询局域网中某一个子网内所有主机的 MAC 地址，可依次选择"开始"→"程序"→SolarWinds Engineer's Toolset→Network Discovery→MAC Address Discovery 命令，打开 MAC Address Discovery 窗口，在 Local Subnet 文本框中输入子网的地址，单击 Discover MAC Addresses 按钮，即可扫描子网内所有主机的 MAC 地址，如图 10-28 所示。

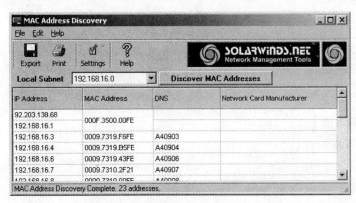

图 10-28　查询局域网中主机的 MAC 地址

注意

SolarWinds 网络管理工具箱中的其他工具的使用方法，可参考其帮助文件或相关技术手册，限于篇幅这里不再赘述。

【技能拓展】

1. 了解 CiscoWorks 局域网管理解决方案（LAN, Management Solution）

CiscoWorks 局域网管理解决方案是一个管理应用套件，专为简化 Cisco 网络的日常管理、排障和维护任务而设计。LMS 从一个通用桌面启动，共享设备信息、证书和分组信息，因此提供了一个统一的管理界面。LMS 集中收集设备和网络具体信息，使网络管理员能够通过一个标准轻型 Web 浏览器，方便地进行网络配置、监控和故障排除。请查阅 LMS 及 Cisco 其他网络管理工具和解决方案的技术资料，了解相关产品的功能及使用方法。

2. 了解 H3C iMC 智能管理中心

iMC 智能管理中心是 H3C 推出的网络管理产品。它以业务管理和业务流程模型为核心，采用面向服务（SOA）的设计思想，为客户提供网络业务、资源和用户的融合管理解决方案，帮助客户实现网络业务的端到端管理；同时以全开放的、组件化的架构原型，向平台及其承载业务提供分布式、分级式交互管理特性；并为业务软件提供可靠的、可扩展的、高性能的业务平台。请查阅 H3C iMC 智能管理中心及 iMC 其他业务组件的技术资料，了解相关产品的功能及使用方法。

3．了解和使用其他网络管理系统

目前市场上的网络管理系统很多，请根据实际情况，了解并使用两三款网络管理系统，对该网络管理系统的功能、适用范围及主要特点等进行评价。

任务 10.3　安装和使用 Sniffer Pro

【任务目的】
（1）了解 Sniffer Pro 的工作原理和常用功能；
（2）能够利用 Sniffer Pro 进行实时监控；
（3）能够利用 Sniffer Pro 捕获与分析网络中的数据包。

【工作环境与条件】
（1）Sniffer Pro 软件；
（2）能够正常运行的局域网。

【相关知识】
在网络管理中，不仅要从宏观上管理网络的性能，还要从微观上分析数据的内容，这样才能确保网络安全正常的运行。Sniffer（嗅探器）是一种常用的利用计算机的网络接口截获目的地为其他计算机的数据包的工具。网络管理员可以利用 Sniffer 工具监视网络的状态、数据流动情况以及网络上传输的信息，从而完成网络故障诊断、协议分析、应用性能分析和网络安全保障等工作。

10.3.1　Sniffer 的工作原理

在正常情况下，一个合法的网络接口只响应两种数据帧：一种是数据帧的目标区域具有与本地网络接口相匹配的硬件地址；另一种是数据帧的目标区域具有广播地址。而 Sniffer 是一种能将本地网络适配器自动设置为混杂模式的软件。当网络适配器工作于混杂模式时，它能够接收通过它的一切数据。通过分析网络当中的数据包，就可以方便地确定不同的网络协议各有多少通信量、占主要通信协议的主机是哪一台、大多数通信的目标是哪台主机、报文发送占用多少时间或者主机之间报文传送的时间间隔等，这将为网络管理员的网络管理工作提供非常宝贵的信息。

在传统的广播式网络中（如使用集线器组建的以太网），数据通过广播形式发往网络中所有的计算机，装有 Sniffer 的计算机就能够接收到网络中所有的数据帧。但对于使用交换机组建的网络来说，交换机会根据端口与 MAC 地址映射表，直接把数据发往目标地址，通常情况下，装有 Sniffer 的计算机不可能侦听到其他主机之间的通信。在这种情况下，如果要使用 Sniffer，就必须结合交换机的端口镜像技术（Cisco 称其为 SPAN）。当然也可以使用 ARP 欺骗技术把自己的计算机伪装为目标主机，从而实现对网络的侦听。

10.3.2　Sniffer Pro

Sniffer 分为软件和硬件两种形式，人们通常把硬件的 Sniffer 称为协议分析仪，这种设备价格比较昂贵，具备支持各类扩展的链路捕获能力以及高性能的数据实时捕获分析的功能。软件的 Sniffer 有很多种，如 NAI 的 Sniffer Pro、Microsoft 的网络监视器等，软件的 Sniffer 易于安装部署和学习使用，但通常无法抓取网络上所有的传输，某些情况下也就无法真正了解网络的故障和运行情况。

Sniffer Pro 是一款一流的便携式网络和应用故障诊断分析软件，能够给予网络管理人员实时的网络监视、数据包捕获以及故障诊断分析能力。Sniffer Pro 提供直观易用的仪表板和各种统计数据、逻辑拓扑视图，并且提供能够深入到数据包的分析能力。Sniffer Pro 能在同一平台上支持 10/100/1000M 以太网以及 IEEE 802.11 a/b/g/n 网络分析，因此不管是有线网络还是无线网络，都具备相同的操作方式和分析功能，从而可以有效减少因为管理人员的桌面工具过多而带来的额外工作量。Sniffer Pro 的主要应用环境为：

- 网络流量分析、网络故障诊断；
- 应用流量分析及故障诊断；
- 网络病毒流量、异常流量检测；
- 无线网络分析、非法接入设备检查；
- 网络安全检查、网络行为审计。

【任务实施】

操作 1 部署 Sniffer Pro 运行的网络环境

在以集线器为中心的共享式网络中，Sniffer Pro 的部署非常简单，只需要将其安置在所需监控子网中的任意位置即可。而在目前以交换机为中心的网络中，如果 Sniffer Pro 被安装在网络中普通 PC 位置上而不做任何设置，那么它仅仅能捕获本机数据。图 10-29 给出了一种简单的 Sniffer Pro 部署图例，由图可知，若需要监控全网流量，则安装有 Sniffer Pro 的 PC 应直接接入中心交换机的镜像端口位置。

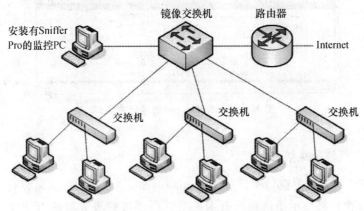

图 10-29 一种简单的 Sniffer Pro 部署图例

（1）在交换机上启用端口镜像

在 Cisco 交换机上启用端口镜像的过程如下所示：

```
Switch (config)# no monitor session all
Switch (config)# monitor session 1 source interface FastEthernet0/1 both
Switch (config)# monitor session 1 destination interface FastEthernet0/24
```

（2）安装 Sniffer Pro

Sniffer Pro 的安装过程同一般的 Windows 安装程序相同，在安装过程中需要注意的是：

- Sniffer Pro 安装完毕后，会自动在网卡上加载 Sniffer Pro 特殊的驱动程序；
- Sniffer Pro 安装的最后将提示用户填入相关信息及序列号，正确填写完毕后，需要重新启动计算机。

第一次运行 Sniffer Pro 时，会提示用户选择监听的网络接口。选择相应的网络接口后，就会看到 Sniffer Pro 的运行主窗口，如图 10 - 30 所示。

操作 2　进行实时监控

1. 进行实时性能监控

在图 10 - 30 中，可以看到三个仪表盘：第一个仪表盘显示的是网络的使用率（Utilization）；第二个仪表盘显示的是每秒钟通过的数据包数量（Packets）；第三个仪表盘显示的是网络的每秒错误率（Errors）。通过这三个仪表盘可以直观地观察到网络的使用情况，红色部分显示的是根据网络要求设置的上限。

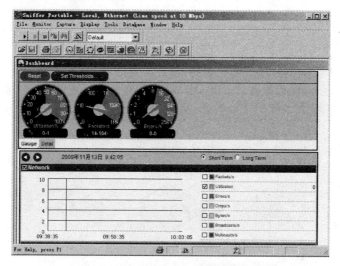

图 10 - 30　Sniffer Pro 的运行主窗口

2. 监控主机的网络连接

在 Sniffer Pro 的运行主窗口中，选择 Monitor→Host Table 命令，可以打开如图 10 - 31 所示的窗口。该窗口将显示子网内所有主机及其所连接的服务器的 IP 地址，并给出了每台主机的数据发送和接收情况。

如果要查看子网内某台主机的网络连接情况，可以在 Host Table 窗口中，单击其所对应的 IP 地址，打开如图 10 - 32 所示的窗口。该窗口清楚地显示出该主机当前的网络连接情况，单击窗口左侧工具栏中的相应图标可以查看该主机网络连接情况的各种相关数据。

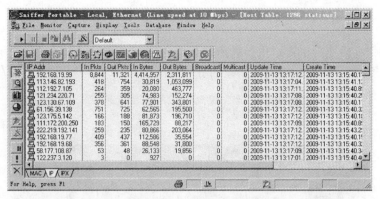

图 10 - 31　子网内所有主机及其所连接的服务器的 IP 地址

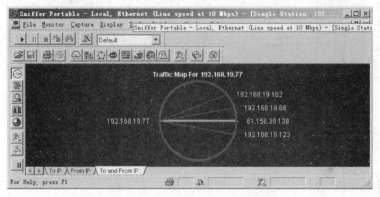

图 10 - 32　某主机当前的网络连接情况

3．监控全网的网络连接

在 Sniffer Pro 的运行主窗口中，选择 Monitor→Matrix 命令，可以打开如图 10 - 33 所示的窗口。该窗口将显示全网的连接示意图，图中绿线表示正在发生的网络连接，蓝线表示过去发生的连接。将鼠标放到线上可以看出连接情况。

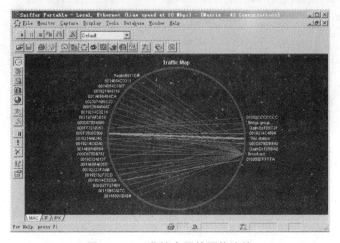

图 10 - 33　监控全网的网络连接

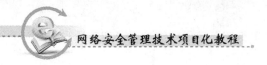
4．监控协议分布

在 Sniffer Pro 的运行主窗口中，选择 Monitor→Protocol Distribution 命令，可以打开如图 10－34 所示的窗口。该窗口将显示协议的分布情况。

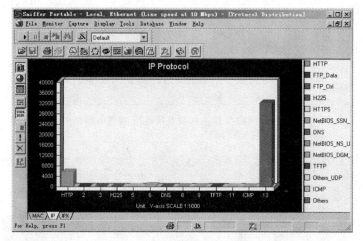

图 10－34　监控协议分布

操作 3　捕获与分析数据包

1．捕获所有数据包

如果要捕获某台计算机的所有数据包，可在图 10－31 所示窗口中选中该计算机的 IP 地址，单击左侧工具栏中 Capture 图标，打开如图 10－35 所示的窗口。当该窗口工具栏的 Stop and Display 图标变红时，表示已捕获到数据，单击该图标，在出现的窗口中单击 Decode 选项卡，打开如图 10－36 所示的窗口，即可看到捕获到的所有数据包。

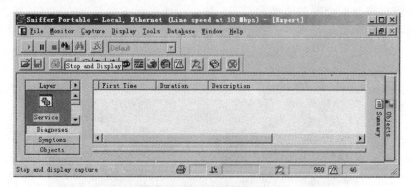

图 10－35　捕获数据包

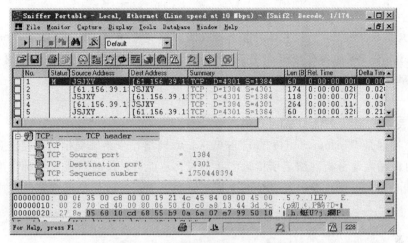

图 10 – 36　查看捕获到的数据包

2. 设置过滤器

设置过滤器可以缩小捕获或观测的数据的范围。可以在"Capture"停止的状态下，选择 Capture→Define Filter 命令，可以打开 Define Filter – Capture 对话框，在该对话框中可以设置各种过滤条件。例如，如果希望捕获某两台计算机之间传输的数据包，可以在 Address 选项卡中进行设置，如图 10 – 37 所示。

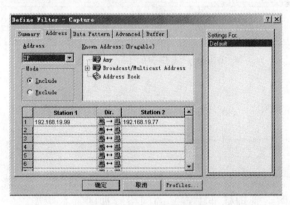

图 10 – 37　设置过滤器

按照图 10 – 37 设置后，将只捕获从主机"192. 168. 19. 99"发送给主机"192. 168. 19. 77"的数据包。此时可在 Sniffer Pro 中启动 Capture，然后在主机"192. 168. 19. 99"上向主机"192. 168. 19. 77"发送数据包，如在命令提示符下输入"ping 192. 168. 19. 77"命令。Sniffer Pro 将捕获到该数据，单击"Stop and Display"图标，在出现的窗口中单击 Decode 选项卡，可以看到捕获到的 4 个数据包，如图 10 – 38 所示。

> **注意**
>
> 　　以上只是 Sniffer Pro 的最基本的操作方法，只有充分理解 TCP/IP 协议的知识，才能完全发挥 Sniffer Pro 的各种功能。要了解 Sniffer Pro 的其他使用方法，请参考相关的技术手册，限于篇幅这里不再赘述。

【技能拓展】

　　网络监视器是 Windows Server 2003 等 Windows 网络操作系统提供的监视工具。利用网络监视器可以捕获与分析网络上所传输的数据包，从而可以诊断与避免各种类型的网络问题。请查阅 Windows 帮助文件或其他相关资料，掌握 Windows 网络监视器的使用方法。

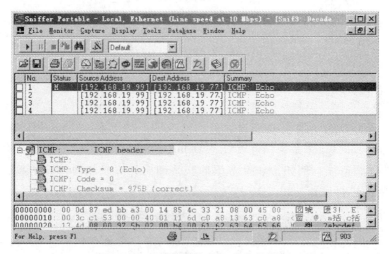

图 10-38　捕获到的 Ping 命令数据包

习　题　10

1. 思考与问答

（1）简述在 OSI 网络管理标准中定义的网络管理的基本功能。

（2）目前的网络管理系统普遍采用的管理者－代理者网络管理模型由哪些要素组成？这些要素各有什么作用？

（3）简述 SNMP 网络管理定义的报文操作。

（4）按照实现的复杂程度，网络管理工具可以分为哪些类型？

（5）简述 Sniffer 的工作原理。

2. 技能操作

（1）构建 SNMP 网络管理环境

【内容及操作要求】

局域网中有 5 台计算机，使用单一交换机进行连接，要求分别在计算机和交换机上启用 SNMP 服务，并在一台计算机上安装 MIB Browser，通过查询各设备上 MIB 对象的值，验证 SNMP 服务是否实现。

【准备工作】

3 台安装 Windows XP Professional 的计算机，2 台安装 Windows Server 2003 企业版的计算机，1 台 Cisco 2960 系列交换机，能够连通的局域网。

【考核时限】

45 min。

（2）网络管理工具的使用

【内容及操作要求】

局域网中有 5 台计算机，使用单一交换机进行连接，构建 SNMP 网络管理环境后，在一台计算机上安装 SolarWinds 网络管理工具箱并完成以下操作：

- 对交换机的配置文件进行查看和备份；
- 查看网络中 IP 地址的使用情况；
- 查看网络中安装服务器系统的计算机开启了哪些服务；
- 对安装服务器系统的计算机进行流量监控；
- 查询网络中所有计算机的 MAC 地址。

【准备工作】

3 台安装 Windows XP Professional 的计算机，2 台安装 Windows Server 2003 企业版的计算机，1 台 Cisco 2960 系列交换机，Solarwinds 网络管理工具箱，能够正常运行的局域网。

【考核时限】

45 min。

参 考 文 献

[1] 丁喜纲. 计算机网络技术基础项目化教程［M］. 北京：北京大学出版社，2011.

[2] 于鹏，丁喜纲. 计算机网络技术项目教程（高级网络管理员）［M］. 北京：清华大学出版社，2010.

[3] 于鹏，丁喜纲. 综合布线技术［M］. 第二版. 西安：西安电子科技大学出版社，2011.

[4] 戴有炜. Windows Server 2003 用户管理指南［M］. 北京：清华大学出版社，2004.

[5] 戴有炜. Windows Server 2003 网络专业指南［M］. 北京：清华大学出版社，2004.

[6] 戴有炜. Windows Server 2003 ActiveDirectory 配置指南［M］. 北京：清华大学出版社，2004.

[7] 尚晓航. 网络系统管理——Windows Server 2003 实训篇［M］. 北京：人民邮电出版社，2008.

[8] Todd Lammle 著，程代伟等译. CCNA 学习指南［M］. 中文第六版. 北京：电子工业出版社，2008.

[9] Yusuf Bhaiji 著，田果，刘丹宁译. 网络安全技术与解决方案［M］. 修订版. 北京：人民邮电出版社，2010.

[10] John F. Roland 著，张耀疆，陈克忠译. CCSP 自学指南：安全 Cisco IOS 网络［M］. 北京：人民邮电出版社，2005.

[11] 刘远生. 网络安全实用教程［M］. 北京：人民邮电出版社，2011.

[12] 胡文启，徐军，张伍荣. 网络安全大全［M］. 北京：清华大学出版社，2008.

[13] 吴献文. 计算机网络安全应用教程［M］. 北京：人民邮电出版社，2010.

[14] 袁津生，齐建东，曹佳. 计算机网络安全基础［M］. 第 3 版. 北京：人民邮电出版社，2008.

[15] 尹少华. 网络安全基础教程与实训［M］. 第 2 版. 北京：北京大学出版社，2010.

[16] Chris Hurley 等著，杨青译. 无线网络安全［M］. 北京：科学出版社，2009.

[17] 王其良，高敬瑜. 计算机网络安全技术［M］. 北京：北京大学出版社，2006.

[18] 张晖，杨云. 计算机网络实训教程［M］. 北京：人民邮电出版社，2008.

[19] 田丰. 网络与系统管理工具实训［M］. 北京：冶金工业出版社，2007.

[20] Jack Koziol 著，吴溥峰等译. Snort 入侵检测实用解决方案［M］. 北京：机械工业出版社，2005.

[21] 龚小勇，张选波. 网络安全运行与维护（第 1 册）：操作系统安全管理与维护［M］. 北京：高等教育出版社，2010.

[22] 龚小勇，方洋. 网络安全运行与维护（第 2 册）：网络传输系统安全管理与维护［M］. 北京：高等教育出版社，2011.

[23] 杨文虎，李飞飞. 网络安全技术与实训［M］. 第 2 版. 北京：人民邮电出版社，2011.